Elementary **Mathematics with AI**

AI(인공지능)와 함께하는

# 대학기초수학

최두일 지음

북스힐

| 저자소개 |

## 최두일

**학력** : 96. KAIST 수학과 이학박사
96. KAIST 전기 및 전자공학과 위촉연구원
97. 한국연구재단 지원에 의한 미국 일리노이 주립대학교 Post-Doc.
98년부터 현재까지 한라대학교 교수

**연구** : SIAM Journal on Applied Mathematics,
European Journal of Operational Research 등
미국, 유럽 등 세계적 권위의 SCI(E) 저널에 15편 등 국내외 유명 저널에 40편의 논문 게재
한국연구재단의 선도연구자 지원사업, 지역대학 우수과학자 지원사업 등 다수의 과제 수행

**저서** : 미분적분학의 기초, 확률과 통계, 교양수학 등

**수상** : 2014, 2015년판 Marquis Who's Who 세계 인명사전 등재 및 세계 100대 교육자 선정
2017 알버트 넬슨 마르퀴즈 평생공로상 (Albert Nelson Marquis Lifetime Achevement Award) 수상
단과대학 수석 졸업

**기타** : 한국 대학 수학 능력 시험 수능 및 모의 출제위원
국가 수준 학업 성취도 평가 검토위원
2007 개정 교육과정 검정위원
한국교육과정평가원 문제은행 제작위원
국립과학수사연구원 채용 심사위원

# 머리말

인공지능 바둑 프로그램인 알파고(AlphaGo)로부터 인류는 인공지능에 대하여 알게 되었으며 이러한 인공지능은 하루가 멀다 하지 않고 발전하여 인간과 대화를 주고받는 형태로 발전하고 있는 수준으로까지 발전하고 있다. 생성형 AI의 발전과 더불어 인간이 필요로 하는 거의 모든 정보를 알 수 있으며 이러한 내용은 그동안 인류가 축적해온 모든 지식뿐만 아니라 추론의 형태로 앞으로 인류가 어떻게 연구를 해야 하는지를 알려주고 있다.

이러한 인공지능의 출현은 현재 모든 산업 분야에 지대한 영향을 주고 있으며 인간이 하기 어려운 많은 부분을 로봇과 함께 인간을 대신하여 수행하고 있다. 앞으로 이러한 인공 지능의 출현으로 많은 산업의 변화가 뒤따를 것이며 이에 따른 직업군의 변화와 산업 발전에도 지대한 영향을 미칠 것으로 보인다.

이처럼 인공 지능(AI)으로 대표되는 4차 산업혁명 시대에 우리는 살고 있으며 이런 시대를 살아가는데 있어 가장 필요한 전문가의 덕목은 융합적 사고 능력과 논리적 사고를 가진 인재라 할 수 있다.

이것은 날로 복잡해지는 첨단산업에 능동적으로 대처하고 창의적인 업무 능력을 보여 주기 위한 시대적 요구라고 볼 수 있으며 이러한 시대적 상황에 더욱 더  중요시 되는 과목이 바로 수학이다. 실제 많은 수학자들이 인공지능(AI) 관련 산업에 진출하여 많은 업적을 이루고 있으며 미적분학 선형대수학 확률통계 등의 이론이 실제 인공지능의 발전에 사용되고 있다.

이 교재는 AI시대에 꼭 알아야만 되는 수학의 기본적인 내용 들로 함수, 미분과 적분, 벡터 및 행렬 등을 다루고 있다. 기본적인 내용은 최두일저 알기쉬운 대학수학을 바탕으로 이루어졌으며 각 절이 시작할 때마다 AI에게 그 절에서 필요한 내용을 미리 알아보도록 하여 학생이 스스로 수학에 대한 흥미를 갖을 수 있도록 하였다.

그리고 각 절이 끝날 때는 그 절의 중요한 내용을 복습할 수 있도록 퀴즈 형태로 질문하여 자연스럽게 학생들이 그 절의 내용을 다시 한번 더 복습함으로서 그 절의 내용을 쉽고 완벽하게 이해할 수 있도록 도움을 주며,

이 교재를 공부하기 위해서는 다음과 같은 것을 미리 준비해야 한다.

- 현재 사용되고 있는 AI의 무료 버전에는 무엇이 있는지 알아보자.
  (예를 들어, 메타의 라마, 앤스로픽의 클로드 등)

이 교재는 ChatGPT를 중심으로 설명하고 있다.

- 함수의 그래프와 계산 등의 도움을 받기 위하여 Geogebra를 각자의 스마트폰에 다운받아 활용함으로서 교재의 내용을 쉽게 이해할 수 있기를 기대한다.

끝으로 이 책의 출판에 도움을 준 많은 분들께 감사를 드리며 이 책을 읽은 모든 분들의 성공을 기원합니다.

# 차례

# 1장

# 실수와 방정식

## AI, ChatGPT에게 물어보자.

* ChatGPT : 수학을 왜 공부하는거야
* ChatGPT : 수학을 배워서 어디에 사용할 수 있나
* ChatGPT : AI(인공지능)과 수학은 어떻게 관련이 있어
* ChatGPT : 집합에 대해서 말해줘
* ChatGPT : 명제가 뭐야
* ChatGPT : 필요충분조건은 무엇을 말하는 거야

## 1.1 집합, 명제

이 절에서는 집합, 명제 등의 용어에 대하여 간단히 살펴보고자 하며, 이 절에서는 용어를 이해하는 정도로 해서 넘어가면 된다.

### 집합

'**집합**'이라는 용어는 수학, 철학, 물리 등의 분야에서 많은 업적을 남긴 19세기 칸토르(G. Cantor, 1845-1918)에 의하여 처음으로 사용되었으며 수학의 출발점이라고 볼 수 있다.

**정의 1 집합, 원소**

어떤 주어진 조건에 의해 그 대상을 명확히 구분할 수 있는 사물들의 모임을 **집합**(set)이라 한다. 그리고 집합을 이루고 있는 사물 하나 하나를 **원소**(element)라고 부른다.

$a$가 집합 $A$의 원소일 때 이것을 기호로

$$a \in A$$

와 같이 나타내고 $a$는 집합 $A$에 "**속한다**"라고 말한다. 또한 $b$가 집합 $A$의 원소가 아닐 때는 이것을 기호로

$$b \notin A$$

와 같이 나타내고 $b$는 집합 $A$에 "**속하지 않는다**"고 말한다.

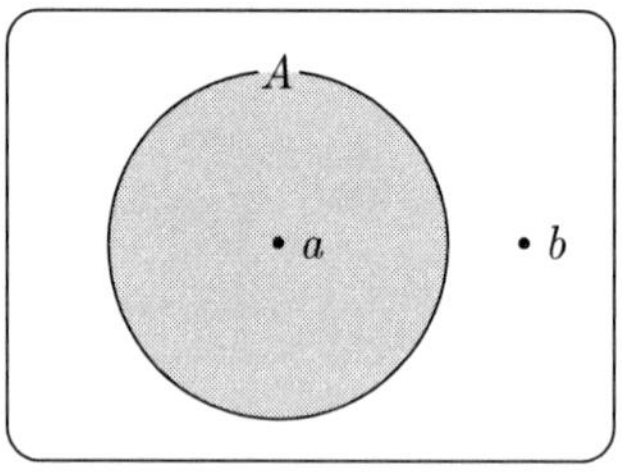


$a \in A, \quad b \notin A$

집합을 나타내는 방법에는 일반적으로 두가지 방법이 있다.

먼저 원소를 중괄호 "{ }"을 사용하여 중괄호 안에 원소를 나열하여 나타내는 방법으로 **원소나열법**이라 부르며, 예를 들어 $\{1, 2, 4, 8, 16\}$이다. 다음은 조건을 제시하여 나타내는 방법으로 원소들이 갖는 공통된 성질을 조건으로 제시하는 **조건제시법**이다. 예를 들어 $\{x \mid x$는 16의 약수$\}$이다.

집합에서 원소의 개수가 유한개인 집합을 **유한집합**(finite set)이라 하고, 원소가 무수히 많은 집합을 **무한집합**(infinite set)이라고 한다. 한편 원소가 하나도 없는 집합을 **공집합**(empty set)이라 하고 이것을 기호로 '$\varnothing$'와 같이 나타낸다. 이때 공집합은 유한집합으로 정의한다. 참고로 집합 $A$가 유한집합일 때 집합 $A$의 원소의 개수는 $n(A)$로 나타낸다. 특히 $n(\varnothing) = 0$이다.

**정의 2 합집합, 교집합**

집합 $A \cup B = \{x \mid x \in A$ 또는 $x \in B\}$을 **합집합**(union of sets)이라 하며, $A \cap B = \{x \mid x \in A$ 그리고 $x \in B\}$는 **교집합**(intersection)이라 한다.

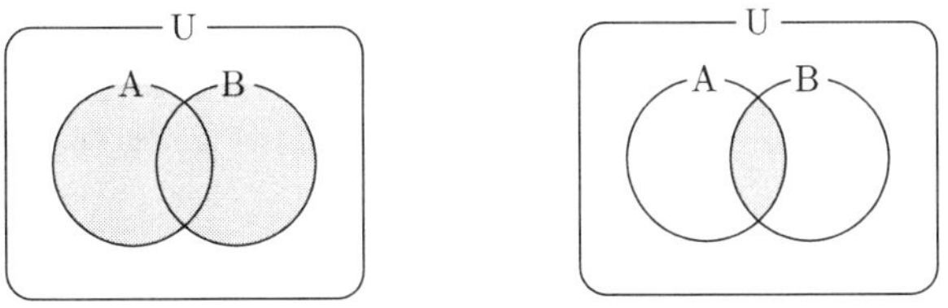


$A \cup B$ (합집합) $A \cap B$ (교집합)

(단, $U$는 전체집합이다.)

**정의 3 부분집합**

집합 $A$의 모든 원소가 집합 $B$의 원소일 때, 즉, 집합 $A$의 임의의 원소 $a$에 대하여 $a \in B$일 때, 집합 $A$는 집합 $B$의 **부분집합**(subset)이라 하고 이것을 기호로

$$A \subset B$$

와 같이 나타낸다. 또한 집합 $A$가 집합 $B$의 부분집합이 아닐 때 이것을 기호로 $A \not\subset B$ 와 같이 나타낸다.

집합의 포함관계에 의하여 공집합 $\varnothing$는 모든 집합의 부분집합이다.

$$\varnothing \subset A, \ A \subset A,$$

$$A \subset B\text{이고 } B \subset C\text{이면 } A \subset C$$

이다.

그리고 $A \subset B$이고 $B \subset A$이면 두 집합 $A$와 $B$는 서로 같다고 하고 기호로

$$A = B$$

와 같이 나타낸다.

$A \subset B$이고 $A \neq B$일 때 집합 $A$는 집합 $B$의 **진부분집합**(proper subset)이라 말한다.

**예제 1**

조건제시법으로 주어진 집합 $A = \{x \mid x\text{는 } 12\text{의 약수}\}$를 원소나열법으로 나타내시오.

**풀이** 12의 약수에는 1, 2, 3, 4, 6, 12가 있으므로 집합 $A$는 원소나열법으로

$$A = \{1, 2, 3, 4, 6, 12\}$$

이다. ■

### 예제 2

두 집합 $A=\{2, 3, a^2+2\}$, $B=\{a+1, a+2, a+3, a+4\}$에 대하여 $A\cap B=\{3,6\}$을 만족시키는 상수 $a$의 값을 구하시오.

**풀이** $A\cap B\subset A$이므로 $\{3, 6\}\subset\{2, 3, \mathrm{a}^2+2\}$이고 $a^2+2=6$이다. 그러므로 $a=2$또는 $a=-2$이다.

(i) $a=2$인 경우
$A=\{2, 3, 6\}$, $B=\{3, 4, 5, 6\}$이고 $A\cap B=\{3, 6\}$이므로 조건을 만족시킨다.

(ii) $a=-2$인 경우
$A=\{2, 3, 6\}$, $B=\{-1, 0, 1, 2\}$이고 $A\cap B=\{2\}$이므로 조건을 만족시키지 못한다.
그리하여 (i)과 (ii)에 의하여 $a=2$이다. ■

다음에는 명제에 대하여 간단히 살펴보고자 한다.

## 명제

먼저 방정식 등에서 자주 사용되는 문자 $x$를 미지수라고 부른다. **미지수**란 아직 알지 못하는 그러나 알고자 하는 수를 나타낸다.

**정의 4 명제, 조건**

참 또는 거짓을 명확히 판별할 수 있는 문장이나 식을 **명제**(statement)라고 한다. 그리고 미지수를 포함하는 문장이나 식이 미지수의 값에 따라 참, 거짓이 결정될 때 그 문장이나 식을 **조건**(condition)이라 하고 간단히 $p$, $q$, $\cdots$ 등에 의하여 나타낸다.

조건은 미지수 $x$에 따라 참과 거짓이 결정되므로 $p$ 대신 $p(x)$라고 쓰는 것이 당연하다. 그러나 문맥의 간결함을 위하여 $p$ 또는 $p(x)$를 혼용하여 사용한다.

전체집합 $U$의 원소 중에서 조건 $p$가 참이 되게 하는 모든 원소들의 집합을 조건 $p$의 **진리집합**(truth set)이라고 한다.

예를 들어 '3은 12의 약수이다'라는 명제는 참인 명제이고, '5는 10보다 큰 소수이다'라는 명제는 거짓인 명제이다.

**정의 5 부정**

명제나 조건 $p$에 대하여 '$p$가 아니다'를 명제나 조건 $p$의 **부정**(negation)이라 하고, 기호로 $\sim p$와 같이 나타낸다.

명제 $p$가 참이면 $\sim p$는 거짓이 되고, 명제 $p$가 거짓이면 $\sim p$는 참이 된다. 또 $\sim p$의 부정 $\sim(\sim p)$는 $p$이다.

조건 $p$의 진리집합이 $P$이면 $\sim p$의 진리집합은 $P^C$(집합 $P$의 여집합)이다.

두 조건 $p$, $q$의 진리집합을 각각 $P$, $Q$라 하면

조건 $p$ 또는 $q$의 진리집합은 $P \cup Q$이고, 이 조건의 부정은 '$\sim p$이고 $\sim q$'이다.

조건 '$p$이고 $q$'의 진리집합은 $P \cap Q$이고 이 조건의 부정은 '$\sim p$ 또는 $\sim q$'이다.

두 조건 $p$, $q$에 대하여 '$p$이면 $q$이다'의 꼴로 되어 있는 명제를 기호로 $p \rightarrow q$와 같이 나타낸다. 이 때 조건 $p$를 **가정**(assumption), 조건 $q$를 **결론**(conclusion)이라 한다.

명제 $p \rightarrow q$에 대하여 두 조건 $p$, $q$의 진리집합을 각각 $P$, $Q$라 할 때

(i) 명제 $p \rightarrow q$가 참이면 $P \subset Q$이다. 역으로 $P \subset Q$이면 명제 $p \rightarrow q$가 참이다.

(ii) 명제 $p \rightarrow q$가 거짓이면 $P \not\subset Q$이다. 역으로 $P \not\subset Q$이면 명제 $p \rightarrow q$이 거짓이다.

**정의 6 정리, 증명**

이미 알려진 사실이나 성질을 이용하여 어떤 명제가 참임을 논리적으로 밝히는 것을 **증명**(proof)이라고 한다.

그리고 참임이 증명된 명제 중에서 기본이 되는 것이나 다른 명제를 증명할 때 이용할 수 있는 것을 **정리**(theorem)라고 한다.

참고로 어떤 명제가 참임을 증명할 때 명제 또는 명제의 결론을 부정한 다음 모순이 생기는 것을 보임으로서 원래 명제가 참임을 증명하는 방법을 **귀류법**(proof by contradition)이라 부른다.

우리가 논리적으로 무엇을 설명하고자 할 때 자주 사용하는 방법으로 삼단논법이 있으며 그 내용은 다음과 같다.

**정리 삼단논법**

세 조건 $p$, $q$, $r$에 대하여 명제 $p \to q$가 참이고 명제 $q \to r$이 참이면 명제 $p \to r$은 참이다.

우리 주변에서 삼단논법의 예를 각각 찾아보기 바란다. 삼단논법을 진리집합으로 살펴보면 $p \to q$가 참이므로 $P \subset Q$이고 또한 $q \to r$이 참이므로 $Q \subset R$이다. 따라서 $P \subset R$이고 $p \to r$은 참이 된다.

**정의 1 필요 충분조건**

명제 $p \to q$가 참일 때, 이것을 기호로 $p \Rightarrow q$와 같이 나타내고 $p$는 $q$이기 위한 **충분조건**(sufficient condition), $q$는 $p$이기 위한 **필요조건**(necessary condition)이라고 한다. 명제 $p \to q$에 대하여 $p \Rightarrow q$이고 $q \Rightarrow p$일 때 이것을 기호로 $p \Leftrightarrow q$와 같이 나타내고 $p$는 $q$이기 위한 **필요충분조건**(necessary and sufficient condition)이라고 한다.

위의 내용은 집합을 이용하면 쉽게 이해할 수 있다.

두 조건 $p$, $q$의 진리집합을 각각 $P$, $Q$라 할 때, $P \subset Q$이면 $p \Rightarrow q$이므로 $P$는 $Q$이기 위한 충분조건이고 $Q$는 $P$이기 위한 필요조건이다. 특히 $P = Q$이면 $p \Leftrightarrow q$이므로 $p$는 $q$이기 위한 필요충분조건이다.

**예제 3**

양의 실수 $a$와 $b$에 대하여 집합 $A$와 $B$를

$$A = \{x \mid (x-a)(x+a) \le 0\}, \quad B = \{x \mid |x-1| \le b\}$$

과 같이 정의할 때 $A \cap B = \varnothing$ 이기 위한 필요충분조건을 구하시오.

**풀이** $(x-a)(x+a) \leq 0$에 의하여 $-a \leq x \leq a$이다. 따라서 집합 $A$는

$$A = \{x \mid -a \leq x \leq a\}$$

이다. 또한 $|x-1| \leq b$는 $-b \leq x-1 \leq b$, 즉 $1-b \leq x \leq 1+b$이다. 그리하여 집합 $B$는

$$B = \{x \mid 1-b \leq x \leq 1+b\}$$

이고, $A \cap B = \varnothing$ 이 되도록 두 집합 $A$, $B$를 수직선 위에 나타내면

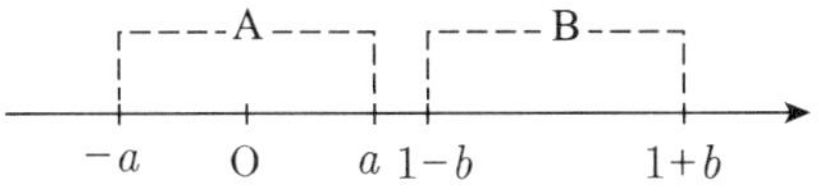


$a < 1-b$이여야 하므로 $a+b<1$이다. ■

## Quiz

※ 다음의 용어는 무엇을 의미하는지 간단히 기술하시오.

**1.** 집합, 원소

**2.** 원소나열법, 조건제시법

**3.** 합집합, 교집합

**4.** 명제

**5.** 정리, 증명

**6.** 필요충분조건

**7.** 상수, 변수

**8.** 거짓인 명제의 예를 들어 보시오.

**9.** 삼단논법의 예를 하나 들어 보시오.

## 연습문제 1.1

**1.** 집합 $A=\{1,2,3,6\}$에 대하여 집합 $A$을 조건제시법에 의하여 나타내시오.

**2.** 두 집합 $A=\{x\mid x\text{는 10이하의 홀수}\}$, $B=\{x\mid x\text{는 15의 약수}\}$일 때 $A\cap B$와 $A\cup B$을 구하시오.

**3.** 두 집합 $A=\{a+2,\ a^2-2\}$, $B=\{2,\ 6-a\}$ 에 대하여 $A=B$일 때 $a$의 값을 구하시오.

**4.** 두 집합 $A=\{-3,\ 1\}$, $B=\{x\mid\ a^2x=2ax+3\}$에 대하여 $A\cup B=A$를 만족시키는 모든 상수 $a$의 개수를 구하시오.
(힌트: 집합 $B$의 $\varnothing$ 여부에 따라 계산하시오.)

**5.** 서로 다른 두 실수 $a$, $b$에 대하여 실수 전체의 집합 $(\boldsymbol{R})$의 두 부분집합

$$A=\{x\mid x^2\geq a\},\quad B=\{x\mid (x-a)(x-b)<0\}$$

가 $A\cup B=\boldsymbol{R}$, $A\cap B=\varnothing$을 만족시킬 때 $a$, $b$의 값을 구하시오.

**6.** 두 집합 $A=\{x\mid x^2-ax+b\leq 0\}$, $B=\{x\mid x^2+x-a>0\}$에 대하여 $A\cap B=\{x\mid 1<x\leq 3\}$일 때 $A\cup B$를 구하시오.

**7.** 실수 $x$에 대하여 두 조건 $p$, $q$가 다음과 같다.

$$p:-3<x<a+2,\qquad q:|x-5|\geq 2$$

명제 $p\rightarrow q$가 참이 되도록 하는 실수 $a$의 최댓값을 구하시오.

**8.** 다음 중 참인 명제를 모두 고르시오.

(a) $a<b<0$이면 $a^2>b^2$이다.

(b) $a\geq 0$ 또는 $b\geq 0$이면 $\sqrt{a}\,\sqrt{b}=\sqrt{ab}$이다.

(c) $|a|+|b|\geq|a+b|$이면 $a\geq 0$이고 $b\geq 0$이다.

**9.** 명제 '$x=2$이면 $x^2-k=0$이다'가 참이 되도록 하는 상수 $k$의 값을 구하시오.

**10.** 두 조건

$$p: (x-2)^2=a, \qquad q: x=5 \text{ 또는 } x=b$$

에 대하여 $p$는 $q$이기 위한 필요충분조건일 때 두 상수 $a$, $b$의 값을 구하시오.

## AI, ChatGPT에게 물어보자.

* ChatGPT : 유리수는 어떤 수를 나타내는 거야?
* ChatGPT : 인류는 왜 수를 만들게 되었을까?
* ChatGPT : 피타고라스에 대해 알려줘
* ChatGPT : 순환하지 않은 무한소수는 어떤 수일까?
* ChatGPT : $\sqrt{2}$의 값 알려줘
* ChatGPT : $\sqrt{2}$는 무리수인데 왜 소수점 이하의 숫자가 유한하게 나타나지
* ChatGPT : 실수에 대해서 알려줘

# 1.2 실수

인류는 서로 다른 모습을 하고 각기 다른 언어를 사용하고 있다. 이런 인간에게 있어서 전 세계적으로 공통적으로 사용하는 것이 있는데 그것은 바로 수이다.

이 절에서는 오랜 시간 수가 어떻게 발전해 왔는지 수에 대하여 간단히 살펴보고 모든 수학은 실수 체계를 바탕으로 이루어지므로 실수에 대하여 소개하고자 한다.

### 자연수

처음 인류는 필요에 의하여 어떤 양을 나타내기 위한 기호가 필요했으며 오랜 시간을 걸쳐 1, 2, 3, … 이라는 숫자를 만들어 내었다. 또한 "아무것도 없음"을 나타내기 위하여 0이라는 기호를 만들어 냄으로써 기호 0, 1, 2, 3, 4, 5, 6, 7, 8, 9에 의하여 아무리 큰 숫자도 표현할 수 있게 되었다. 즉, 숫자를 나열하는 것에 의하여 아무리 큰 숫자도 표현이 가능하다. 예를 들어 3759는 $3\times1000$, $7\times100$, $5\times10$, $9\times1$을 나타낸다. 여기서 0

보다 큰 수 $1, 2, 3, \cdots$ 을 우리는 **자연수**(natural number)라고 부른다.

## 정수

0을 기준으로 자연수와 반대되는 즉, 마이너스(−) 부호를 붙인 수, 즉 $-1, -2, -3, \cdots$ 을 **음의 정수**(negative integer)라 부르며, 자연수는 음의 정수에 반하여 **양의 정수**(positive integer)라고도 부른다. 양의 정수(자연수), 0, 음의 정수를 통틀어 우리는 **정수**(integer)라고 말한다.

## 유리수

$\frac{2}{3}$와 같이 분수의 형태로 주어진 수를 우리는 **유리수**(rational number)라 부르며 집합으로 표현하면

$$\left\{x \mid x = \frac{q}{p},\ p,\ q\text{는 정수},\ p \neq 0\right\}$$

에 의하여 주어진다. 유리수 $\frac{q}{p}$의 형태에서 $q$을 **분자**, $p$을 **분모**라고 부른다.

여기에는 0.537과 같은 **유한소수**(finite decimal)나 $0.131313\cdots$ 와 같이 소수점 이하가 무한이고 순환하는 **무한순환소수**(infinite periodic decimal) 등도 모두 분수 형태로 표현이 가능한 유리수이다. 단지 순환하지 않는 **무한소수**(infinite decimal)만 유리수가 아니다.

## 무리수

순환하지 않는 무한소수를 우리는 **무리수**(irrational number)라고 부른다.

오랜 시간 인류는 무리수의 존재를 모르고 유리수가 수의 전부인 것으로 생각하고 있었다. 그러나 **피타고라스**(Pythagoras) 시대에 처음으로 유리수가 아닌 수가 있음을 알게 되었으며 차후 인류가 이러한 수를 무리수라 부르게 되었다.

무리수는 어떻게 발견되었나!

이것에 답을 하기에 앞서 우리는 피타고라스의 정리에 대하여 먼저 언급하고자 한다.

**정리 1 피타고라스의 정리**

직각삼각형 ABC에 대하여 다음이 성립한다.

$$a^2 + b^2 = c^2$$

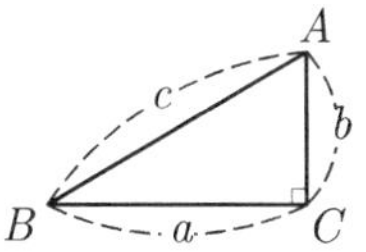


피타고라스의 정리에 대한 증명은 지금까지 많은 증명 방법이 제시되었으며 인터넷이나 다른 많은 책을 참고하기 바란다.

다음 그림과 같이 밑변의 길이가 1이고 높이가 1인 직각이등변삼각형의 빗변의 길이는 어떻게 될까?

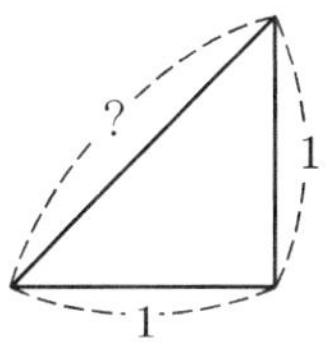


빗변의 길이를 $x$라 하자. 그리고 나면 피타고라스의 정리에 의하여

$$1^2 + 1^2 = x^2$$

을 만족한다. 즉, $x^2 = 2$이다.

따라서 빗변의 길이 $x$는 제곱했을 때 2가 되는 수이다.

피타고라스 시대에 많은 사람들이 이 길이 $x$를 구하려고 시도하였다. 하지만 대각선의 길이를 두 정수의 비(유리수)로 나타내는데 실패하였고, 유리수가 아님을 증명하였다. 이로서 처음으로 유리수가 아닌 수, 즉 무리수의 존재를 알게 되었으며 이러한 수들을 **제곱근**(square root)을 사용하여 나타내게 되었다.

즉, 관계식 $x^2 = 2$가 되는 수 $x$를 제곱근 $\sqrt{2}$에 의하여 나타내는 것이다.

## 예제 1

$\sqrt{2}$가 유리수가 아님을 증명하시오.

**증명** 귀류법을 이용하여 증명해보자.

$\sqrt{2}$가 유리수라고 가정하자. 그리고 나면 $\sqrt{2}=\dfrac{n}{m}$와 같이 분수 형태로 표현할 수 있으며, 여기서 $m$과 $n$은 서로소인 자연수이며 더이상의 공통된 약수는 갖고 있지 않다. 이 식의 양변을 제곱하자. 그리고 나면 주어진 식은 $2m^2=n^2$이다. 이때 $n^2$은 2의 배수이므로 $n$도 2의 배수이다. 따라서 $n=2k$ ($k$는 자연수)이며, 주어진 첫 번째 식에 대입하여 정리하면 $m^2=2k^2$이다. 여기서 $m^2$은 2의 배수이고 또한 $m$도 2의 배수이다. 그러나 이것은 $m$과 $n$이 서로소라는 사실에 모순이 된다. 그리하여 $\sqrt{2}$는 유리수가 될 수 없다. ■

### 실수

유리수와 무리수를 합쳐 우리는 **실수**(real number)라고 부르며, 실수의 집합은 $\boldsymbol{R}$에 의하여 나타낸다. 앞으로 다루어지는 수는 실수에서만 생각한다.

참고로 자연수, 정수, 유리수, 무리수는 모두 실수이다. 또한 실수를 수직선 위의 점에 대응시키면 수직선 위에 빈틈없이 메워진다. 거꾸로 수직선 위의 모든 점은 하나의 실수에 대응시킬 수 있다. 이러한 사실은 실수와 수직선 사이에는 일대일 대응관계가 성립한다는 것을 말하며 수직선을 실수의 집합으로 볼 수 있다.

$\boldsymbol{R}$ { 실수의 집합 } $\Longleftrightarrow$ (1:1 대응관계) ⟶ ( 직선 )

실수에서는 다음과 같은 사실이 성립한다.

(1) 임의의 두 실수 $a$, $b$에 대하여

(i) $a<b$  (ii) $a=b$  (ii) $a\geq b$

즉, 두 수 사이에는 항상 대소관계가 주어진다.

(2) 실수의 집합에서는 사칙연산($+$, $-$, $\times$, $\div$)이 성립한다.

### 예제 2

다음 중 옳지 않은 것을 모두 고르시오.

① $\sqrt{2^2+3^2}=2+3=5$

② $\sqrt{2}\sqrt{5}=\sqrt{10}$

③ $3\sqrt{2}-\sqrt{2}=3$

④ $3\sqrt{5}=\sqrt{45}$

⑤ $-\sqrt{40}=-2\sqrt{10}$

**풀이** ① $\sqrt{2^2+3^2}=\sqrt{4+9}=\sqrt{13}$

③ $3\sqrt{2}-\sqrt{2}=(3-1)\sqrt{2}=2\sqrt{2}$

나머지 ②④⑤는 사실이다. ■

### 예제 3

$\dfrac{\sqrt{3}}{2-\sqrt{3}}=a+b\sqrt{3}$ 일 때, $a$, $b$의 값을 구하시오.

**풀이**

$$\begin{aligned}\frac{\sqrt{3}}{2-\sqrt{3}}&=\frac{\sqrt{3}}{2-\sqrt{3}}\cdot\frac{2+\sqrt{3}}{2+\sqrt{3}}\\&=\frac{\sqrt{3}(2+\sqrt{3})}{2^2-(\sqrt{3})^2}=\sqrt{3}(2+\sqrt{3})\\&=2\sqrt{3}+3=a+b\sqrt{3}\end{aligned}$$

따라서 $a=3$, $b=2$이다. ■

#### 정의 1 절댓값

실수 $a$의 절댓값 $|a|$는 수직선에서 원점으로부터 실수 $a$가 위치한 점까지의 거리로

$$|a|=\begin{cases}a & (a\ge 0)\\-a & (a<0)\end{cases}$$

에 의하여 정의한다.

**정리 2 절댓값의 성질**

임의의 두 실수 $a$, $b$에 대하여 다음이 성립한다.

(a) $|-a| = |a|$ (b) $|ab| = |a||b|$ (c) $|a| = |b| \Leftrightarrow a = \pm b$

### 예제 4

실수 $a$가 $-1 \le a \le 3$일 때, $|a+1| + |a-3|$의 값을 구하시오.

**풀이** $-1 \le a \le 3$이면 $a+1 \ge 0$이고 $a-3 \le 0$이다 따라서

$$|a+1| = a+1, \qquad |a-3| = -(a-3) = -a+3$$

이다. 그리하여

$$|a+1| + |a-3| = (a+1) - a + 3 = 4$$

이다. ■

**정리 3**

임의의 실수 $a$에 대하여 다음이 성립한다.

(a) $a^2 \ge 0$ (b) $a = 0 \Leftrightarrow a^2 = 0$

### 예제 5

등식 $(x-3)^2 + (y-2)^2 = 0$을 만족하는 $x$, $y$의 값을 구하시오.

**풀이** $a^2 + b^2 = 0$을 만족하기 위해서는 $a = 0$이고 $b = 0$이어야만 한다. 따라서 예제의 주어진 등식에서 $x-3=0$, $y-2=0$에 의하여 $x=3$, $y=2$을 얻는다. ■

## Quiz

※ 다음 【　】안에 알맞은 것을 구하시오.

**1.** 전 세계에서 공통적으로 사용하는 것이 있는데 그것은 바로 【　　】이다.

**2.** 하나, 둘, 셋, 등 $1,\ 2,\ 3,\ \cdots$ 와 같은 수 들을 우리는 【　　】라고 부른다.

**3.** 아무것도 없는 것을 나타내기 위하여 인류는 기호 【　】을 만들어 냈으며 이것에 의하여 $10$개의 기호 $0,\ 1,\ 2,\ 3,\ 4,\ 5,\ 6,\ 7,\ 8,\ 9$에 의하여 아무리 큰 숫자도 표현할 수 있게 되었다.

**4.** $-3$과 같이 자연수에 음의 부호 $(-)$을 붙여서 만든 수를 【　　】라고 부른다.

**5.** $\frac{-2}{3}$ 와 같이 두 정수의 분수 형태의 수 및 $1.2375$ 등과 같이 소수점 이하가 유한이 유한소수 등을 우리는 【　　】라고 부른다.

**6.** 유리수의 집합을 조건제시법으로 나타내 보시오.

**7.** 자연수, 정수는 또한 【　　】에 속한다.

**8.** 유리수가 아닌 순환하지 않은 무한소수를 우리는 【　　】라고 부른다. 이러한 수의 예를 들어 보시오.

**9.** 유리수와 무리수를 합해 우리는 【　　】라고 부른다.

**10.** 수학에서의 모든 이론과 계산은 실수에서 이루어지며, 앞서 언급한 자연수, 정수, 유리수, 무리수는 모두 【　　】이다.

**11.** 실수와 점들의 집합인 직선 사이에는 【　　】관계가 성립한다. 그리하여 우리는 이 직선을 【　　】이라 부르며, 수직선 자체를 실수의 집합으로 생각하면 된다.

**12.** 다음의 순서에 따라 수직선 위에 점들을 나타내시오.

(a) 자 등을 이용하여 (수)직선을 그린다.

(노트 중앙에 수평으로 길게 그리고, 끝에 $x$를 쓴다.)

(b) 정 중앙에 점을 찍고 수 0을 나타낸다.

(c) 자연수 $1, 2, 3,$ 을 나타낸다.

(d) 반대방향으로 음의 정수 $-1, -2, -3$을 나타낸다.

(e) 0을 기준으로 오른쪽으로 갈수록 수는【　　】. 왼쪽으로 갈수록 수는【　　】.

(f) 다음의 수들을 위 수직선상에 정확하게 나타내시오.

(1) $\frac{3}{2}$　(2) $\frac{7}{3}$　(3) $\sqrt{2}$　(4) $\sqrt{5}$

(5) $9.25$　(6) $-\frac{1}{3}$　(7) $\frac{7}{-2}$　(8) $-\sqrt{3}$

**13.** 12번의 (a)에서 그린 수직선에서 0을 기준으로 $x$축에 수직으로 직선을 그리고 위 끝에 $y$를 쓴다. 이 축을【　】이라 부른다.

**14.** 12번, 13번에서와 같이 수직선 두 개를 직각이도록 놓은 것을 우리는【　】라고 부르며, 두수직선이 만나는 점을【　】이라 부른다. 그리고 평면상의 모든 점들은 이 좌표에 의하여 그 위치를 나타낼 수 있다.

**15.** 다음의 점들을 좌표평면상에 나타내 보시오.
(12번에 $y$축을 그리고 그 위에 하면 됩니다.)

(1) $(\frac{3}{2}, 3)$　(2) $(\frac{7}{3}, -5)$　(3) $(\sqrt{2}, 7)$　(4) $(\sqrt{5}, -1)$

(5) $(9.25, 5)$　(6) $(-\frac{1}{3}, -5.2)$　(7) $(\frac{7}{-2}, \sqrt{10})$　(8) $(-\sqrt{3}, -3.1)$

## Quiz

**1.** 밑변 $a$, 높이 $b$, 빗변이 $c$인 직각삼각형을 그리시오.

**2.** 세 변의 길이 $a$, $b$, $c$ 사이의 관계를 말하는 피타고라스의 정리를 쓰시오.

**3.** 피타고라스의 정리를 이용하여 직각을 낀 밑변과 높이의 길이가 각각

(a) 3, 4 일 때 (b) 8, 15 일 때

빗변의 길이를 구하시오

**4.** 밑변과 높이가 각각 1인 직각이등변 삼각형에 대하여 빗변의 길이를 $x$라 하면 피타고라스의 정리에 의하여 어떤 관계식(방정식)이 만들어 지는가 ?

**5.** 4번에서 우리는 관계식 $x^2 = 2$을 얻을 수 있다. 즉, 빗변의 길이 $x$을 제곱하면【 】가 된다. 제곱하여 2가 되는 수 $x$을 우리는 기호【 】에 의하여 나타낸다. 즉, $x = \sqrt{2}$ 이다.

**6.** 5번에 의하여 $\sqrt{2}$ 를 제곱하면【 】가 된다.

**7.** Geogebra을 이용하여 $\sqrt{2}$ 의 값을 소수점 끝까지 적으시오. 그 값을 제곱하면【 】이 됨을 알 수 있다.

**8.** 5번의 관계식 $x^2 = 2$에서 우변의 수 2을 좌변으로 보내는 것에 의하여【 】을 얻을 수 있다. 그리하여 $x = \sqrt{2}$ 는 이차방정식 $x^2 - 2 = 0$의【 】이다.

**9.** Geogebra을 이용하여 $y = 0$을 입력하여 보시오. 이것은【 】을 나타낸다. 직선 $y = 0$은 임의의 $x$값에 대하여 $y = 0$이라는 의미로 결국【 】을 나타낸다.

**10.** 이차방정식 $x^2 - 2 = 0$의 해를 어떻게 구할 것인가. 이것은 기하적으로 $y = x^2 - 2$과 직선 $y = 0$($x$축)이【 】이다.

**11.** Geogebra로 $y = x^2 - 2$을 입력하여 $x$축과 만나는 점을 구하시오. 이 값과 $\sqrt{2}$의 값을 비교하시오. 두 값은 어떠한가?

**12.** $x^2 - 2 = 0$는 $x^2 = 2$와 같다. Geogebra을 이용하여 곡선 $y = x^2$와 직선 $y = 2$의 교점의 $x$좌표를 구하시오. 이 값은 또한 $\sqrt{2}$의 값과 같은가?

**13.** (1) $x$축 $y$축에 의하여 좌표를 그리시오.

(2) 좌표평면상에 두 점 $P(3, -1)$과 $Q(-1, 2)$를 나타내시오.

(3) 두 점 $P$와 $Q$에 의하여 만들어 지는 직각삼각형을 그리시오.

(4) 그 직각삼각형의 밑변과 높이의 길이를 구하시오.

(5) 피타고라스의 정리를 이용하여 두 점 사이의 거리(길이)를 구하시오.
(이것은 직각삼각형의 빗변의 길이임)

**14.** 피타고라스의 정리를 이용하여 두 점 $P(-3, 1)$과 $Q(1, -2)$사이의 길이(거리)를 구하시오.

**15.** 13번과 14번에서 알 수 있듯이 일반적으로 두 점 $P(x_1, y_1)$과 $Q(x_2, y_2)$사이의 길이는 어떻게 주어지는지 그 공식을 쓰시오.

**16.** 절댓값 $|a|$는 원점으로부터 $a$ 까지 거리를 의미하는 것으로 다음에 의하여 정의된다.

$$|a| = \begin{cases} a & a \geq 0 \\ [\quad] & a < 0 \end{cases}$$

예를 들어 $|-3| = -$【　　】=【　】이다.

**17.** 실수 $a$, $b$에 대하여 닫힌구간 $[a, b]$와 열린구간 $(a, b)$는 어떤 집합을 의미 하는가? 예를 들어, $[1, 3]$는 $1 \leq x \leq$【　】인 모든 실수를 의미하고, $(1, 3)$는【　】$< x < 3$인 모든 실수를 의미한다.

## 연습문제 1.2

**1.** 다음을 계산하시오.

(a) $\sqrt{81}-\sqrt{(-5)^2}+(-\sqrt{2})^2$

(b) $\sqrt{2}(5-3\sqrt{3})+3(\sqrt{6}-\sqrt{2})$

(c) $\sqrt{27}-\sqrt{18}\times\sqrt{2}-\sqrt{12}+\sqrt{(-5)^2}$

(d) $\sqrt{64}\div\sqrt{(-2)^2}-\sqrt{\frac{1}{9}}\times(\sqrt{6})^2$

(e) $2\sqrt{3}(5-3\sqrt{2})-(3\sqrt{6}-4\sqrt{3})\div\sqrt{2}$

(f) $\sqrt{144}-2\sqrt{(-3)^2}+\sqrt{(-2)^4\times(-3)^2}-\sqrt{(-5)^4}$

(g) $\frac{1}{\sqrt{5}}+\sqrt{\frac{21}{2}}\div\frac{\sqrt{14}}{\sqrt{3}}-\sqrt{(-3)^2}\times(-\sqrt{5})^2$

**2.** 다음 유한소수와 순환소수에 의하여 주어진 유리수를 분수형태로 표현하시오.

(a) 0.42 (b) $0.242424\cdots$

**3.** 유리수, 실수 전체의 집합을 각각 $\boldsymbol{Q}$, $\boldsymbol{R}$이라 할 때 $(\boldsymbol{R}-\boldsymbol{Q})^C$은 어떤 집합인가?

**4.** 집합 $\{x \mid |x-2|<3\}$을 만족하는 $x$값의 범위를 구하시오.

**5.** 등식 $(x-y+1)^2+(y-3)^2=0$을 만족시키는 $x$, $y$을 구하시오.

**6.** 실수 $x, y$가 등식 $x^2+y^2-4x-2y+5=0$을 만족할 때 $x+y$의 값을 구하시오,

**7.** 실수 $a$가 $-1<a<2$일 때 $\sqrt{a^2+2a+1}+|a-2|$의 값을 구하시오.

**8.** 유리수 $a$, $b$가 $a+b\sqrt{3}+1=\sqrt{3}+b-a\sqrt{3}$을 만족시킬 때 $a$, $b$의 값을 구하시오.

**9.** $a, b, c, d$가 양의 실수일 때 $a>b$, $c>d$이면 $ac>bd$임을 증명하시오.

**10.** 등식 $|x-1|+|x|=3$ 을 만족하는 모든 $x$값들의 합을 구하시오.

(힌트: $x$의 구간을 나누어서 생각한다.)

**11.** $a=3-\sqrt{2}$일 때 $|a-1|+|a-2|$을 간단히 하시오.

(힌트: $a$의 범위를 생각한다.)

**12.** 두 유리수 $a, b$에 대하여 $a(4-\sqrt{3})-b+\sqrt{3}=0$일 때 $ab$값을 구하시오.

**13.** 상수 $a>0$일 때, $a^{\frac{1}{2}}-a^{-\frac{1}{2}}=1$을 만족한다고 한다. $a^{\frac{1}{2}}+a^{-\frac{1}{2}}$의 값을 구하시오.

**14.** 임의의 실수 $a, b$에 대하여 다음을 증명하시오.

(a) $\{x \mid |x|>a\}=\{x \mid x>a$ 또는 $x<-a\}$ (단, $a>0$)

(b) $-|a| \leq a \leq |a|$

(c) $|ab|=|a| \cdot |b|$

(힌트: $|c|$에서 $c \geq 0$일 때와 $c<0$일 때로 나누어서 증명한다.)

**15.** 실수 $a, b$에 대하여 구간 $[a, b]$, $(a, b]$, $(a, \infty)$, $(-\infty, b]$을 각각 집합기호($\{\ \}$)를 사용하여 나타내시오.

**16.** $\sqrt{3}$이 유리수가 아님을 증명하시오.

## AI, ChatGPT에게 물어보자.

* ChatGPT : 방정식을 왜 공부해야 하는 거야?
* ChatGPT : 방정식은 어떻게 해서 만들어 지게 되었어
* ChatGPT : 방정식에서 문자를 어떻게 사용하게 되었는지 역사적인 예기를 해줘
* ChatGPT : 누가 처음으로 방정식을 만들었나?
* ChatGPT : 현재 인류는 몇 차 방정식까지 풀 수 있어?
* ChatGPT : 방정식을 이용해서 무엇을 할 수 있어?
* ChatGPT : 연립방정식은 왜 공부해야 되는 거야?

## 1.3 방정식

이 절에서는 일차, 이차, 삼차방정식 및 연립방정식 등 다양한 형태의 방정식이 있으나 이차방정식에 중점을 두어서 설명하고자 한다.

식 $4+2=6$이나 $x-2=4$와 같이 등호(=)를 사용하여 두 수량 사이의 관계를 나타낸 식을 **등식**(equality)이라고 한다. 등식에서 등호의 왼쪽 부분을 **좌변**(left-hand side), 오른쪽 부분을 **우변**(right side), 좌변과 우변을 통틀어 **양변**(both sides)이라고 한다. 등식 $2x+3=5$는 $x=1$일 때에만 등식이 참이 됨을 알 수 있다. 이와 같이 등식에 있는 문자 $x$의 값에 따라 참이 되기도 하고 거짓이 되기도 하는 등식을 $x$에 대한 **방정식**(equation)이라고 한다. 이 때 문자 $x$를 그 방정식의 **미지수**(unknown quantity)라 하고 방정식을 참이 되게 하는 미지수 $x$의 값을 그 방정식의 **해**(solution) 또는 **근**(root)이라고 한다. 또 방정식의 해를 구하는 과정을 **방정식을 푼다**고 말한다. 한편 방정식과 달리 등식 $x+2x=3x$에 있어서 미지수 $x$에 어떤 값을 대입하더라도 항상 참이 되는 등식을 $x$에 대한 **항등식**(identity)이라고 말한다.

방정식 $3x^2+2x-2=2x^2+3x$에서 우변의 모든 항을 좌변으로 이항하여 정리하면

$$x^2-x-2=0$$

과 같다.

이와 같이 방정식의 모든 항을 좌변으로 이항하여 정리하였을 때

$$(x\text{에 대한 이차식}) = 0$$

의 꼴로 변형되는 방정식을 $x$에 대한 **이차방정식**(quadratic curve)이라고 한다. 일반적으로 $x$에 대한 이차방정식은 다음과 같은 꼴로 나타낼 수 있다.

$$ax^2+bx+c=0, \quad a, b, c\text{는 상수}, \ a \neq 0$$

예를 들어, $x^2-x-2=0$은 이차방정식으로 $x$의 자리에 $-1$ 또는 2를 대입하면 0이 된다. 즉

$$x=-1 \quad \text{또는} \quad x=2$$

는 이차방정식 $x^2-x-2=0$의 해이다.

이차방정식 $x^2-x-2=0$에 $x=3$을 대입하면 좌변은 4가 되어 우변의 0과 같지 않으므로 $x=3$은 이차방정식 $x^2-x-2=0$의 해가 아니다.

### 예제 1

다음 보기 중 이차방정식 $x^2-3x+2=0$의 해인 것을 모두 고르시오.

① 0 ② 1 ③ 2 ④ 3 ⑤ 4

**풀이** ① $x=0$일 때 주어진 이차방정식에서 $2 \neq 0$이므로 해가 아니다.

② $x=1$일 때 좌변은 0으로 우변 0과 같으므로 해이다.

③ $x=2$일 때 $0=0$이므로 해이다.

④ $x=3$일 때 좌변은 2이고 우변의 0과 같지 않으므로 해가 아니다.

⑤ $x=4$일 때 좌변은 6이고 우변의 0과 같지 않으므로 해가 아니다. ■

## 이차방정식의 풀이

먼저 두 수 또는 두 식 $A$, $B$에 대하여 $AB=0$이면 다음 세 가지 중의 어느 하나가 성립한다.

(1) $A=0,\ B=0$ (2) $A=0,\ B\neq 0$ (3) $A\neq 0,\ B=0$

위의 세 가지를 통틀어 $A=0$ 또는 $B=0$이라고 한다.

따라서 다음과 같이 말할 수 있다.

$AB=0$이면 $A=0$ 또는 $B=0$이다.

또 앞의 명제의 역 $A=0$ 또는 $B=0$이면 $AB=0$도 참 임을 알 수 있다.

즉, $[AB=0]$과 $[A=0$ 또는 $B=0]$은 같은 뜻이다.

이차방정식을

(일차식) × (일차식) = 0

의 꼴로 나타낼 수 있을 때 위에서 언급한 성질을 이용하여 이차방정식을 풀 수 있다.

이렇게 일차식과 일차식의 곱으로 표현하는 것을 **인수분해**(factorization)한다고 말한다.

다음의 예제에서 살펴보자.

### 예제 2

다음 이차방정식을 푸시오.

(a) $x^2-x-6=0$ (b) $2x^2+5x+2=0$

**풀이** (a) 좌변을 인수분해하면 방정식은 $(x+2)(x-3)=0$와 같이 변형되고 등식을 만족하기 위해서는 $x+2=0$ 또는 $x-3=0$이어야 한다.

그리하여 방정식의 해 $x=-2$ 또는

$x=3$을 얻는다.

(b) 좌변을 인수분해하면 $(2x+1)(x+2)=0$으로 $2x+1=0$ 또는 $x+2=0$이다.

따라서 $x=-\dfrac{1}{2}$ 또는 $x=-2$이다. ■

이차방정식 $x^2-4x+4=0$의 좌변을 인수분해하면

$$(x-2)^2=0$$

이고 이 식은 $(x-2)(x-2)=0$과 같으므로 $x-2=0$ 또는 $x-2=0$이 된다. 따라서 구하는 근은 $x=2$ 또는 $x=2$이므로 두 근이 서로 일치하여 이 이차방정식은 한 개의 근 만을 가진다. 이와 같이 이차방정식의 두 근이 중복되어 서로 같을 때 이 근을 주어진 이차방정식의 **중근**(multiple root)이라고 한다. 이를 테면 $x=2$는 이차방정식 $x^2-4x+4=0$의 중근이다.

### 예제 3

이차방정식 $x^2=6x-9$를 푸시오.

**풀이** 우변을 좌변으로 이항하여 정리하면

$$x^2-6x+9=0$$

이고, 좌변은 $(x-3)^2=0$, 즉, $x-3=0$으로서 $x=3$은 중근이다. ■

## 근의 공식

이차방정식 $ax^2+bx+c=0 \ (a>0)$의 근을 다음과 같은 방법으로 풀어 보자.

$$x^2+\frac{b}{a}x+\frac{c}{a}=0 \qquad \Leftarrow \text{ 양변을 } a\text{로 나눈다}$$

$$x^2+\frac{b}{a}x=-\frac{c}{a} \qquad \Leftarrow \text{ 상수항을 이항한다}$$

$$x^2+\frac{b}{a}x+(\frac{b}{2a})^2=-\frac{c}{a}+(\frac{b}{2a})^2 \qquad \Leftarrow \text{ 완전제곱식으로 나타낸다}$$

$$\therefore \ (x+\frac{b}{2a})^2=\frac{b^2-4ac}{4a^2}$$

$$x+\frac{b}{2a}=\pm\frac{\sqrt{b^2-4ac}}{2a} \qquad \Leftarrow \ b^2-4ac\geq 0 \text{ 일 때 제곱근을 구한다}$$

따라서 구하고자 하는 해 $x$는

$$x = -\frac{b}{2a} \pm \frac{\sqrt{b^2-4ac}}{2a}$$

$$= \frac{-b \pm \sqrt{b^2-4ac}}{2a}$$

에 의하여 주어진다.

다음과 같은 이차방정식의 **근의 공식**(quadratic formula)을 얻을수 있다.

**이차방정식의 근의 공식**

이차방정식 $ax^2+bx+c=0 \quad (a>0)$의 근(해)는

$$x = \frac{-b \pm \sqrt{b^2-4ac}}{2a} \quad (\text{단, } b^2-4ac \geq 0)$$

근의 공식에서 $b^2-4ac>0$이면 이차방정식의 해는 2개가 있고, $b^2-4ac=0$이면 이차방정식의 해는 중근을 갖는다. 그리고 $b^2-4ac<0$이면 실수의 범위에서는 해가 존재하지 않는다.
여기서 $b^2-4ac$를 $D$라 놓고, 즉 $D=b^2-4ac$를 **판별식**(discriminant)이라 부른다.

### 예제 4

다음 이차방정식을 근의 공식을 이용하여 푸시오.

(1) $6x^2-11x+3=0$ (2) $3x^2+7x+1=0$

**풀이** (1) 근의 공식에 $a=6,\ b=-11,\ c=3$을 대입하면

$$x = \frac{-(-11) \pm \sqrt{(-11)^2-4\cdot 6\cdot 3}}{2\cdot 6}$$

$$= \frac{11 \pm \sqrt{49}}{12}$$

$$= \frac{11 \pm 7}{12}$$

$$\therefore\ x = \frac{11+7}{12} = \frac{3}{2} \quad \text{또는} \quad x = \frac{11-7}{12} = \frac{1}{3}$$

(2) 근의 공식에 $a=3,\ b=7, c=1$을 대입하면

$$x = \frac{-7 \pm \sqrt{7^2 - 4 \cdot 3 \cdot 1}}{2 \cdot 3}$$
$$= \frac{-7 \pm \sqrt{37}}{6}$$

■

## 예제 5

이차방정식 $\frac{1}{2}x^2 - x + \frac{1}{3} = 0$의 해를 구하시오.

**풀이** 양변에 분모 2와 3의 최소공배수 6을 곱하면

$$3x^2 - 6x + 2 = 0$$

이고, 근의 공식에서 $a = 3$, $b = -6$, $c = 2$를 대입하면

$$x = \frac{-(-6) \pm \sqrt{(-6)^2 - 4 \times 3 \times 2}}{2 \times 3}$$
$$= \frac{6 \pm \sqrt{12}}{12} = \frac{6 \pm 2\sqrt{3}}{12}$$
$$= \frac{3 \pm \sqrt{3}}{6}$$

■

## 예제 6

연속하는 세 정수가 있다. 가장 큰 수의 제곱은 다른 두 수의 제곱의 합과 같다. 이들 세 수를 구하시오.

**풀이** 연속하는 세 정수를 $x$, $x+1$, $x+2$로 놓으면 제일 큰 수의 제곱은 다른 두 수의 제곱의 합과 같으므로

$$(x+2)^2 = x^2 + (x+1)^2$$

이고 간단히 정리하면

$$x^2 - 2x - 3 = 0$$

으로 인수분해하면

$$(x-3)(x+1) = 0$$

이다.

$$\therefore\ x = 3 \text{ 또는 } x = -1$$

그러므로 구하고자 하는 세 수는 3, 4, 5 또는 $-1$, 0, 1이다. ■

다음은 이차방정식을 푸는 방법을 간단히 정리해 놓은 것이다.

**이차방정식의 풀이**

1. 인수분해를 이용하여 이차방정식을 $(x-a)(x-b)=0$ 의 모양으로 고쳐서 푼다.
2. 이차방정식 $(x+p)^2=q$와 같은 모양의 방정식은 완전제곱식을 이용하여 $x+p=\pm\sqrt{q}$ 와 같이 하여 푼다.
3. 이차방정식 $ax^2+bx+c=0 \quad (a>0)$의 해는 근의 공식을 이용하여 $x=\dfrac{-b\pm\sqrt{b^2-4ac}}{2a}$을 구할 수 있다.(단, $b^2-4ac\geq 0$)

## 연립방정식

다음에는 여러 방정식이 서로 상관되어 있는 연립방정식으로 예제를 통하여 연립방정식을 어떻게 푸는지 살펴보고자 한다.

### 예제 7

연립방정식 $\begin{cases} ax+y=3 \\ 3x+by=1 \end{cases}$ 의 해가 $(1,2)$일 때, $a+b$ 의 값을 구하시오.

**풀이** $x=1,\ y=2$가 해이므로 각각의 방정식에 대하면

$$\begin{cases} a+2=3 & \cdots\cdots ① \\ 3+2b=1 & \cdots\cdots ② \end{cases}$$

이므로 ①에서 $a=1$, ②에서 $b=-1$을 얻는다. 따라서

$$a+b=1-1=0$$

■

### 예제 8

연립방정식 $2x+y-1=x+1=y-5$ 의 해를 구하시오.

**풀이** 주어진 연립방정식은

$$\begin{cases} 2x+y-1=x+1 & \cdots\cdots ① \\ 2x+y-1=y-5 & \cdots\cdots ② \end{cases}$$

으로 다시 바꿔 쓸 수 있다.

①에서 $x+y=2$⋯⋯ ①′, ②에서 $2x=-4$으로 $x=-2$를 얻는다.

$x=-2$를 ①′에 대입하면 $y=4$를 얻을 수 있다. ■

## 예제 9

연립방정식 $\begin{cases} 3x+y=4 \\ 12x-ay=8 \end{cases}$ 의 해가 존재하지 않을 때, $a$의 값을 구하시오.

**풀이** $\begin{cases} 3x+y=4 & \cdots\cdots ① \\ 12x-ay=8 & \cdots\cdots ② \end{cases}$ 에서

①식은 $3x=4-y$으로 $x=\dfrac{4-y}{3}$이고 이것을 ②에 대입하면 $12\times\dfrac{4-y}{3}-ay=8$이므로 정리하면

$$16-4y-ay=8$$

이다. 이 식은 $(4+a)y=8$으로 바꿀 수 있으며 $a=-4$이면 우변은 0이되고 좌변은 8이므로 등식이 성립하지 않는다.

따라서 해가 존재하지 않게 하는 $a$는 $-4$이다. ■

## Quiz

**1.** 미지의 문자(예, $x$)와 등호 $(=)$ 을 포함하는 식을【 】이라 부른다.

**2.** 여기서 $x$는 알고 싶은 내용을 반영하여 문자로 표현한 것이며 등식을 만족하는 특별한 $x$의 값을 구하는 과정을 "【 】을 푼다." 라고 말하며, 이 특정한 $x$의 값을 그 방정식의【 】라고 부른다.

**3.** 방정식은 $f(x)=0$과 같은 형태로 나타낼 수 있으며 $f(x)$가 $x$의 일차식, 예를 들어 $f(x)=2x+1$이면 일차방정식, $f(x)$가 $x$의 2차식, 예를 들어 $f(x)=x^2-x-6$이면【 】이라 부른다.

**4.** (1) 일차방정식 $2x+1=0$의 해를 구하시오.

(2) Geogebra를 이용하여 직선 $y=2x+1$과 $x$축이 만나는 점을 구하시오.

(3) (1)과 (2)의 해는 일치하는가?

일차방정식 $2x+1=0$의 해는 기하적으로 직선 $y=2x+1$과 $y=0$ ($x$축)이 만나는 점임을 확인할 수 있다.

**5.** 이차방정식 $x^2-x-6=0$에 대하여

(1) 좌변의 $x^2-x-6$을 인수분해 하시오.

(2) (1)번에서 인수분해 한 것을 다시 전개하여 $x^2-x-6$이 되는지 확인하시오.

(3) 결국 이차방정식 $x^2-x-6=0$은 $(x-[\ \ ])\cdot(x-[\ \ ])=0$의 형태로 바뀌고 두 수를 곱하여 0이 되기 위해서는 $x-3=0$이거나【 】$=0$이어야 한다.
그리하여 해

$x=$【 】와 $x=$【 】

을 얻을 수 있다.

**6.** $x=2$는 이차방정식 $x^2-x-6=0$의 해인가?

해가 아니면 아닌 이유를 해이면 해인 이유를 설명하시오.

**7.** 다음은 이차방정식 $ax^2+bx+c=0(a>0)$의 해를 구하는 과정이다.

이차방정식 $ax^2+bx+c=0(a>0)$에서 양변을 $a$로 나누자. 그리고 나면

$$x^2+\frac{b}{a}x+\frac{c}{a}=0$$

$$\Leftrightarrow \quad x^2+\frac{b}{a}x=-\frac{c}{a}$$

$$\Leftrightarrow \quad x^2+\frac{b}{a}x+[\quad]=-\frac{c}{a}+\left(\frac{b}{2a}\right)^2$$

$$\Leftrightarrow \quad (x+[\quad])^2=\frac{b^2-4ac}{4a^2}$$

$$\Leftrightarrow \quad x+[\quad]=\pm\sqrt{\frac{b^2-4ac}{4a^2}}=\pm\frac{\sqrt{b^2-4ac}}{2a}$$

그리하여 $x=$ 【　　　　　　　　　　】이다.

**8.** 이차방정식 $ax^2+bx+c=0(a>0)$에 대한 근의 공식

$$x=\frac{-b\pm\sqrt{b^2-4ac}}{[\quad]}$$

**9.** (1) 근의 공식을 이용하여 이차방정식 $x^2-x-6=0$의 해를 구하시오.

(2) 5번 문제의 결과와 일치하는가?

**10.** (1) Geogebra을 이용하여 곡선 $y=x^2-x-6$을 그려보시오.

(2) 곡선 $y=x^2-x-6$과 $x$축이 만나는 점의 좌표를 구하시오.

(3) (2)의 값들은 5번 문제의 결과와 일치하는가?

**11.** (1) 이차방정식 $x^2-x-6=0$는 $x^2-x=6$과 같다. Geogebra을 이용하여 $y=x^2-x$와 $y=6$이 만나는 점의 $x$좌표를 구하시오.

(2) (1)의 결과는 5번 문제의 결과와 일치하는가?

**12.** 이차방정식 $ax^2+bx+c=0$의 근은 $x=\dfrac{-b\pm\sqrt{b^2-4ac}}{2a}$에 의하여 주어지며 여기서 $D=b^2-4ac$을【　　】이라 부르고, 근의 개수와 관련이 된다. 즉, $D>0$이면 이차방정식은 서로 다른 두 실근을 갖고, $D=0$이면 중근 $x=-\dfrac{b}{2a}$, $D<0$이면 근을 갖지 않는다.

**13.** 12번에서 판별식 $D=b^2-4ac$의 부호에 따라 곡선 $y=ax^2+bx+c$는 어떻게 위치하는지 설명하시오.

**14.** 연립방정식

$$2x-3y=-1 \ \cdots \ ①, \qquad 3x-4y=-2 \ \cdots \ ②$$

에 대하여

(1) 위 연립방정식의 해를 구하시오.

(2) 식 ① 과 ②를 $y$는 $x$에 의하여 표현하시오.

(3) Geogebra에 의하여 (2)에 의하여 주어진 함수의 그래프를 그리고 교점을 구하시오.

(4) (1)과 (3)의 결과는 일치하는가?

**15.** (1) 연립방정식 $3x+y=4$, $12x-ay=8$의 해가 존재하지 않을 때 $a$의 값을 구하시오.

(2) (1)에서 구한 $a$값을 대입하여 각각 $y$을 $x$에 의하여 나타내시오.

(3) Geogebra를 이용하여 두 직선을 그려보세요.

(4) 연립방정식의 해가 존재하지 않는다는 것은 기하학적으로 두 직선이【　　】하다는 것을 의미한다.

## 연습문제 1.3

**1.** 다음 연립방정식을 푸시오.

(1) $x+3y=-2x-y=5$　　　　(2) $-2x-2y=2x-3y=7$

**2.** 다음 중 등식이 성립하지 않은 것을 고르시오.

① $x^2-18x+81=(x-9)^2$

② $a^2+\frac{2}{3}a+\frac{1}{9}=(a+\frac{1}{3})^2$

③ $2x^2-4x+2=(2x-1)^2$

④ $\frac{1}{16}x^2+3x+36=(\frac{1}{4}x+6)^2$

⑤ $4a^2-4ab+b^2=(2a-b)^2$

**3.** 한 변의 길이가 $10\,\mathrm{cm}$ 인 정사각형이 있다. 가로의 길이를 $x\,\mathrm{cm}$ 줄이고, 세로를 $3\,\mathrm{cm}$ 늘였더니 넓이는 $124\,\mathrm{cm}^2$가 되었다. 가로는 몇 cm가 줄었는가?

**4.** 십의 자리의 수가 7 인 두 자리의 자연수가 있다. 십의 자리의 수와 일의 자리의 수를 바꾸면 처음의 수보다 18 이 작아진다. 이 자연수를 구하시오.

**5.** 연립방정식

$$\begin{cases} x+y=5 \\ y+z=11 \\ x+2z=9 \end{cases}$$

의 해를 $x=\alpha$, $y=\beta$, $z=\gamma$라 할 때 $\alpha\beta\gamma$의 값을 구하시오,

**6.** 연속하는 세 홀수의 합이 33 일 때, 가장 큰 홀수를 구하시오.

**7.** 다음 A, B의 연립방정식은 같은 해를 갖는다고 한다. 이 때, a, b 의 값을 구하시오.

$$\mathrm{A}:\begin{cases} x-2y=8 \\ ax+by=4 \end{cases}\qquad \mathrm{B}:\begin{cases} 2ax-3by=12 \\ 3x+y=3 \end{cases}$$

**8.** 두 수의 합이 50이고, 한 쪽 수가 다른 쪽 수의 2배보다 8만큼 크다고 한다. 이 두 수를 구하시오.

**9.** 다음 이차방정식을 푸시오.

(a) $2(x-1)^2 = x^2 + 7$

(b) $0.4x^2 = x + 0.3$

(c) $\frac{1}{3}x^2 - \frac{5}{6}x = \frac{1}{2}$

**10.** 이차방정식 $(x-10)(x-2) = 4$를 $(x+a)^2 = b$의 모양으로 고칠 때, $a,b$의 값을 구하시오.

**11.** 이차방정식 $x^2 + ax + b = 0$의 근이 $x = 2$ 또는 $x = -4$일 때, $a$와 $b$의 값을 구하시오.

**12.** 이차방정식 $x^2 - 10x + a = 0$의 한 근이 6일 때 $a$의 값과 다른 한 근을 구하시오.

**13.** 이차방정식 $x^2 + 5x - 1 = 0$의 한 해를 $a$라 할 때 $a - \frac{1}{a}$의 값을 구하시오.

**14.** 오른쪽 그림과 같은 사다리꼴 ABCD에서 $\overline{\mathrm{AD}} = 2\mathrm{cm}$, $\angle \mathrm{ABC} = 45°$이다. 이 사다리꼴의 넓이가 $30\mathrm{cm}^2$일 때, $\overline{\mathrm{CD}}$의 길이를 구하시오.

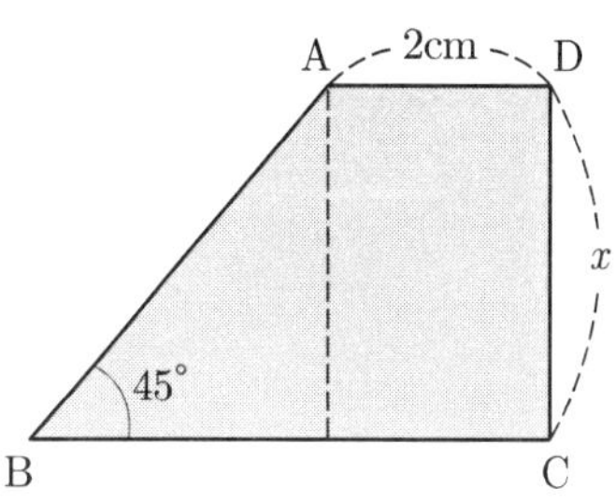

# 2장

# 함수

## AI, ChatGPT에게 물어보자.

* ChatGPT : 평면과 공간은 어떻게 다른 거야?
* ChatGPT : 좌표를 처음 만든 사람은 누구야?
* ChatGPT : 좌표가 수학 및 인류 문명의 발전에 어떻게 공헌했나?
* ChatGPT : 좌표가 수학에서 어떤 역할을 하는 거야?
* ChatGPT : 좌표가 수학의 발전에 어떤 역할을 했는지 구체적인 예를 들어봐
* ChatGPT : 직각좌표계가 아닌 또 다른 좌표도 있나?
* ChatGPT : 위치를 나타내는 방법에는 어떤 것이 있나?

## 2.1 평면과 좌표

좌표의 탄생은 수학의 급격한 발전 더 나아가 인류 문명의 발전에 지대한 공헌을 하였다.

**좌표**는 두 개의 수직선을 하나는 수평, 또 다른 하나는 수직으로 교차하게 만든 것이다. 이와 같은 좌표를 **직각좌표계**(orthogonal coordinate system) 또는 **직교좌표계**라하며 간단히 좌표라고 부른다.

다음 그림에서와 같이 수평과 수직으로 놓여있는 직선을 **좌표축**(coordinate axis)이라 하고, 두 좌표축이 만나는 정점 $O$를 **원점**(origin)이라 한다. 그리고 보통은 수평축을 $x$**축**, 수직축을 $y$**축**이라 부른다.

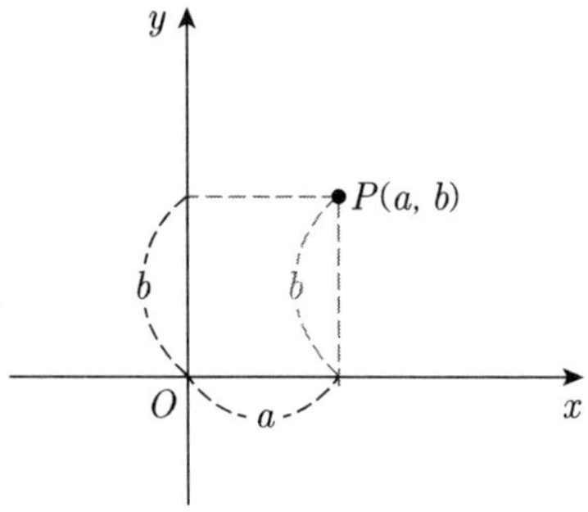


그리하여 좌표에 의하여 평면상의 모든 점은 다음과 같이 **순서쌍**(ordered pair)으로 표현할 수 있다. 점 $P$로부터 두 좌표축에 각각 수선을 내려 $x$좌표축(수평축)과 만나는 점이 $a$이고, $y$좌표축(수직축)과 만나는 점이 $b$이면 점$P$의 좌표는 순서쌍 $(a,b)$에 의하여 표현한다.

그리고 원점으로부터 점 $P(a,b)$까지의 거리는 피타고라스의 정리에 의하여

$$\overline{OP} = \sqrt{a^2 + b^2}$$

에 의하여 주어진다.

이것을 일반화 하면 평면상의 임의의 두 점 사이의 거리에 대한 공식을 얻을 수 있다.

**정리 1 두 점 사이의 거리**

좌표평면상의 두 점 $\mathrm{P}_1(a_1, b_1)$, $\mathrm{P}_2(a_2, b_2)$ 사이의 거리는

$$\sqrt{(a_2 - a_1)^2 + (b_2 - b_1)^2}$$

에 의하여 주어진다.

좌표평면 상의 임의의 두 점 $\mathrm{P}_1$, $\mathrm{P}_2$를 잡고 피타고라스의 정리를 적용하여 위 정리를 증명해 보시오.

좌표평면은 두 좌표축에 의하여 내 개의 평면으로 분할되는데 우리는 이것을 다음과 같이 말한다.

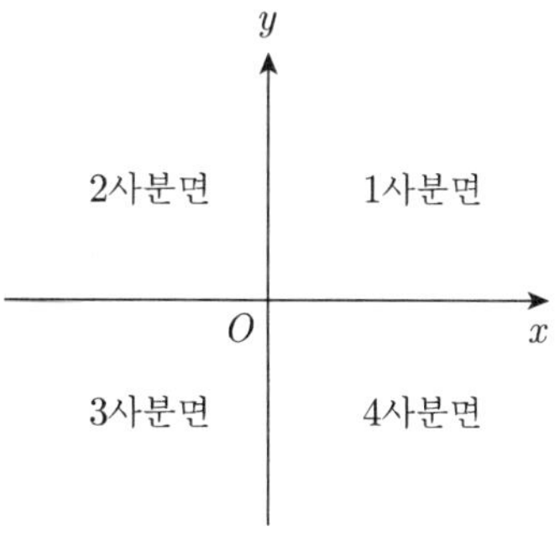


좌표축상의 점은 어느 사분면에도 속하지 않는다고 말하며 각 사분면에서의 $x$, $y$의 부호는 다음과 같이 주어진다.

| | 1사분면 | 2사분면 | 3사분면 | 4사분면 |
|---|---|---|---|---|
| $x$ 부호 | + | − | − | + |
| $y$ 부호 | + | + | − | − |

한 편 점 $A(a,b)$에 대하여 $x$축을 중심으로 반대쪽의 동일한 거리에 있는 점을 **$x$축에 대하여 대칭**(symmetric)인 점이라 하고, $y$축을 중심으로 반대쪽의 동일한 거리에 있는 점을 **$y$축에 대하여 대칭**인 점이라 한다. 그리고 원점을 중심으로 동일한 거리만큼 떨어져 있는 점을 **원점에 대하여 대칭**인 점이라 한다.

다음 그림에서 점 $B$는 점 $A$에 대하여 $y$축에 대칭인 점이고 점 $D$는 $x$축에 대칭인 점이며 점 $C$는 원점에 대하여 대칭인 점이다.

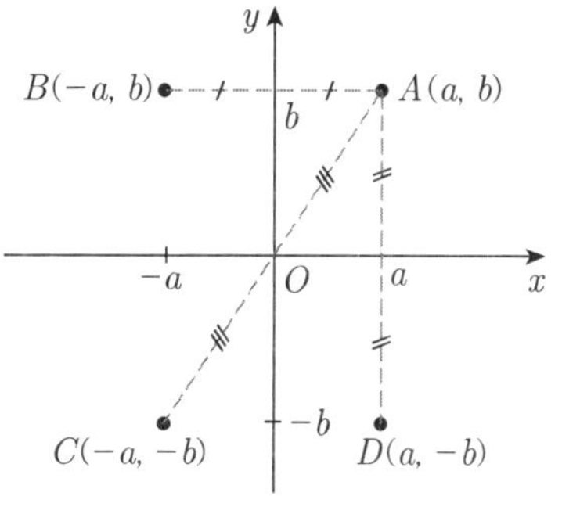


대칭관계

## Quiz

**1.** 좌표평면상에 다음 점들을 나타내시오.

(1) $P_1(2, 5)$

(2) $Q_1(2, -5)$

(3) $Q_2(-2, 5)$

(4) $Q_3(-2, -5)$

**2.** 좌표평면은 $x$축, $y$축에 의하여 4부분으로 나누어지는데 좌표축을 그리고 4부분을 표시하시오.

즉, $x > 0$이고 $y > 0$인 부분을 【  】사분면

$x > 0$이고 $y < 0$인 부분을 【  】사분면

$x < 0$이고 $y > 0$인 부분을 【  】사분면

$x < 0$이고 $y < 0$인 부분을 【  】사분면이라 한다.

**3.** 1번 문제에서

(1) 점 $P_1$과 $Q_1$은 【  】에 대하여 대칭이다.

(2) 점 $P_1$과 $Q_2$은 【  】에 대하여 대칭이다.

(3) 점 $P_1$과 $Q_3$은 【  】에 대하여 대칭이다.

(4) 점 $Q_1$과 $Q_2$는 어떤 관계로 위치하고 있는가?

(5) 점 $Q_1$과 $Q_3$는 어떤 관계로 위치하고 있는가?

(6) 점 $Q_2$과 $Q_3$는 어떤 관계로 위치하고 있는가?

**4.** 평면상의 점 $(\sqrt{3}, 7)$에 대하여

(1) $x$축에 대하여 대칭인 점

(2) $y$축에 대하여 대칭인 점

(3) 원점에 대하여 대칭인 점

을 각각 구하시오.

**5.** Geogebra을 이용하는 것에 의하여

(1) 직선 $y=3$의 그래프를 그리시오. 이 직선은 【　】과 평행하다.

(2) 직선 $x=3$의 그래프를 그리시오. 이 직선은 【　】과 평행하다.

(3) 두 직선 $x=3$과 $y=3$이 만나는 교점의 좌표는?

**6.** 직선 $x=0$은 【　】을 나타낸다.
(Geogebra로 그려보세요)

**7.** 점 $P_1$과 $P_2$가 다음과 같으때 두 점 $P_1$과 $P_2$사이의 길이(거리)를 구하시오.

(1) $P_1(1,0)$, $P_2(3,0)$

(2) $P_1(0,-1)$, $P_2(0,3)$

(3) $P_1(1,1)$, $P_2(3,4)$

(4) $P_1(-2,-1)$, $P_2(2,1)$

(5) $P_1(1,2)$, $P_2(-3,-5)$

## AI, ChatGPT에게 물어보자.

- * ChatGPT : 함수가 뭐지?
- * ChatGPT : 함수는 누가 처음으로 만들었어?
- * ChatGPT : 함수를 왜 공부해야 하나?
- * ChatGPT : 함수가 실생활 어디에서 사용되고 있는지 구체적으로 말해봐
- * ChatGPT : 함수에는 어떤 함수들이 있나?
- * ChatGPT : 독립변수, 종속변수에 대하여 자세히 설명해줘
- * ChatGPT : 좌표에서 왜 수평축은 $x$축, 수직축은 $y$축으로 쓰는 거야?

## 2.2 함수

수학에서 다루어 지는 많은 대상은 함수이며 실제 많은 사회 현상을 분석하거나 자연과학을 연구하기 위하여 함수가 사용되고 있다. 이것이 바로 우리가 함수를 배워야 되는 이유이다.

함수란 변화하는 두 양 $x$, $y$에 대하여 $x$의 값이 변함에 따라 $y$의 값이 하나씩 정해지는 대응관계가 있을 때 우리는 함수를 얘기할 수 있으며 함수에 대한 구체적인 정의는 다음과 같이 주어진다.

**정의 1 함수**

두 집합 $X$, $Y$에 대하여 집합 $X$의 각 원소에 집합 $Y$의 한 원소가 대응할 때 이것을 집합 $X$에서 집합 $Y$로의 **함수**(function)라 하고 기호로

$$f : X \to Y$$

와 같이 나타낸다.

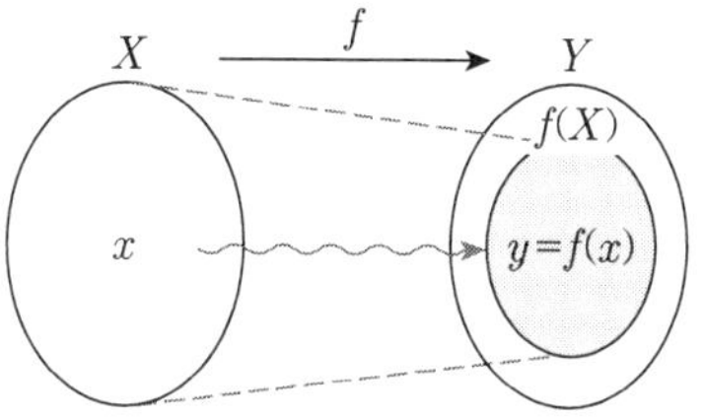


함수 $f: X \to Y$

여기서 집합 $X$을 **정의역**(domain)이라 하고, 집합 $Y$을 **공역** (codomain)또는 **공변역**이라 한다.

정의역 $X$에 속해있는 각각의 원소 $x$에 대하여 공역 $Y$의 원소 $y$가 대응될 때 이것을 기호로

$$y = f(x)$$

에 의하여 나타내며 이것이 함수를 표현하는 방법이다.

여기서 $x, y$ 는 구체적으로 결정되어 있는 **상수**(constant)가 아니라 **변수**(variable)이다.

또한 $x$에서 함수 $f$의 값 $f(x)$을 **함숫값**(value of function)이라 한다. 여기서 함수 $f$의 함숫값 $f(x)$ 전체로 이루어진 집합 $\{ f(x) \mid x \in X \}$을 함수 $f$의 **치역**(range)이라 하고 기호 $f(X)$에 의하여 나타낸다. 즉,

$$f(X) = \{y \mid y = f(x),\ x \in X\}$$

함수 표현 $y = f(x)$에 있어 변수 $x$를 함수 $f$의 **독립변수**(independent variable)라 하고, 변수 $y$는 $x$값과 함수 $f$에 의하여 결정됨으로 **종속변수**(dependent variable)라고 부른다.

앞으로 이 절을 제외한 나머지에서는 함수 $f$의 정의역이나 공역은 주어지지 않는다.

정의역은 함수 $f(x)$가 정의되는 모든 실수 $x$의 집합으로, 공역은 실수 전체의 집합이라고 가정한다.

좌표평면에서 $x$축은 정의역에 해당하며 독립변수축으로, $y$축은 공역으로 종속변수축으로 생각하면 된다.

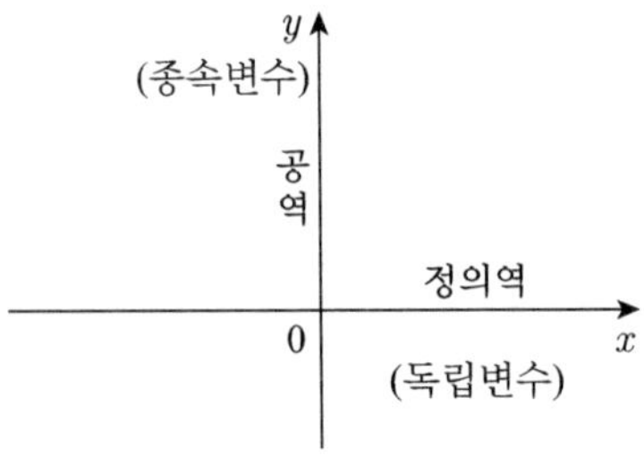


예를 들어, 함수 $f(x)=\dfrac{2}{x-1}$ 의 정의역은 $\{x\mid x\neq 1,\ x\in R\}$ 이고, 함수 $g(x)=\sqrt{x-2}$ 의 정의역은 $\{x \mid x\geq 2\}$ 이다.

그리고 함수 $f: X\rightarrow Y$에서 정의역 $X$의 각 원소 $x$와 이에 대응하는 **함숫값** $f(x)$의 순서쌍 전체의 집합 $\{(x,f(x))|x\in X\}$을 **함수 $f$의 그래프**(graph)라고 한다.

함수는 정의역의 원소에 공역의 원소 하나만 대응되므로 그래프는 정의역의 각 원소 $a$에 대하여 직선 $x=a$와 오직 한 점에서만 만난다.

### 예제 1

Geogebra을 이용하여 다음 함수의 그래프를 그리시오.

$$f(x)=3x-5,\quad g(x)=x^2-x-2,\quad h(x)=x^3-3x-2$$

**풀이** Geogebra로 일차함수 $f$, 이차함수 $g$, 삼차함수 $h$ 의 그래프를 그려보고 각 차수의 함수의 특성을 파악하세요. ■

다음에는 특정 조건을 만족하는 함수에 대하여 알아보자.

### 정의 2 일대일 대응함수(전단사 함수)

함수 $f: X\rightarrow Y$에 대하여

(i) 정의역의 임의의 두 원소 $x_1$, $x_2$에 대하여 $x_1\neq x_2$이면 $f(x_1)\neq f(x_2)$일 때, 함수 $f$을 **일대일 함수**(one to one function)또는 **단사함수**(injective function)라고 말한다.

(ii) 함수 $f$에 대하여 치역과 공역이 같을 때, 즉 $Y=f(X)$인 함수는 **전사함수**(surjective function)라고 말한다.

(iii) 전사이고 단사인 함수를 **일대일 대응함수**(one to one correspondence function)또는 **전단사 함수**(bijective function)라고 한다.

## 예제 2

집합 $X=\{x|-2 \le x \le 4\}$에서 집합 $Y=\{y|a \le y \le 8\}$로의 함수 $f(x)=-2x+b$가 일대일 대응함수(전단사함수) 일 때, $a$, $b$의 값을 구하시오.

**풀이** 주어진 함수가 전단사함수이므로 치역과 공역이 같아야 한다.
$-2 \le x \le 4$일 때, $-8 \le -2x \le 4$이므로 $-8+b \le -2x+b \le 4+b$이다.
따라서 함수 $f(x)=-2x+b$의 치역은 $\{y|-8+b \le y \le 4+b\}$이다.
그러나 $\{y|-8+b \le y \le 4+b\}=\{y|a \le y \le 8\}$이어야 하므로
$-8+b=a$, $4+b=8$에 의하여 $a=-4$, $b=4$을 얻는다. ■

**참고** **합성함수**

두 함수 $f: X \to Y$, $g: Y \to Z$에 대하여 집합 $X$의 원소 $x$에 집합 $Z$의 원소 $g(f(x))$을 대응시키면 $X$을 정의역, $Z$을 공역으로 하는 새로운 함수를 정의할 수 있으며, 이러한 함수를 $f$와 $g$의 **합성함수**(composite function)라고 말하고 기호로

$$g \circ f$$

와 같이 나타낸다.

즉, 합성함수 $g \circ f$에 의한 $x$의 함숫값을 $(g \circ f)(x)$와 같이 나타내고

$$(g \circ f)(x)=g(f(x))50$$

으로 정의한다.

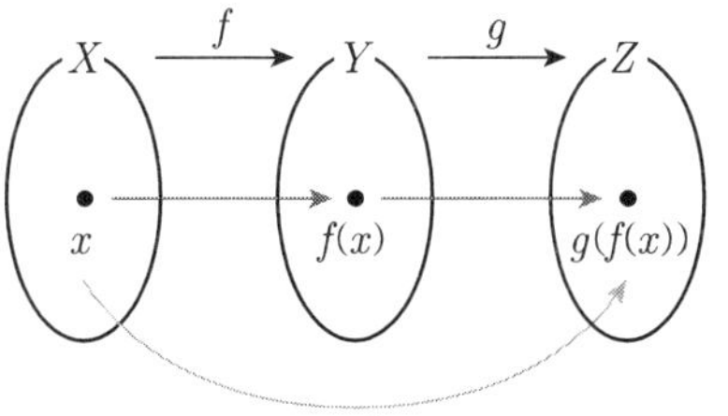

## Quiz

**1.** 함수 $f$ 란 집합 $X$의 각 원소에 대하여 집합 $Y$의【　　】을 대응시킬 때 이것을 함수라 고 말하고, 기호 $f: X \to Y$ 에 의하여 나타낸다.

**2.** 함수 $f: X \to Y$ 에 있어서 집합 $X$을 함수 $f$의【　　】이라 하고, 집합 $Y$을【　　】또는【　　】이라 한다.

**3.** 정의역내의 원소 $x$에서의 함수$f$의 값, 즉 함숫값 $f(x)$만을 모아 놓은 집합 $f(X) = \{y \mid y = f(x),\ x \in X\}$을 함수 $f$의【　　】이라 부른다.

**4.** 함수 $f(x) = \dfrac{1}{x-1}$에 대하여 $x = \dfrac{3}{2}$일 때의 함숫값 $f(\dfrac{3}{2})$을 구하시오.

**5.** $X = [0, 3]$, $Y = [0, 10]$이고 $y = f(x) = 2x$일 때 정의역은 $X = [0, 3]$이고, 공역(공변역)은【　　】, 치역은【　　】이다.

**6.** $f(x) = \sqrt{x}$ 에 대하여 함수 $f$의 정의역 $X = [1, 4]$일 때 함수 $f$의 치역$f(X)$을 구하시오.

(Geogebra로 $y = \sqrt{x}$ $(1 \le x \le 4)$ 입력, 그래프에 해당하는 $y$값들의 범위)

**7.** 함수 $y = f(x)$에 있어서 변수 $x$는 정의역 내의 모든 원소들을 독립적으로 취할 수 있으므로【　　】변수라 부르고, 변수 $y$는 함수 $f$와 $x$의 값에 의존하여 그 값이 결정되므로【　　】변수라고 부른다.

**8.** 함수 $y = f(x)$에서 $f(x) = \sqrt{x}$ , $X = [1, 4]$일 때, $x$는 닫힌구간 $[1, 4]$내의 모든 원소들을 독립적으로 취할 수 있으므로【　】변수이고, $y$는 $x$의 값과 함수 $\sqrt{x}$에 의하여 그 값이 결정됨으로【　　】변수라고 부른다.

**9.** 앞으로 특별한 언급이 없는 한 함수의 정의역과 공역에 대해서는 언급하지 않는다. 예를 들어,

$$f(x)=\frac{1}{x}$$

와 같이 함수만 언급한다. 그리고 나면 함수의 정의역은 【 】축 상에서 함수 $f$의 값이 존재하게 하는 실수만을 생각한다. 즉, $f(x)=\frac{1}{x}$에서 $x=$【 】일 때 함수 $f$의 값이 존재하지 않고 그 외 모든 실수에서는 값이 존재하므로 정의역은 【 】축상의 실수 전체에서 【 】만을 제외하면 된다.

**10.** 함수 $f$의 공역은 【 】축의 실수 전체를 생각하면 된다. 그리고 치역은 【 】축 상에서 함수의 그래프에 해당하는 $y$값들 만을 생각하면 된다.

$f(x)=\frac{1}{x}$에서 공역은 【 】축의 실수 전체이고 치역은 【 】을 제외하면 된다. (Geogebra로 그래프를 그려보세요)

**11.** Geogebra을 이용하여 다음 함수의 그래프를 그려 보시오.

(a) $f(x)=\frac{1}{2}x$, (b) $g(x)=\frac{1}{x-2}$ (c) $h(x)=\sqrt{x-1}$

**12.** 함수 (a) $f(x)=\frac{1}{2}x$, (b) $g(x)=\frac{1}{x-2}$, (c) $h(x)=\sqrt{x-1}$ 에 대하여

(1) 함수 $f$의 정의역은【 】이고, 공역과 치역은【 】이다.

(2) 함수 $g$의 정의역은【 】이고, 공역은【 】, 치역은【 】이다.

(3) 함수 $h$의 정의역은【 】이고, 공역은【 】, 치역은【 】이다.

(11번 문제의 그래프를 보고 답을 하시오)

**13.** 함수를 $s=g(t)$라고 쓴다면 (예, $s=t^3-1$), 여기서 독립변수는【 】이고 종속변수는【 】이다. 따라서 기존의 좌표축에서 $x$을【 】으로 $y$을【 】으로 바꾸면 된다. 정리하면 좌표평면에서 수평축은【 】축으로 수직축은【 】축으로 생각하면 된다.

**14.** Geogebra을 이용하여 (1) $y=x^3-1$ (2) $s=t^3-1$의 그래프를 그려보시오.
두 함수의 그래프는 일치하는가?
그리하여 문자는 어느 것을 사용해도 무방하다.

## 연습문제 2.2

**1.** 함수 $f: X \to Y$ 에 대하여 $X=[0,2]$, $Y=[-4,6]$이고 $y=f(x)=3x-2$일 때 다음을 구하시오.

(a) 함수 $f$의 정의역

(b) 함수 $f$의 공역

(c) 함수 $f$의 치역

(d) $x=\frac{1}{2}$일 때 함수 $f$의 값 $f(\frac{1}{2})$

**2.** $f(x)=\dfrac{1}{x^2-x}$, $g(x)=\sqrt{x^2-2}$ 에 대하여

(a) Geogebra을 이용하여 함수 $f$와 $g$의 그래프를 그리시오

(b) $x=3$일 때 함수 $f$와 $g$의 값을 각각 구하시오.

(c) 함수 $f$와 $g$의 정의역을 각각 구하시오.

**3.** 함수 $f(x)=ax+b$의 그래프가 점 $(0,2)$ 와 $(-1,0)$을 지날 때 $a$, $b$의 값을 구하시오.

**4.** 함수 $f(x)=x^2-a$의 그래프가 두 점 $(1,-3)$, $(b,5)$을 지날 때 $a+b$의 값을 구하시오.(단 $b>0$)

**5.** 함수 $f$의 그래프가 다음과 같이 주어질 때 함수 $f$의 정의역과 치역을 구하시오.

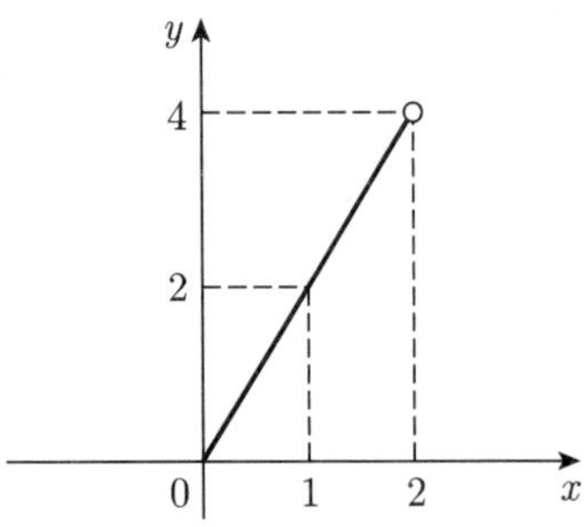

**6.** 함수 $f(x) = \sqrt{1-x^2}$ 일 때 함수 $f$의 정의역과 치역을 구하시오.

(힌트: Geogebra로 함수 $f$ 의 그래프를 그려보시오.)

**7.** 집합 $X = \{1,3\}$ 에서 실수 전체의 집합 $Y$로의 두 함수 $f(x) = ax^2 + 1$, $g(x) = 4x + b$ 에 대하여 $f = g$일 때 $a$, $b$의 값을 구하시오.

**8.** 두 집합 $X = \{1,2,3,4\}$, $Y = \{5,6,7,8\}$ 에 대하여 함수 $f$는 $X$에서 $Y$로의 전단사함수이다. $f(1) = 7$, $f(2) - f(3) = 3$일 때, $f(3) + f(4)$의 값을 구하시오.

**9.** 다음 함수는 단사, 전사, 전단사함수 중 어느 것인지 유도하시오.

(a) $f : [-2, 1] \to [-3, 4]$, $f(x) = 2x + 1$

(b) $f : [-1, 1] \to [-1, 0]$, $f(x) = x^2 - 1$

(c) $f : [0, 2] \to [-4, 0]$, $f(x) = -x^2$

**10.** 자연수 $n$에 대하여 $x$에 대한 다항식 $x^3 - 2x^2 + kx - 1$을 일차식 $x - n$으로 나눈 나머지를 $f(n)$이라 하자. $f(1) + f(2) + f(3) = -13$일 때 상수 $k$의 값을 구하시오.

## AI, ChatGPT에게 물어보자.

* ChatGPT : 일차함수는 왜 직선을 나타내는 거야?
* ChatGPT : 이차함수는 왜 포물선이라 부르지.
* ChatGPT : 일차함수, 이차함수를 왜 배우는 거야?
* ChatGPT : 일차함수, 이차함수는 어디에 사용할 수 있나?
* ChatGPT : 몇 차 다항함수까지 그래프를 그릴 수 있어?
* ChatGPT : 5차 다항함수의 그래프는 어떻게 되나?
* ChatGPT : 6차, 7차, 8차 다항함수들의 그래프는 어떻게 되지?

## 2.3 다항함수

이 절에서는 $x^3+2x^2-3x+7$과 같이 다항식의 형태로 쓰여진 함수에 대하여 다루고자 한다.

먼저 가장 간단한 형태의 함수부터 시작해보자.

### 상수함수 $f(x)=C$

함수 $f$가 정의역내의 모든 원소 $x$에 대하여 단 하나의 원소로 상수 $C$를 대응시킬 때, 즉 모든 $x$에 대하여 $f(x)=C$일 때 함수 $f$을 **상수함수**(constant function)라고 한다.

다음은 상수함수 $f(x)=C$의 그래프를 그려 놓은 것이다.

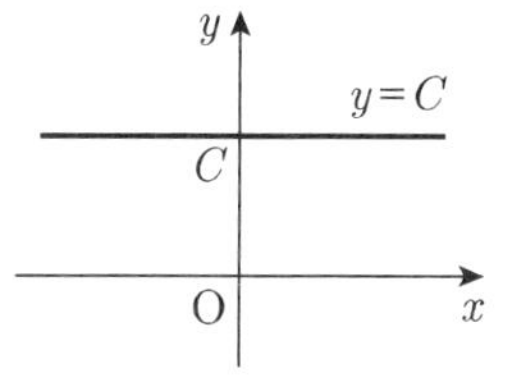


상수함수 $f(x)=C\,(C>0$일 때)

### 항등함수 $f(x)=x$

함수 $f$가 정의역의 각 원소 $x$에 대하여 자기 자신 $x$를 대응시킬 때, 즉 $f(x)=x$일 때, 함수 $f$을 **항등함수**(identity function)라고 한다.

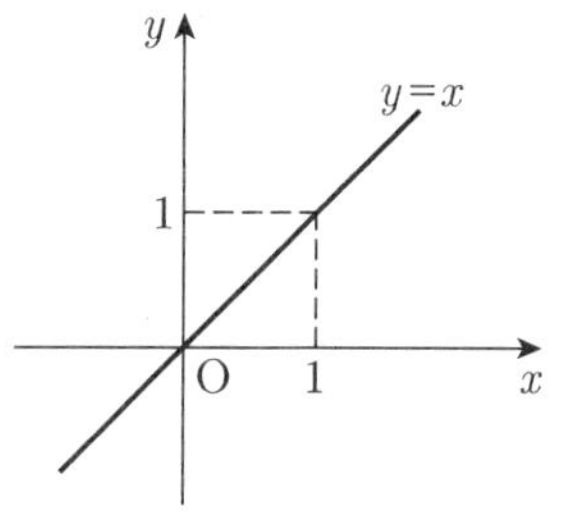


항등함수 $f(x)=x$ 의 그래프

다음에는 일차함수와 이차함수의 특성을 살펴보고자 한다.

### 일차함수 $f(x)=ax+b\ \ (a\neq 0)$

두 상수 $a$, $b$에 대하여 일차식 $ax+b$와 같은 형태의 함수를 **일차함수**(linear function)라고 한다. 예를 들어 $f(x)=\frac{2}{3}x+1$은 일차함수이다.

함수 $f(x)=\frac{2}{3}x+1$에 대하여

아래의 그림에서 알수 있듯이 $x$가 3만큼 변할 때 $y$는 2만큼 변하는 것을 알 수 있다. 여기서 $x$의 계수 $\frac{2}{3}$를 **기울기**, 1을 **$y$절편**이라 부른다. 즉 기울기는 그 직선이 기울어진 정도를 하나의 숫값으로 표현한 것이고, $y$절편은 직선이 $y$축과 만나는 점을 나타낸다. 참고로 **$x$절편**은 직선이 $x$축과 만나는 점을 말한다.

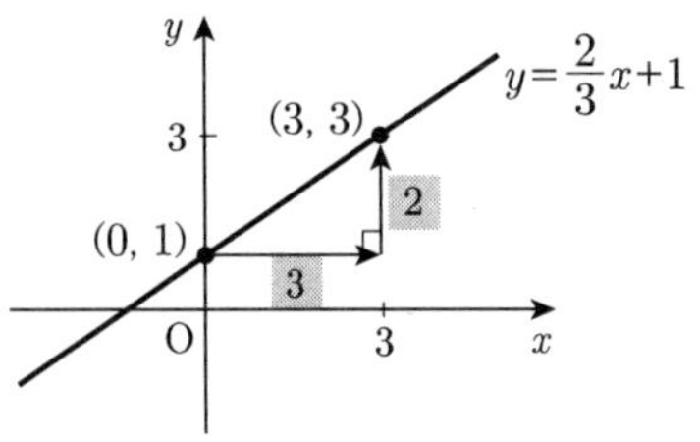


다음은 좌표 평면상의 점 (0, 3)을 지나는, 즉, 일차함수 $f(x)=ax+b$에서 $b=3$인 형태의 함수들의 그려놓은 것이다.

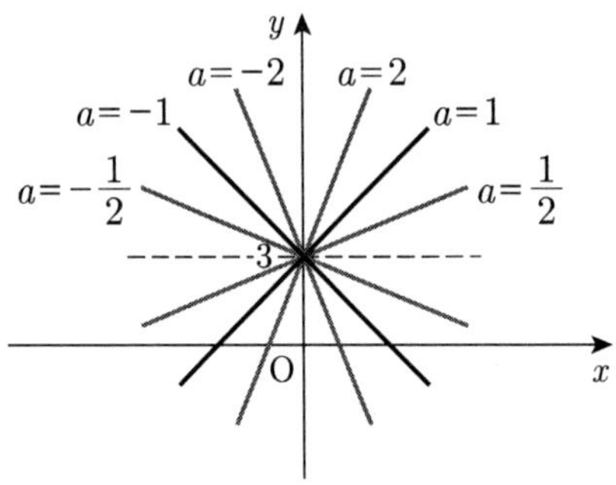


$f(x)=ax+3$ 의 그래프

다음에는 기울기의 값에 따라 일차함수의 그래프가 어떻게 변하는지 살펴보자.

일차함수 $f(x)=ax+b$의 그래프는 기울기가 $a$, $y$절편이 $b$인 직선이며,

(i) $a>0$일 때 $x$값이 증가함에 따라 함수 $f$의 값은 증가하고,

(ii) $a<0$일 때는 $x$값이 증가함에 따라 함수 $f$의 값은 감소한다.

(i) $a>0$

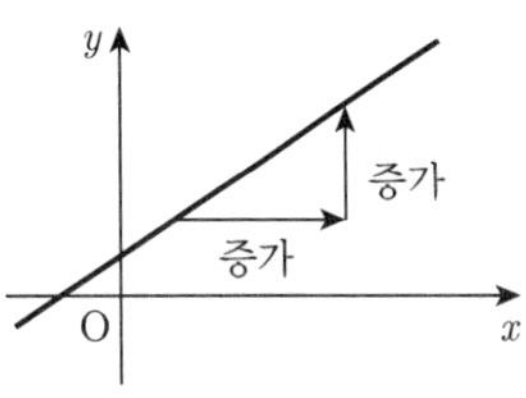


(ii) $a<0$

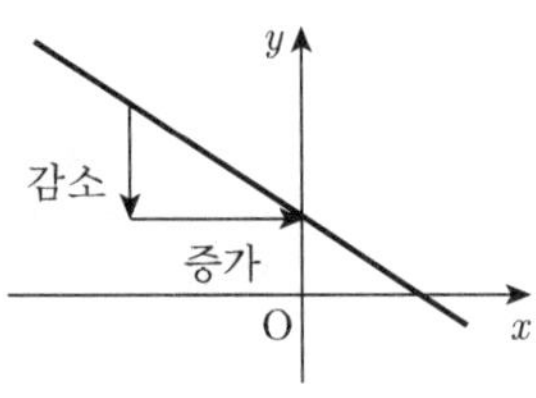

### $x=h$, $y=k$의 그래프

다음 그림에서 알 수 있듯이 $x=h$($h$는 상수)의 그래프는 점 $(h, 0)$을 지나고 $y$축에 평행한 직선이고, $y=k$($k$는 상수)의 그래프는 점 $(0, k)$를 지나고 $x$축에 평행한 직선이다.

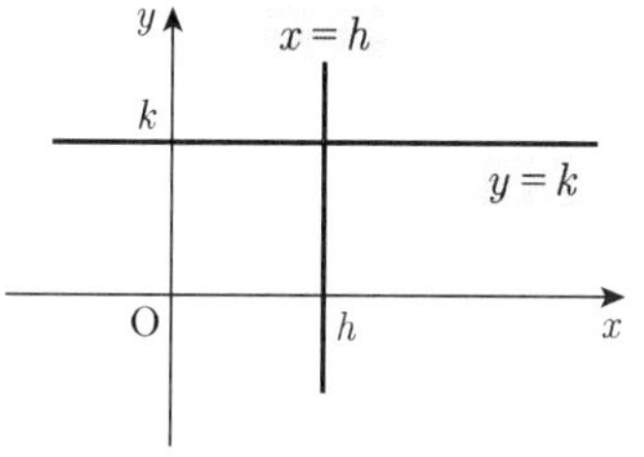


다음은 두 점을 지나는 직선의 방정식을 정리한 것이다.

**정리 1 직선의 방정식**

(a) 기울기가 $m$이고 점 $(x_1, y_1)$을 지나는 직선의 방정식은

$$y-y_1=m(x-x_1)$$

이다.

(b) 두 점 $P_1(x_1, y_1)$, $P_2(x_2, y_2)$을 지나는 직선의 기울기 $m$은

$$m=\frac{y_2-y_1}{x_2-x_1}$$

에 의하여 주어지며 이 두 점을 지나는 직선의 방정식은 (a)에 의하여 주어진다.

한 직선의 기울기는 직선상에 어떤 두 점을 잡아도 항상 같은 값으로 나온다. 다음은 두점 $P_1(x_1, y_1)$과 $P_2(x_2, y_2)$를 지나는 직선을 그려 놓은 것이다.

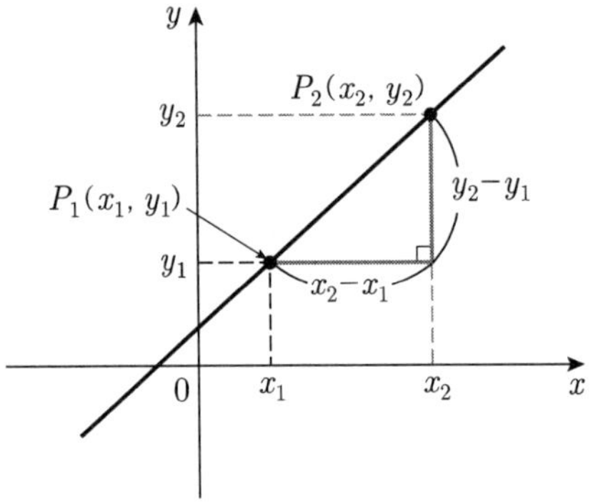


**참고** 두 직선 $y=m_1x+b_1$와 $y=m_2x+b_2$에 대하여
서로 평행일 필요충분조건은 $m_1=m_2$이고 서로 수직일 필요충분조건은 $m_1 \cdot m_2=-1$이다.
두 직선이 평행하면 그들의 경사각은 같다. 즉 기울기가 같다. 한편 두 직선이 수직이면 그들의 경사각의 차이는 $90°$가 되어야 하므로 $\theta_2=\theta_1+90°$이다.

$$m_2=\tan\theta_2=\tan(\theta_1+90°)=-\cot\theta_1=-\frac{1}{\tan\theta_1}=-\frac{1}{m_1}$$

즉 $m_1 \cdot m_2=-1$이다.

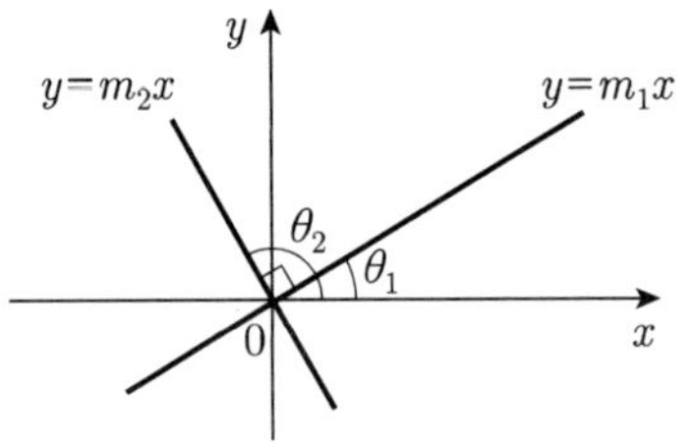


## 이차함수 $f(x)=ax^2+bx+c \ (a\neq 0)$

상수 $a(\neq 0)$, $b$, $c$에 대하여 $f(x)=ax^2+bx+c$와 같은 형태의 함수를 **이차함수**(quadratic function)라 한다.

먼저 이차함수 $y=ax^2$의 그래프는

(i) $a>0$일 때 $|x|$이 증가함에 따라 $y$값은 한없이 증가하고,

(ii) $a<0$일 때는 $|x|$이 증가함에 따라 $y$값은 한없이 감소한다.

다음 그림은 $a$의 여러 가지 값에 대한 이차함수 $y = ax^2$의 그래프를 그려 놓은 것으로 그림에서 확인할 수 있듯이 이차함수 $y = ax^2$의 그래프는 $a > 0$일 때, 위로 오목(아래로 볼록)하고, $a < 0$일 때는 아래로 오목(위로 볼록)한 **포물선**이다. 또한 이차함수 $y = ax^2$의 그래프는 $a$의 절댓값이 클수록 그래프의 폭이 좁아지고 $y$축에 가까워진다.

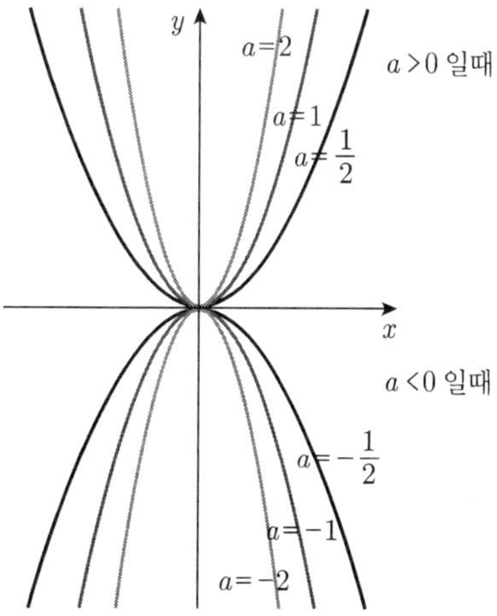


다음은 이차함수 $f(x) = ax^2 + bx + c$에 대하여 주어진 이차함수를 완전제곱 모양으로 변형하면

$$\begin{aligned} f(x) &= ax^2 + bx + c \\ &= a\left(x^2 + \frac{b}{a}x + \left(\frac{b}{2a}\right)^2 - \left(\frac{b}{2a}\right)^2\right) + c \\ &= a\left(x + \frac{b}{2a}\right)^2 - \frac{b^2 - 4ac}{4a} \end{aligned}$$

이고, 이 이차함수의 그래프는 $y = ax^2$의 그래프를 $x$축 방향으로 $-\frac{b}{2a}$, $y$축 방향 $-\frac{b^2 - 4ac}{4a}$만큼 평행이동한 것이다. 그러므로 이 이차함수는 꼭지점의 좌표가 $\left(-\frac{b}{2a}, -\frac{b^2 - 4ac}{4a}\right)$이고 대칭축이 직선 $x = -\frac{b}{2a}$인 포물선이다.

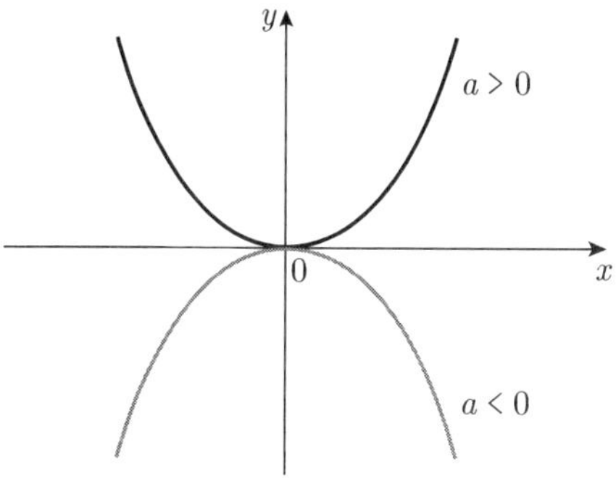


이차함수 $y = ax^2$의 그래프

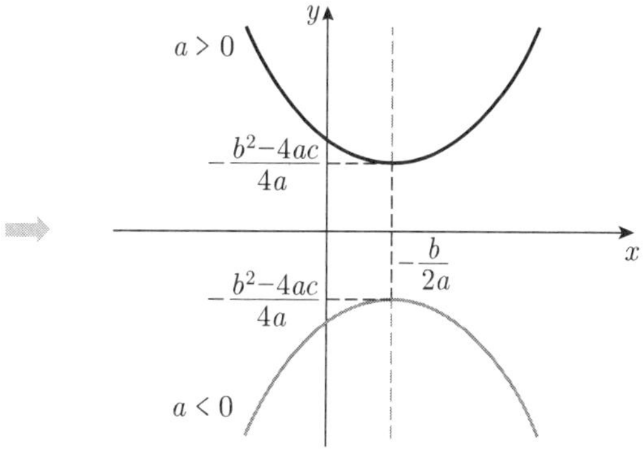


이차함수 $y = ax^2 + bx + c$의 그래프

## 예제 1

이차함수 $y = x^2$과 $y = x^2 - 4x + 7$의 그래프를 그리는 것에 의하여 두 함수를 비교하시오.

**풀이** 이차함수 $y = x^2 - 4x + 7 = (x-2)^2 + 3$는 다음의 그래프에서 확인할 수 있듯이 $y = x^2$의 그래프를 $x$축의 방향으로 2만큼 $y$축의 방향으로 3만큼 평행이동한 것이다.

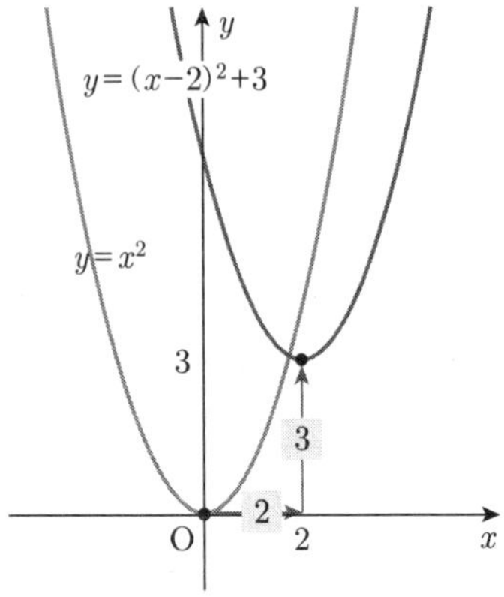


■

### 다항함수

위에 주어진 모든 함수들을 우리는 다항함수라고 말하며 일반적으로 **다항함수**(polynomial function)는 자연수 $n$과 상수 $a_0, a_1, a_2, \cdots, a_{n-1}, a_n$에 대하여

$$f(x) = a_n x^n + a_{n-1} x^{n-1} + \cdots + a_2 x^2 + a_1 x + a_0$$

와 같은 형태의 함수이며, 간단히 **다항식**이라 부른다. 여기서 $n$을 다항식 $f(x)$의 **차수**(degree)라 하고, $a_0, a_1, a_2, \cdots, a_{n-1}, a_n$을 다항식 $f(x)$의 **계수**(coefficient)라고 부른다. 앞서 다룬 상수함수, 항등함수 일차함수 및 2차함수 모두는 다항식의 한 특수한 경우들이다.

예를 들어, $f(x) = x^4 + \frac{1}{4}x^3 + x^2 + 3$이면 $f(x)$는 4차 다항함수이다.

**참고** 우함수, 기함수

함수 $f$의 정의역 내의 모든 원소 $x$에 대하여, 만약 $f(-x) = f(x)$가 성립하면 함수 $f$을 **함수**(even function)라 하고, 만약 $f(-x) = -f(x)$ 이면 함수 $f$을 **기함수**(odd function)라 한다.우함수는 점 $x$와 $-x$에서의 함숫값이 같으므로 함수의 그래프는 $y$축에 대하여 대칭임을 알 수 있다. 기함수는 $y$축에 대칭인 그래프($f(-x)=f(x)$)를 다시 $x$축에 대칭($f(x) \to -f(x)$)이게 한 것이므로 결국 원점에 대하여 대칭이다. 예를들어 $x^2$은 우함수이고 $x^3$은 기함수이다.

## Quiz

**1.** 상수함수 $f(x)=C$ 는 정의역 내의 모든 원소 $x$에 대하여 상수【　】를 대응시키는 함수이다. 모든 상수 $C$는 하나의 상수함수로 해석할 수 있다.
예를 들어, 5는 상수함수 $f(x)=5$로 볼 수 있다.

**2.** 상수함수 $f(x)=5$에 대하여 $f(1)$, $f(\frac{1}{2})$의 값을 각각 구하시오.

**3.** 정의역내의 모든 원소를 자기 자신으로 보내는 함수 $f(x)=x$을【　】함수라고 부른다.
함수 $f(x)=x$에 대하여 $f(\sqrt{5})$의 값을 구하시오.

**4.** 일차함수 $f(x)=ax$에 대하여 Geogebra을 이용하여 다음을 하시오.

(1) $a=1$, $a=9$, $a=137$, $a=525$일 때 $y=ax$의 그래프를 그리시오.

(2) $a$가 한없이 커질 때 (즉, $a\to\infty$) $y=ax$의 그래프는 어디로 접근하는가?

(3) $a=-1$, $a=-9$, $a=-137$, $a=-525$일 때 함수 $y=ax$의 그래프를 그리시오.

(4) $a$가 한없이 작아질 때 (즉, $a\to-\infty$) $y=ax$의 그래프는 어디로 접근하는가?

**5.** 일차함수 $y=ax$에서 $|a|$이 한없이 커질 때 이 함수의 그래프는 어디로 접근하는가?
(4번 문제 참고)

**6.** 일차함수 $f(x)=ax$에 대하여 Geogebra을 이용하여 다음을 하시오.

(1) $a=\frac{1}{3}$, $a=\frac{1}{75}$, $a=\frac{1}{325}$일 때 $y=ax$의 그래프를 그리시오.

(2) $a$가 0으로 수렴할 때(즉, $a\to 0$), $f(x)=ax$의 그래프는 어디로 접근하는가?

**7.** 직선 $y=\frac{1}{3}x$에 대하여

(1) 직선 $y=\frac{1}{3}x$을 좌표평면상에 그리시오.

(2) 이 직선 상의 서로 다른 두 점 $P(x_1, y_1)$, $Q(x_2, y_2)$을 잡고 $\dfrac{y_2 - y_1}{x_2 - x_1}$의 값을 구하시오.

(3) (2)와는 다른 두 점 $P(x_1, y_1)$, $Q(x_2, y_2)$에 대하여 $\dfrac{y_2 - y_1}{x_2 - x_1}$의 값을 구하시오.

(4) (2)와 (3)은 같은 값이 나오는가?

**8.** (1) Geogebra을 이용하여 $y = \dfrac{1}{3}x$, $y = \dfrac{1}{3}x + 2$의 그래프를 그리시오.

(2) $y = \dfrac{1}{3}x + 2$는 $y = \dfrac{1}{3}x$의 그래프를 $y$축의 양의방향으로 【 】만큼 평행이동한 것이다.

**9.** 일차함수 $y = \dfrac{1}{3}x + 2$에 대하여

(1) 이 직선이 $y$축과 만나는 점의 좌표는? 이 값을 무엇이라 말하는가?

(2) $x$값이 3만큼 증가할 때 $y$값은 【 】만큼 증가한다. 이것을 무엇이라 말하는가?

(3) 이 직선이 $x$축과 만나는 점은? 이것을 $x$절편이라 부른다.

**10.** 일차함수 $y = \dfrac{1}{3}x + 2$ ⋯ ① 에 대하여

(1) 이 직선상의 한 점 $Q(x_1, y_1)$을 구하시오.

(2) 이 점 $Q(x_1, y_1)$와 직선상의 임의의 점 $P(x, y)$에 대하여

$$\frac{y - y_1}{x - x_1} = 【\quad】$$

을 만족한다. 따라서 직선의 방정식 $y =$ 【 】을 얻을 수 있다.

(3) (2)에서 구한 식하고 ①을 비교하시오. 같은 식이 나오는가?

**11.** 일차함수 $y = -\dfrac{2}{3}x$에 대하여

(1) Geogebra을 이용하여 그래프를 그리시오.

(2) 직선 $y=-\frac{2}{3}x$ 상의 임의의 두 점 $P(x_1, y_1)$, $Q(x_2, y_2)$을 구하시오.

(3) $\frac{y_2-y_1}{x_2-x_1}$의 값을 구하시오.

(4) $x$값이 3만큼 증가할 때 $y$값은 【　　　　】한다.

**12.** 일차함수 $f(x)=ax+b$는 기하적(도형)으로 【　】을 나타내는 함수이고, 여기서 상수 $a$을 이 직선의 【　】, $b$를 【　】이라 부른다.
기울기라 함은 그 직선이 기울어진 정도를 하나의 숫값으로 나타낸 것이다.

**13.** 한 직선상의 모든 점이 만족하는 방정식을 직선의 방정식이라 한다.
직선의 방정식은 직선상의 한 점 $(x_1, y_1)$와 기울기 $m$이 주어지면 이 직선상의 임의의 점 $(x, y)$가 만족하는 방정식을 말하며, 방정식은 임의의 점 $(x, y)$와 고정점 $(x_1, y_1)$을 지나는 직선의 기울기는 항상 $m$으로 일정하다는 사실에 의하여 주어진다. 즉,

$$\frac{y-y_1}{x-x_1}= 【\quad】$$

으로 $y-y_1=$ 【　】$(x-x_1)$이다.

**14.** 다음을 만족하는 직선의 방정식을 구하시오((1)과(2))

(1) 두 점 $(-3, 2)$, $(1, 4)$을 지나는 직선의 방정식

(2) 한 점 $(-1, 3)$을 지나고, 기울기가 $\frac{1}{2}$인 직선의 방정식

(3) (1)의 두 점 $(-3, 2)$, $(1, 4)$이 (2)의 직선상의 점임을 밝히시오.

(4) (1)과 (2)에서 구한 직선은 같은 직선인가?

## Quiz

**1.** Geogebra을 이용하여 다음 이차함수의 그래프를 그리시오.

(1) $y = 3x^2$, $y = 3x^2 - 4x + 7$,

(2) $y = -3x^2$, $y = -3x^2 + 4x - 7$

(3) $x = y^2$, $x = y^2 - 4y + 7$

(4) $x = -y^2$, $x = -y^2 + 4y - 7$

**2.** 1번에서 다양한 이차함수의 그래프를 그려보았는데 이런 모양의 그래프를【 】이라 부른다.

**3.** 다음은 이차함수 $y = ax^2 + bx + c$을 완전제곱의 모양으로 바꾸는 과정이다.
【 】안에 알맞은 것을 구하시오.

$$\begin{aligned} y &= ax^2 + bx + c \\ &= a(x^2 + \frac{b}{a}x) + c \\ &= a[x^2 + \frac{b}{a}x + (\frac{b}{2a})^2 - (\frac{b}{2a})^2] + c \\ &= a(x + 【\quad】)^2 - a(\frac{b}{2a})^2 + c \\ &= a(x + 【\quad】)^2 - \frac{b^2 - 4ac}{4a} \end{aligned}$$

**4.** 이차함수 $y = -2x^2 - 4x - 5$을 $y = -2(x-a)^2 + b$의 형태로 바꿀 때 $a$와 $b$의 값은?

**5.** (a) $y = -2x^2$, (b) $y = -2x^2 - 4x - 5$ 에 대하여

(1) Geogebra을 이용하여 두 함수 (a)와 (b)를 그리시오.

(2) 함수(b)는 함수(a)를 $x$축 방향으로【 】만큼, $y$축 방향으로【 】만큼【 】이동한

그래프이다.(4번 문제 참고)

**6.** (a) $y=\frac{1}{3}x^2$, (b) $y=\frac{1}{3}x^2-\frac{4}{3}x+\frac{13}{3}$

함수(b)는 함수(a)를 $x$축 방향으로【 】만큼, $y$축 방향으로【 】큼【 】이동한 그래프이다.

**7.** 이차방정식 $x^2-4x+7=0$에서

(1) 판별식 $D$을 구하시오.

(2) Geogebra을 이용하여 이차함수 $y=x^2-4x+7$의 그래프를 그리시오.

(3) 이 이차방정식의 해는 어떻게 되는가?

[참고] 판별식 $D$의 부호, 이차함수 그래프의 위치 및 이차방정식의 해의 관계를 파악하세요.

**8.** 일반적으로 상수 $a_0, a_1, \cdots, a_n$에 대하여

$$f(x)=a_nx^n+a_{n-1}x^{n-1}+\cdots+a_1x+a_0$$

와 같은 형태의 함수를 $n$차【 】라고 부른다.

예를 들어 $f(x)=x^4+\frac{1}{4}x^3+x^2+3$은 4차【 】이다.

**9.** Geogebra을 이용하여 함수 $y=x^3-3x+7$의 그래프를 그려 보시고, 3차 함수의 그래프의 개형을 파악하세요.

## 연습문제 2.3

**1.** 일차함수 $y=-3x+4$ 의 그래프 위의 점이 아닌 것은?

① $(0,4)$　　② $(2,10)$　　③ $(3,-5)$

④ $(4,-8)$　　⑤ $(5,-11)$

**2.** 일차함수 $y=-2x+2$ 에서 $x$ 절편을 $m$, $y$ 절편을 $n$ 이라 할 때, $m+n$ 의 값을 구하시오.

**3.** 오른쪽 그림은 일차함수 $y=ax+b$ 의 그래프이다. 다음 중 $a$, $b$ 의 부호는 어떻게 되는가?

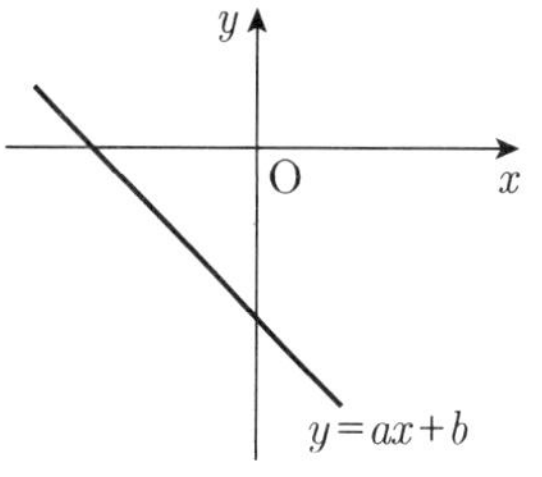


**4.** 다음 함수 $y=f(x)$의 그래프에서 기울기를 $a$, $x$ 절편를 $b$, $y$ 절편을 $c$ 라 할 때 곱 $abc$ 의 값을 구하시오.

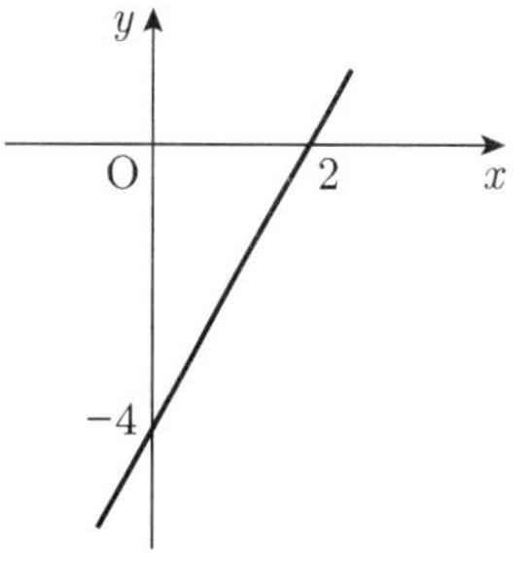


**5.** 오른쪽 그래프에서 $y=-2x$ 의 그래프는 다음 중 어느 것인가?

① ㉠

② ㉡

③ ㉢

④ ㉣

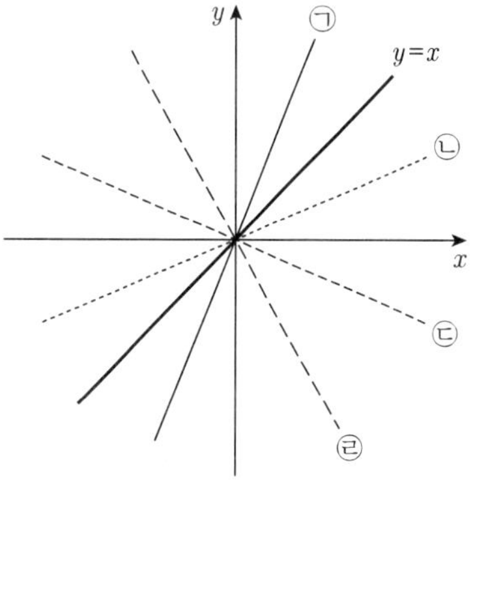

**6.** 두 직선 $ax-y+2=0$, $3x-y+b=0$의 그래프가 모두 $(-2,1)$을 지날 때, 직선 $y=\frac{b}{a}x+b$이 $x$축과 만나는 점, 즉 $x$절편을 구하시오.

**7.** 오른쪽 그림에서 두 직선의 방정식을 각각

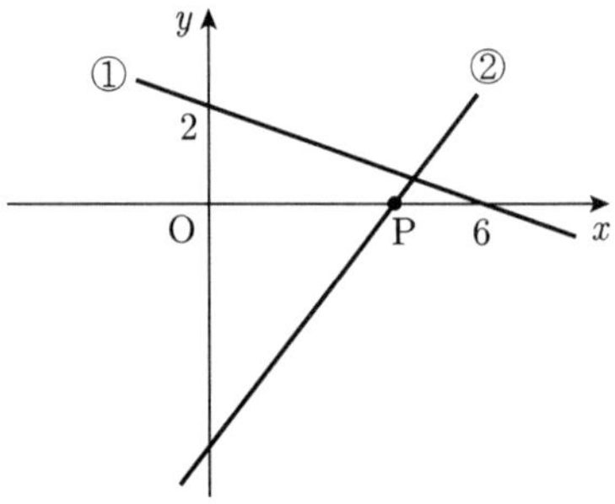


$$y=ax-b+4,$$

$$y=(a+\frac{7}{3})x+b-7$$

이라 할 때, 점 P의 좌표를 구하시오.

**8.** 직선 $2x+y+5=0$에 평행이고, 점 $(2,4)$를 지나는 직선의 방정식을 구하시오.

**9.** 다음 이차함수의 그래프의 꼭지점의 좌표를 구하시오.

(a) $y=-2x^2+3$

(b) $y=-x^2+2x+3$

(c) $y=-3(x+1)^2$

**10.** 이차함수 $y=2x^2$의 그래프를 $x$축 방향으로 1만큼, $y$축 방향으로 3만큼 평행이동시킨 포물선의 식을 구하시오.

**11.** 이차함수 $y=\frac{1}{3}(x-2)^2+3$의 최솟값을 $a$, 그 때의 $x$의 값을 $b$라고 할 때, $a+b$의 값을 구하시오.

**12.** 이차함수 $y=x^2-4x+a$의 꼭지점의 좌표가 $(2,1)$일 때, $a$의 값을 구하시오.

**13.** 그림은 이차함수 $y=x^2-4x+3$의 그래프를 나타낸다. 이차방정식 $x^2-4x+3=0$의 근을 구하시오.

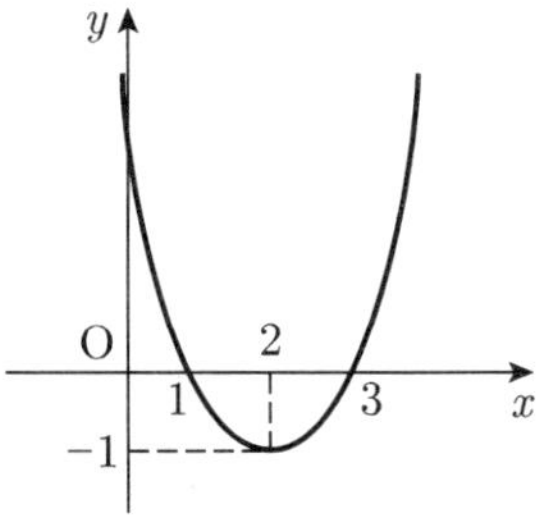

**14.** 포물선 $y=x^2-x-2$ 가 $x$ 축과 만나는 점의 좌표를 구하시오.

**15.** 이차함수 $y=-x^2+ax+b$ 는 $x=2$ 일 때 최댓값이 3을 갖는다. $a+b$ 의 값을 구하시오.

**16.** 이차함수 $y=a(x-p)^2+q$ 의 그래프가 그림과 같을 때, $a$, $p$, $q$ 의 부호를 각각 구하시오.

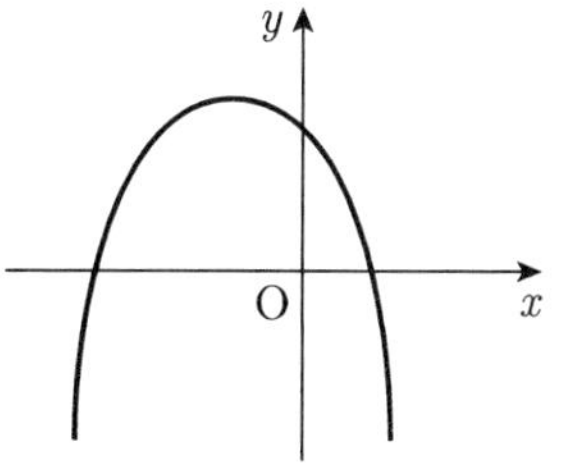


**17.** 이차함수 $y=x^2-4x+b$ 의 꼭지점이 $x$ 축 위에 있을 때, $b$ 의 값을 구하시오.

**18.** 그림은 최댓값이 1인 이차함수 $y=ax^2+bx+c$ 의 그래프를 나타낸다. 이 때, $a, b, c$ 의 값을 구하시오.

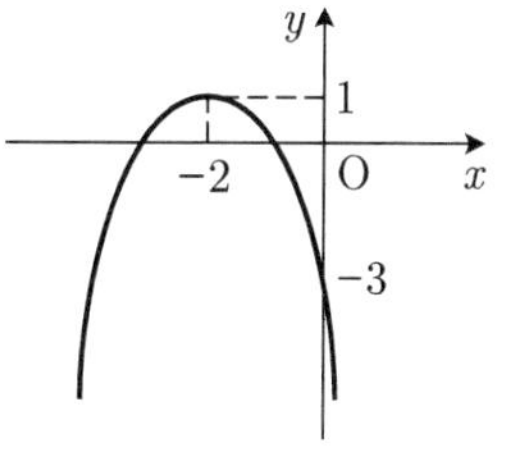

## AI, ChatGPT에게 물어보자.

* ChatGPT : 유리함수는 어떤 함수를 말하는 거야?
* ChatGPT : 무리함수에는 어떤 함수가 있나?
* ChatGPT : 유리함수는 어디에 사용될까?
* ChatGPT : 유리함수에서 분모가 0인 곳에서는 왜 정의가 되지 않는 거야?
* ChatGPT : 무리함수에서 왜 근호 안은 플러스여야 되는 거야?
* ChatGPT : 무리함수가 쓰이는 데는 어디인지 구체적으로 말해봐
* ChatGPT : 점근선에 대하여 설명 해줘?

## 2.4 유리 및 무리함수

이 절에서는 유리함수 무리함수에 대하여 알아보고자 한다.

### 유리함수

우리는 두 정수의 분수 형태의 수를 유리수라고 불렀다. 그렇다면 함수의 분수형태를 무엇이라 불러야 할까?

이것이 지금 우리가 다루고하 하는 내용이다.

$P(x)$와 $Q(x)$가 임의의 두 다항함수일 때

$$f(x) = \frac{P(x)}{Q(x)}$$

와 같은 형태의 함수 $f(x)$을 **유리함수**(rational function)라고 말한다. 여기서 유리함수의 정의역은 $Q(x)$가 0이 아닌 모든 실수의 집합이 된다.

예를 들어, $f(x)=\dfrac{x^2+5x+3}{x}$, $g(x)=\dfrac{x^2-2x+2}{x^2-3x-4}$는 모두 유리함수이며, 이 함수의 정의역은 분모를 0으로 하는 실수를 제외하고 생각하면 된다.

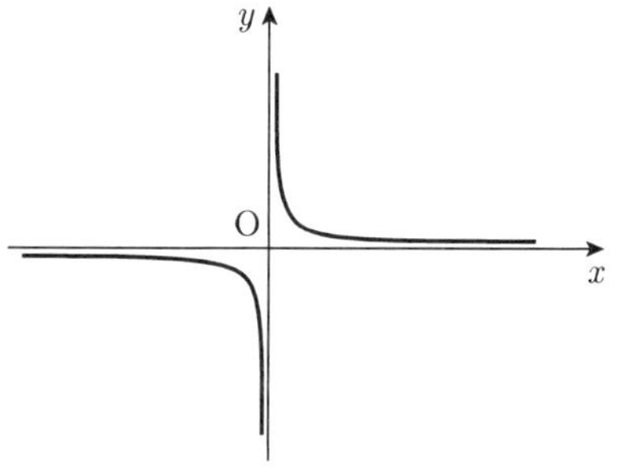


$f(x)=\dfrac{x^2+5x+3}{x}$의 그래프

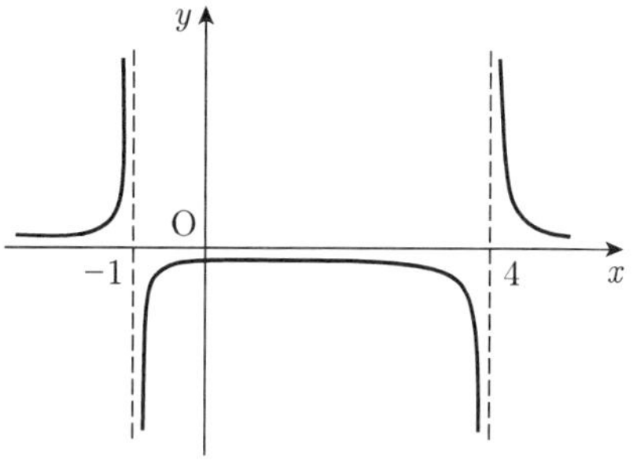


$g(x)=\dfrac{x^2-2x+2}{x^2-3x-4}$의 그래프

먼저 가장 간단한 유리함수로부터 시작하자.

### (1) 유리함수 $y=\dfrac{k}{x}$ $(k\neq 0)$

이 함수의 정의역과 치역은 0을 제외한 실수 전체의 집합이다. 이 함수의 그래프는 원점과 직선 $y=x$, $y=-x$에 대하여 대칭이다.

$k>0$이면 그래프는 1사분면과 3사분면에 있고, $k<0$이면 그래프는 2사분면과 4분면을 지난다. 또한 이 그래프의 점근선은 $x$축과 $y$축이다.

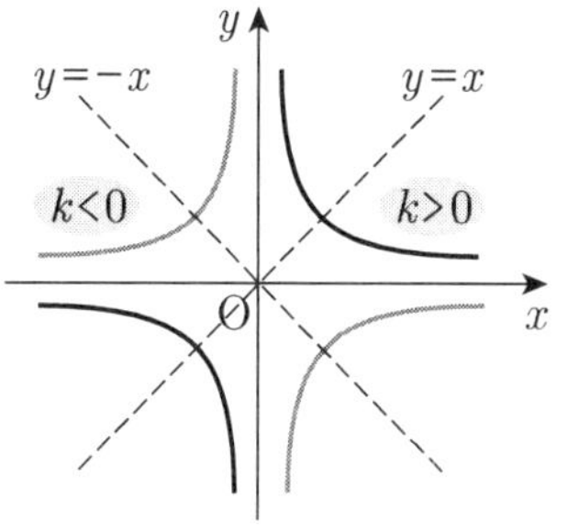


$y=\dfrac{k}{x}$의 그래프

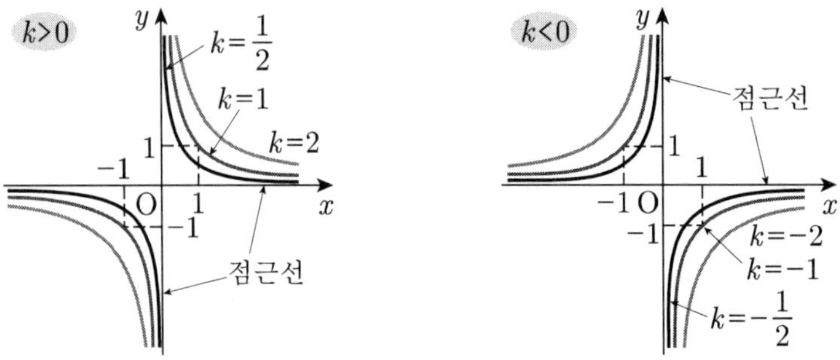


## 예제 1

$\frac{x}{3}=\frac{y}{2}$일 때, $\frac{x^2+y^2}{x^2-y^2}$의 값을 구하시오. 단, $xy\neq0$

**풀이** $\frac{x}{3}=\frac{y}{2}=t\ (t\neq0)$이라 하면 $x=3t,\ y=2t$이므로

$$\frac{x^2+y^2}{x^2-y^2}=\frac{(3t)^2+(2t)^2}{(3t)^2-(2t)^2}=\frac{13t^2}{5t^2}=\frac{13}{5}$$

이다. ■

### (2) 유리함수 $y=\frac{k}{x-p}+q\ (k\neq0)$

이 함수의 그래프는 함수 $y=\frac{k}{x}$의 그래프를 $x$축의 방향으로 $p$만큼, $y$축의 방향으로 $q$만큼 평행이동한 것이다.

또한 정의역은 $p$을 제외한 실수 전체의 집합이고 치역은 $q$을 제외한 실수 전체의 집합이다.

그래프는 점 $(p, q)$에 대하여 대칭이고 점근선은 $x=p,\ y=q$이다.

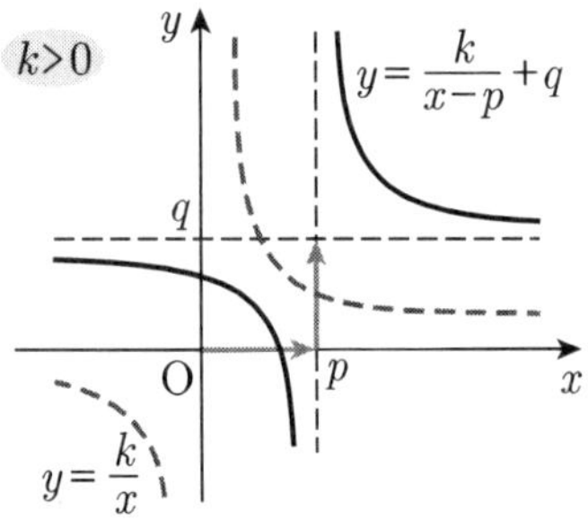

## 예제 2

유리함수 $y = \dfrac{ax+2}{x}$ 의 그래프가 두 점 $(1,4)$, $(-2,b)$ 을 지날 때 $a$, b의 값을 구하시오.

**풀이** $y = \dfrac{ax+2}{x}$가 점 $(1,4)$을 지난다는 사실에 의하여 $4 = \dfrac{a \cdot 1+2}{1}$에 의하여 $a=2$를 얻는다. 그리하여 함수 $y = \dfrac{2x+2}{x}$에 $x=-2$을 대입하는 것에 의하여 $b=1$을 얻는다. ■

## 예제 3

유리함수 $f(x) = \dfrac{2x-3}{x-5}$의 그래프의 점근선은 두 직선 $x=p$, $y=q$이다. 두 상수 $p$와 $q$의 값을 구하시오.

**풀이**

$$f(x) = \frac{2x-3}{x-5} = \frac{2(x-5)+7}{x-5} = \frac{7}{x-5} + 2$$

이므로 그래프의 점근선의 방정식은

$$x = 5, \quad y = 2$$

이다. 따라서 $p=5$, $q=2$이다. ■

### 무리함수

$\sqrt{2}$, $\sqrt{5}$와 같이 무리수의 많은 경우는 근호를 포함하고 있다.

이와 같이 근호 안에 다항함수를 포함하고 있는 함수를 우리는 **무리함수**(irrational function)라고 부른다. 예를 들어

$$\sqrt{3x}, \quad \sqrt{x^2-1}, \quad 2+\sqrt{x}, \quad \frac{1}{\sqrt{4-x^2}}$$

등은 무리함수이다.

#### (1) 무리함수 $y = \sqrt{ax}$ $(a \neq 0)$

이 함수의 그래프는

(i) $a > 0$일 때 정의역은 $\{x | x \geq 0\}$, 치역은 $\{y | y \geq 0\}$이다.

(ii) $a<0$일 때, 정의역은 $\{x|x \le 0\}$이고, 치역은 $\{y|y \ge 0\}$이다.

(i) $a>0$ (ii) $a<0$

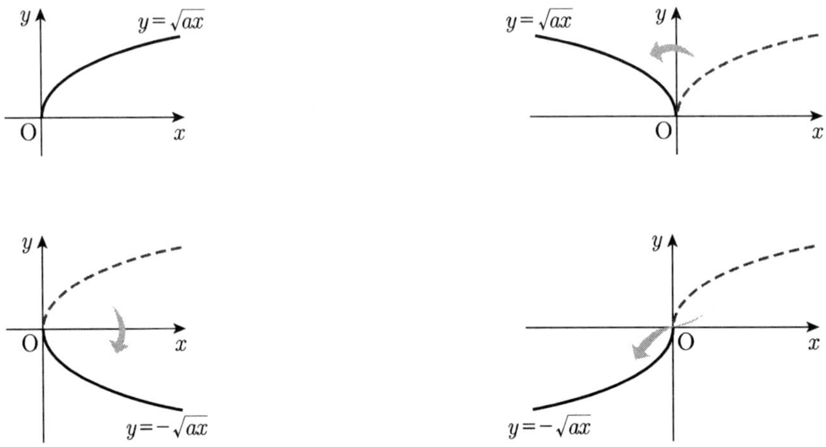


$y=-\sqrt{ax}$의 그래프는 함수 $y=\sqrt{ax}$의 그래프와 $x$축에 대하여 대칭이다.

### (2) 무리함수 $y=\sqrt{a(x-p)}+q$

이 함수의 그래프는 함수 $y=\sqrt{ax}$의 그래프를 $x$축의 방향으로 $p$만큼, $y$축의 방향으로 $q$만큼 평행 이동한 것이다.

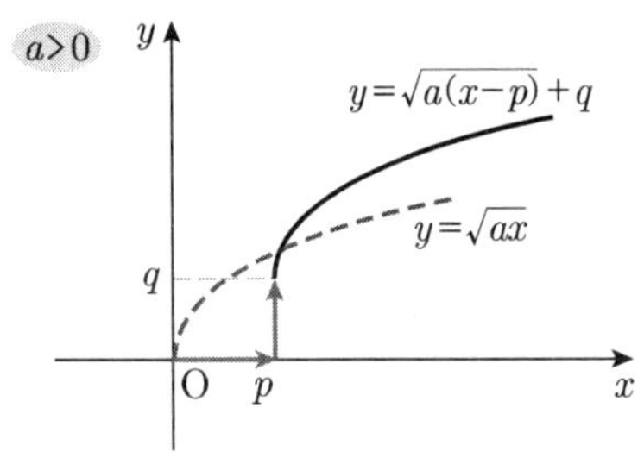


$y=\sqrt{a(x-p)}+q$의 그래프

### 예제 4

무리함수 $y=2\sqrt{x}$ 의 그래프를 $x$축의 방향으로 $p$만큼, $y$축의 방향으로 $q$만큼 평행 이동하였더니 함수 $y=\sqrt{mx-8}+1$의 그래프와 일치하였다. $p$, $q$, $m$의 값을 구하시오.

**풀이** 함수 $y=2\sqrt{x}=\sqrt{4x}$ 의 그래프를 $x$축의 방향으로 $p$만큼 $y$축의 방향으로 $q$만큼 평행이동하면 $y=\sqrt{4(x-p)}+q$의 그래프가 된다.

$y=\sqrt{4(x-p)}+q=\sqrt{4x-4p}+q$이고 이것이 $y=\sqrt{mx-8+1}$과 같아야 하므로 $m=4$, $p=2$, $q=1$이다. ■

### 예제 5

무리함수 $y=\sqrt{3x+a}+b$의 정의역이 $\{x|x\geq-2\}$이고 최솟값이 1일 때 $a$, $b$의 값을 구하시오.

**풀이** 무리함수의 정의역은 실수에서만 생각하므로 근호 안이 음이 되어서는 안 된다. 따라서 정의역은 $3x+a\geq 0$, 즉 $x\geq-\frac{a}{3}$이고 정의역이 $x\geq-2$이므로 $-\frac{a}{3}=-2$에 의하여 $a=6$이다. 그리고 무리함수 $y=\sqrt{3x+6}+b$의 최솟값은 $b$이고 따라서 이것이 1이 되어야 하므로 $b=1$이다. ■

참고로 함수 $f(x)=\frac{\sqrt{x-1}}{x^{5/2}+\sqrt{x-5}+1}$와 같이 다항식들의 가감승제 및 그 근호를 취한 함수를 **대수함수**(algebraic function)라 부른다.

## Quiz

**1.** $\frac{x+1}{x^3-x^2+5}$ 와 같이 다항함수의 분수 꼴의 함수를【　　】함수 라고 한다.

**2.** $\sqrt{x^2-3}$ 와 같이 다항함수에 근호가 있는 함수를【　　】함수 라고 한다.

**3.** Geogebra을 이용하여 다음 함수들의 그래프를 같은 좌표평면상에 그리시오.

(1) $y=\frac{1}{x}$　　(2) $y=\frac{1}{x-5}$　　(3) $x=5$

**4.** (1) $x$가 0보다 큰 쪽에서 한없이 0으로 다가갈 때 $y=\frac{1}{x}$의 값은 어디로 다가가는가?

(2) $x$가 한없이 커질 때 (또는 $x$가 한없이 작아질 때), 즉 $x\to\infty$ (또는 $x\to-\infty$) $y=\frac{1}{x}$의 값은 어디로 다가가는가?

(3) (1)과 (2) 에 의하여 직선 $x=0$ ($y$축)을【　　】이라 부른다.

**5.** 유리함수 $y=\frac{1}{x-5}$의 점근선은 ? (3번의 (2)와(3) 참고)

**6.** $y=\frac{2x+3}{x+1}$을 $y=$【　】$+\frac{[\ \ ]}{x+1}$의 꼴로 바꿀 때【　】안에 알맞은 것을 구하시오.

**7.** Geogebra를 이용하여 같은 좌표평면상에 $y=\frac{2x+3}{x+1}$, $x=-1$, $y=2$의 그래프를 그리시오.

**8.** (a) $y=\frac{1}{x}$　　(b) $y=\frac{2x+3}{x+1}$

유리함수(b)는 유리함수(a)를 $x$축 방향으로【　】만큼, $y$축 방향으로【　】만큼【　　】이동한 그래프이다. (7번 문제를 참고하세요)

여기서 직선 $x=$【　】, $y=$【　】을 곡선 $y=\frac{2x+3}{x+1}$의【　　】라 부른다.

**9.** Geogebra을 이용하여 다음 함수들의 그래프를 그려보시오.

(1) $y=\sqrt{x}$ (2) $y=\sqrt{x-2}$

**10.** 9번의 문제에서 $y=\sqrt{x-2}$ 의 그래프는 $y=\sqrt{x}$ 의 그래프를 $x$축의 양의 방향으로 【 】만큼 평행 이동한 것이다.

**11.** (1) Geogebra를 이용하여 같은 좌표평면상에

(a) $y=\sqrt{2x}$, (b) $y=\sqrt{2(x-1)}+5$, (c) $x=1$, (d) $y=5$

의 그래프를 그리시오.

(2) 무리함수(b)는 무리함수(a)를 $x$축 방향으로 【 】만큼, $y$축 방향으로 【 】만큼 【 】이동한 그래프이다.

**12.** 무리함수 $f(x)=\sqrt{-2x}$ 에 대하여

(1) Geogebra를 이용하여 $f(x)=\sqrt{-2x}$ 의 그래프를 그리시오.

(2) $f(x)=\sqrt{-2x}$ 의 정의역은 어떻게 되는가?

(3) $y=\sqrt{2x}$ 와 $y=\sqrt{-2x}$ 의 그래프는 【 】에 대하여 대칭이다.

$y=-\sqrt{-2x}$ 와 $y=\sqrt{-2x}$ 의 그래프는 【 】에 대하여 대칭이다.

## 연습문제 2.4

**1.** 무리함수 $y=\sqrt{2x+2}+1$에 대하여 다음 중 옳은 것은?

(1) 그래프는 1, 2사분면을 지난다.
(2) 정의역은 $\{x \mid x \geq -1\}$이고, 치역은 $\{y \mid y \geq 1\}$이다.
(3) 함수 $y=\sqrt{2x}$ 의 그래프를 $x$축의 방향으로 2 만큼 $y$축의 방향으로 1 만큼 평행이동한 것이다.

**2.** 함수 $f(x)=\dfrac{2x+1}{x-3}$의 그래프는 함수 $y=\dfrac{k}{x}$의 그래프를 $x$축의 방향으로 $m$ 만큼, $y$축의 방향으로 $n$ 만큼 평행이동한 것이다. $k+m+n$의 값을 구하시오.

**3.** 다음은 점 (0, 2)를 지나는 유리함수 $y=\dfrac{bx+c}{x+a}$의 그래프이다.

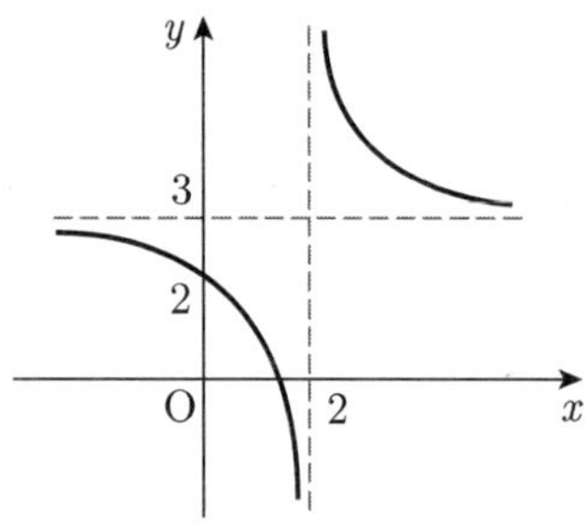


$a+b+c$의 값을 구하시오.

**4.** 유리함수 $f(x)=\dfrac{2x+4}{x+1}$의 그래프를 그리시오.

**5.** 유리함수 $f(x)=\dfrac{kx-5}{x-3}$의 그래프가 점 $(2,\ -5)$을 지난다. 함수 $f(x)$의 그래프를 $y$축의 방향으로 $q$ 만큼 평행이동하였더니 $g(x)=\dfrac{px-2}{x-3}$의 그래프와 일치하였다고 한다. 상수 $k$, $p$, $q$의 값을 구하시오.

**6.** 무리함수 $y=\sqrt{-x-1}$의 그래프를 $x$축 방향으로 2만큼, $y$축의 방향으로 2만큼 평행이동한 그래프가 함수 $y=f(x)$의 그래프일 때 함수 $f(x)$의 최솟값을 구하시오.

**7.** $x=99$일 때, $\dfrac{1}{\sqrt{x+1}+\sqrt{x}}+\dfrac{1}{\sqrt{x+1}-\sqrt{x}}$의 값을 구하시오.

## AI, ChatGPT에게 물어보자.

* ChatGPT : 곱셈에 있어서 어떤 수의 역원은 무엇을 말하는 거야?
* ChatGPT : 역함수를 왜 공부해야 하는 건가?
* ChatGPT : 역함수가 무엇인지 간단하게 설명 해줘
* ChatGPT : 역함수는 언제부터 인류가 연구하기 시작한 거야?
* ChatGPT : 역함수를 처음으로 연구한 사람은?
* ChatGPT : 역함수가 실생활에서 사용되는 곳은 어디야?
* ChatGPT : 왜 일대일대응함수에 대해서만 역함수를 생각할 수 있는 거야?

## 2.5 역함수의 소개

이 절에서는 역함수에 대하여 간단히 소개하고 이런 함수의 특성과 성질들에 대하여 알아보고자 한다.

일대일대응함수 $f: X \to Y$에 대하여 정의역 $X$에 속해 있는 원소 $x$가 $f$에 의하여 $y$로 보내질 때 원소 $y$을 다시 $x$로 보내주는 함수를 우리는 **역함수**(inverse function)라 부른다. 즉, 역함수란 주어진 함수에 의하여 보내진 원소를 다시 **자기 자신**으로 되돌려 주는 함수를 말한다.

아래 그림에서 역함수에 대하여 잘 설명되어 있으며 함수 $f$의 역함수는 기호 $f^{-1}$에 의하여 나타낸다.

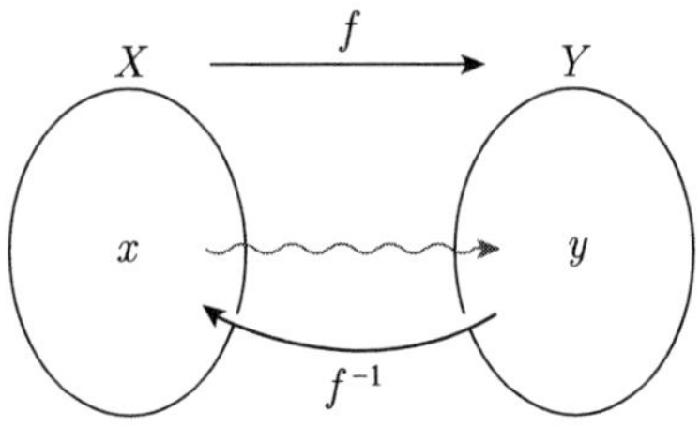


함수 $f$와 역함수 $f^{-1}$의 관계

두 집합 $X$, $Y$가 $X=[0,2]$, $Y=[0,4]$이고 함수 $f(x)=2x$일 때 함수 $f$는 $f: X \to Y$로의 일대일대응 함수이다.

그리하여 함수 $f$의 역함수 $f^{-1}$을 생각할 수 있다.

함수 $f$는 정의역 $X=[0,2]$의 원소들에 대하여 2배씩 보내주고 있으므로 역함수 $f^{-1}$은 다시 자기자신으로 되돌려 줘야 하기 때문에 $f^{-1}(x)=\frac{1}{2}x$임을 알 수 있다.

다음 예제를 통하여 살펴보자.

### 예제 1

$X=[0,2]$, $Y=[0,4]$이고 $f(x)=2x$에 대하여 다음을 구하시오.

(a) $f^{-1}(x)=\frac{1}{2}x$에 대하여 역함수 $f^{-1}$의 정의역과 치역을 구하시오.

(b) $f\left(\frac{1}{2}\right)$, $f(1)$, $f\left(\frac{3}{2}\right)$의 값을 구하시오.

(c) $f^{-1}(1)$, $f^{-1}(2)$, $f^{-1}(3)$의 값을 구하시오.

**풀이** (a) $f^{-1}$의 정의역 $=[0,4]$, 치역 $=[0,2]$

(b) $f\left(\frac{1}{2}\right)=2\cdot\frac{1}{2}=1$, $f(1)=2$, $f\left(\frac{3}{2}\right)=3$

(c) $f^{-1}(1)=\frac{1}{2}\cdot 1=\frac{1}{2}$, $f^{-1}(2)=1$, $f^{-1}(3)=\frac{3}{2}$의 값을 구하시오. ■

일대일 대응함수 $f(x)$의 역함수를 구하는 방법에 대하여 간단히 소개하고자 한다.

**함수 $f(x)$의 역함수 구하는 방법**

(1) 함수 $f(x)$를 $y$로 놓는다. 즉 $y=f(x)$로 둔다.

(2) $x$를 $y$의 함수로 만든다. 즉, $x=g(y)$의 형태로 바꾼다.

(3) $x$와 $y$를 서로 맞바꾼다. 즉, $y=g(x)$로 둔다.

그리고 나면, 함수 $g$는 함수 $f$의 역함수가 된다. 즉 $g=f^{-1}$이다.

### 예제 2

함수 $f(x)=3x+1$ 에 대하여

(a) 역함수 $f^{-1}(x)$를 구하시오.

(b) $f(1)$, $f^{-1}(4)$를 구하시오.

(c) 함수 $f$와 $f^{-1}$의 그래프를 그리시오..

**풀이** (a) 함수 $f(x)=3x+1$에 대하여 역함수 구하는 방법을 적용하자.

(1) 우선 함수 $f(x)$을 $y$로 놓는다. 즉,

$$y=3x+1$$

(2) $x$을 $y$의 함수로 나타낸다. 즉,

$$x=\frac{1}{3}(y-1)$$

(3) $x$와 $y$을 서로 바꾼다.

$$y=\frac{1}{3}(x-1)$$

따라서 $f^{-1}(x)=\frac{1}{3}x-\frac{1}{3}$은 함수 $f$의 역함수이다.

(b)

$$f(1)=3\cdot 1+1=4$$

$$f^{-1}(4)=\frac{1}{3}\cdot 4-\frac{1}{3}=1$$

(c) 다음은 함수 $f(x)=3x+1$, $f^{-1}(4)=\frac{1}{3}x-\frac{1}{3}$ 및 $y=x$의 그래프를 그려놓은 것으로 함수 $f$와 $f^{-1}$은 직선 $y=x$에 대하여 대칭임을 알 수 있다.

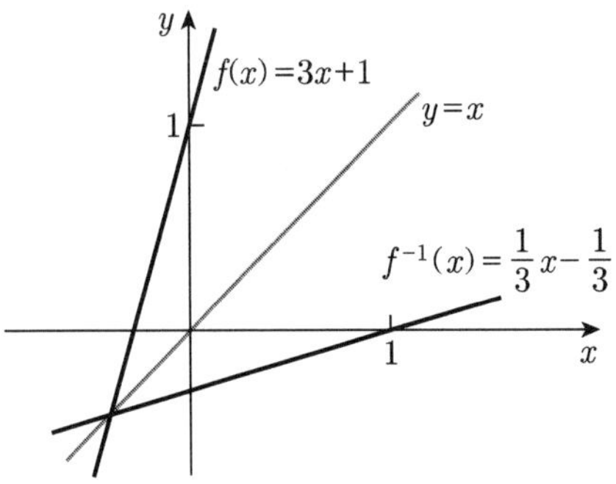


함수 $f$ 와 역함수 $f^{-1}$의 그래프 ■

## 예제 3

함수 $f(x)=-2x+5$에 대하여 $f^{-1}(a)=-1$, $f^{-1}(-1)=b$일 때, $a$, $b$의 값을 구하시오.

**풀이** 역함수의 정의에 의하여 $f^{-1}(a)=-1$에서 $f(-1)=a$이므로

$$a=f(-1)=-2\cdot(-1)+5=7$$ ■

그리고 $f^{-1}(-1)=b$에서 $f(b)=-1$이므로 $-2b+5=-1$에 의하여 $b=3$을 얻는다.

## Quiz

**1.** 일대일대응 함수 $f: X \rightarrow Y$에 대하여 역함수 $f^{-1}$의 정의역은 【 】이고, 치역은 【 】이다.

(주의 : $f^{-1}$는 $\frac{1}{f}$이 아니다.)

**2.** 함수 $f$의 역함수 $f^{-1}$는 주어진 함수 $f$에 의하여 보내진 원소를 다시 【 】으로 되돌려주는 함수이다.

**3.** $f(x) = 2x$일 때 $f^{-1}(x) = \frac{1}{2}x$이다. (i) $f(3)$의 값을 구하고, (ii) $f^{-1}(6)$의 값을 구하여 역함수 $f^{-1}$은 보내진 원소를 다시 자기 자신으로 돌려주고 있음을 확인하시오.

**4.** Geogebra을 이용하여 $y = 2x$과 $y = \frac{1}{2}x$, $y = x$을 같은 좌표평면 상에 그려 $y = 2x$과 $y = \frac{1}{2}x$이 직선 $y =$【 】에 대칭임을 확인하시오.

**5.** 4번의 결과에 의하여 함수 $y = f(x)$와 함수 $y = f^{-1}(x)$의 그래프는 직선 $y =$ 【 】에 대하여 【 】이다.

**6.** 함수 $f(x) = 3x + 1$에 대하여

(i) $f^{-1}(x)$을 구하시오.

(ii) $f(3)$, $f^{-1}(10)$을 값을 구하시오.

(iii) $y = f(x)$와 $y = f^{-1}(x)$의 그래프를 그리고 $y = x$에 대하여 대칭임을 확인하시오.

[참고] Geogebra를 이용해도 됨

## 연습문제 2.5

**1.** 함수 $f(x) = 2x + 3$에 대하여

(a) 함수 $f$의 역함수 $f^{-1}$을 구하시오.

(b) $f(1)$, $f^{-1}(5)$을 구하시오.

(c) $(f^{-1})^{-1} = f$ 임을 보이시오.

**2.** 다음 함수의 역함수를 구하시오.

(a) $f(x) = x + 1$ (b) $f(x) = 7x - 3$

**3.** 연습문제 2의 함수 (a) $f(x) = x + 1$, (b) $f(x) = 7x - 3$의 그래프, 역함수 $f^{-1}(x)$의 그래프를 각각 그리는 것에 의하여 두 함수의 그래프가 $y = x$ 에 대하여 대칭임을 확인하시오.

**4.** 함수 $f(x) = \sqrt{-x-1}$ 의 역함수를 구하고 그래프를 그리시오.

**5.** 함수 $f(x) = \sqrt{ax+b}$의 역함수를 $y = g(x)$라 하자. $f(1) = 2$, $g(7) = 6$일 때 $a$와 $b$의 값을 구하시오.

**6.** 일차함수 $f(x) = 3x + k$의 역함수 $f^{-1}(x)$에 대하여 $f^{-1}(1) = 2$일 때, $f(1)$의 값을 구하시오.

**7.** 함수 $f(x) = \dfrac{ax-1}{bx+1}$에 대하여 함수 $f$의 역함수를 $g$라 하자. 두 함수 $y = f(x)$와 $y = g(x)$의 그래프가 점 $(1, 3)$ 를 지날 때 $a$, $b$의 값을 구하시오.

**8.** 함수 $f(x) = -3x + k$의 그래프와 그 역함수의 그래프가 만나는 점의 $x$좌표가 2일 때, 상수 $k$의 값을 구하시오.

**9.** 무리함수 $f(x) = \sqrt{x-1} + 1$에 대하여

(a) 함수 $f$의 정의역과 치역을 구하시오.

(b) 역함수 $f^{-1}$을 구하고 그래프를 그리시오.

# 3장

# 미분의 소개

## AI, ChatGPT에게 물어보자.

* ChatGPT : 극한은 왜 배워야 하지
* ChatGPT : 극한은 어떨 때 사용하는 건가?
* ChatGPT : 극한을 표현하기 위하여 왜 lim을 사용하는 건가?
* ChatGPT : 미분과 극한은 어떤 연관이 있나?
* ChatGPT : 연속하다는 것은 무슨 의미인가?
* ChatGPT : 불연속의 의미를 알려줘
* ChatGPT : 불연속인 함수에는 어떤 것이 있나?

## 3.1 극한의 개념

미분의 개념은 극한에 의하여 설명되어진다. 따라서 미분을 알기 위해서는 극한의 개념에 대하여 살펴볼 필요가 있다.

극한에 대한 수학적인 엄밀한 정의는 다른 많은 미적분학책에서 언급되어 있으므로 엄밀한 수학적 정의는 생략하고, 모든 이론 전개는 직관적인 사고에 의하여 다루고자 한다.

**정의 1 함수의 극한**

함수 $f(x)$에서 $x$가 $a$에 한없이 가까워질 때 $f(x)$의 값이 일정한 값 $L$에 한없이 가까워지면, 함수 $f(x)$는 $L$에 **수렴한다**(converge)고 한다. 이때 $L$을 함수 $f(x)$의 $x=a$에서의 **극한값** 또는 **극한**(limit)이라 하고, 기호로 다음과 같이 나타낸다.

$$\lim_{x\to a} f(x)=L \quad \text{또는} \quad x\to a \text{일 때 } f(x)\to L$$

$x \to a$일 때 $f(x)$가 유한이 $L$에 수렴하지 않을 때 우리는 **발산한다**고 말한다.
다음 예제에서 극한의 의미를 구체적으로 살펴보자.

## 예제 1

함수 $f(x)$를

$$f(x) = \begin{cases} x+1 & x \neq 2 \\ 1 & x = 2 \end{cases}$$

이라 하자. $x \to 2$일 때 $f(x)$는 어디로 다가가는가?

**풀이** $x \to 2$라는 의미는 $x$는 2가 아니면서 2에 한 없이 다가가는 것을 의미한다.
$x$가 2에 한 없이 다가갈 때는 $x < 2$이면서 2에 다가가는 것과 $x > 2$이면서 2에 다가가는 두 방법이 있다.
여기서 $x > 2$이면서 $x \to 2$일 때 $x \to 2+$로 나타내고 $x < 2$이면서 $x \to 2$일때는 $x \to 2-$로 나타낸다.
다음은 함수 $f(x)$의 그래프를 그려 놓은 것으로

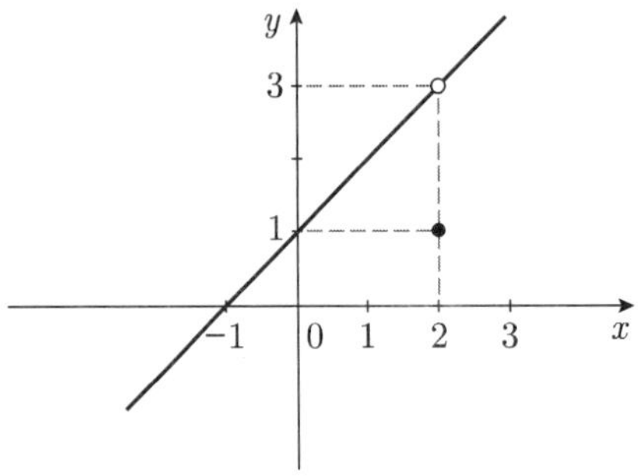


$x \to 2+$ 이든지 $x \to 2-$이든지 함수 $f(x)$는 3에 다가가는 것을 알 수 있다. 따라서

$$\lim_{x \to 2} f(x) = 3$$

이다. ■

예제 1에서 $x \to 2+$일 때 $f(x) \to 3$임을 확인하였다.
이것을 기호 $\lim_{x \to 2+} f(x) = 3$에 의하여 나타내고 극한값 3을 **우극한**이라 부른다.
또한 $x \to 2-$일 때 $f(x) \to 3$으로 기호 $\lim_{x \to 2-} f(x) = 3$으로 나타내고 **좌극한**이라 부른다.

일반적으로 $x \to a$일 때 $f(x) \to L$이라함은 $x \to a+$일 때 $f(x) \to L$이고, $x \to a-$일 때도 $f(x) \to L$임을 나타낸다.

그리하여

$$\lim_{x \to a} f(x) = L \quad \Leftrightarrow \quad \lim_{x \to a+} f(x) = L \,(\text{우극한}), \quad \lim_{x \to a-} f(x) = L \,(\text{좌극한})$$

## 예제 2

Heviside 함수 (또는 단위 계단 함수)

$$H(x) = \begin{cases} 0, & x < 0 \\ 1, & x \geq 0 \end{cases}$$

에 대하여 $x = 0$에서 좌극한과 우극한을 구하시오. 그리고 $x = 0$에서 함수 $H(x)$의 극한값은 무엇이라 말할 수 있는가?

**풀이** Heviside함수의 그래프를 살펴봄으로써 우리는 다음을 알 수 있다.

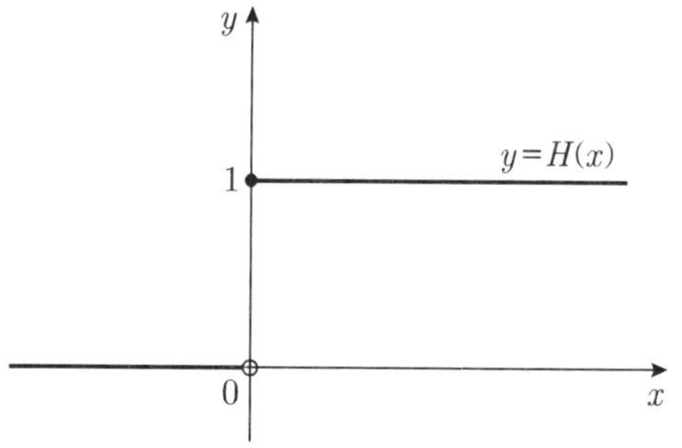


Heviside 함수의 그래프

(i) $x < 0$, $x \to 0$일 때

$$\lim_{x \to 0-} H(x) = \lim_{x \to 0-} 0 = 0$$

(ii) $x > 0$, $x \to 0$일 때

$$\lim_{x \to 0+} H(x) = \lim_{x \to 0+} 1 = 1$$

그리하여 함수 $H$는 $x = 0$에서 좌극한은 0이며, 우극한은 1이다. 결국 좌극한과 우극한이 서로 다르므로 $\lim_{x \to 0} H(x)$는 존재하지 않는다. ■

## 예제 3

다음의 극한값을 구하시오.

(a) $\lim_{x\to3}\frac{\sqrt{x}-3}{x-9}$ (b) $\lim_{x\to3}\frac{x-3}{\sqrt{x+1}-2}$

(c) $\lim_{x\to\infty}\frac{(x+1)(3x-1)}{3x^2-x+1}$

**풀이** (a) $$\lim_{x\to3}\frac{\sqrt{x}-3}{x-9}=\lim_{x\to3}\frac{\sqrt{x}-3}{\sqrt{x}-3}\,\frac{1}{\sqrt{x}+3}$$

$$=\lim_{x\to3}\frac{1}{\sqrt{x}+3}=\frac{1}{3+\sqrt{3}}$$

$$=\frac{1}{3+\sqrt{3}}$$

(b) $$\lim_{x\to3}\frac{x-3}{\sqrt{x+1}-2}=\lim_{x\to3}\frac{x-3}{\sqrt{x+1}-2}\,\frac{\sqrt{x+1}+2}{\sqrt{x+1}+2}$$

$$=\lim_{x\to3}\frac{(x-3)(\sqrt{x+1}+2)}{(x+1)-4}$$

$$=\lim_{x\to3}(\sqrt{x+1}+2)=4$$

(c) $$\lim_{x\to\infty}\frac{(x+1)(3x-1)}{3x^2-x+1}=\lim_{x\to\infty}\frac{3x^2+2x-1}{3x^2-x+1}$$

$$=\lim_{x\to\infty}\frac{3+2\frac{1}{x}-\frac{1}{x^2}}{3-\frac{1}{x}+\frac{1}{x^2}}$$

$$=1$$

■

다음에는 함수의 연속과 불연속에 대하여 논의하고자 한다.

### 정의 2 함수의 연속

함수 $f(x)$가 실수 $a$에 대하여 다음의 조건 모두를 만족시킬 때, 함수 $f(x)$는 $x=a$에서 **연속**(continuous)이라고 말한다.

(i) 함수 $f(x)$는 $x=a$에서 정의되어 있다.

(ii) 극한값 $\lim_{x\to a} f(x)$가 존재한다.

(iii) $\lim_{x\to a} f(x)=f(a)$

함수 $f(x)$가 $x=a$에서 연속이 아닐 때, $f(x)$는 $x=a$에서 **불연속**(discontinuous)이라고 말한다.

직관적으로 함수 $f(x)$가 $x=a$에서 연속이라는 것은 $x=a$에서 함수의 그래프가 끊어지지 않고 이어져 있는 것이고, 불연속은 $x=a$에서 함수의 그래프가 끊어져 있는 것을 의미한다.

### 정의 3 연속함수

함수 $f(x)$가 어떤 구간에 속하는 모든 실수에 대하여 연속일 때, $f(x)$는 그 구간에서 연속이라 말하고 함수는 **연속함수**(continuous function)라고 부른다.

## 예제 4

함수 $f$가 $f(x)=\begin{cases}\dfrac{x^2-x-2}{x-2}, & x\neq 2\\ 1, & x=2\end{cases}$에 의하여 주어질 때 함수 $f$는 $x=2$에서 연속인가?

**풀이** $x\neq 2$일 때

$$\frac{x^2-x-2}{x-2}=\frac{(x-2)(x+1)}{x-2}=x+1$$

으로 결국 함수 $f(x)$는 예제 1에서 다루었던 함수로 아래 그림에서 함수 $f$의 그래프가 잘 나타나 있다.

$$\lim_{x \to 2} f(x) = \lim_{x \to 2} \frac{x^2 - x - 2}{x - 2} = \lim_{x \to 2} (x+1) = 3$$
$$\neq f(2)(= 1)$$

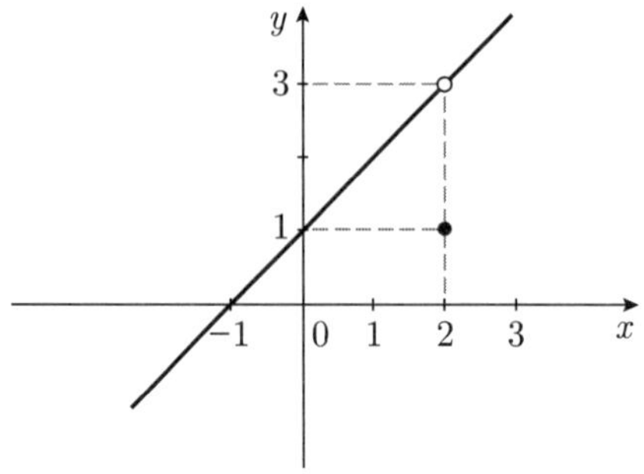


함수 $f$의 그래프

이므로 함수 $f$는 $x = 2$ 에서 불연속이다. ■

예제 4에 의하여 함수의 그래프는 불연속인 점에서는 끊김이 있음을 확인할 수 있다. 함수의 연속에 대한 응용으로 우리는 다음의 중간값 정리를 얻을 수 있다.

**정리 1 중간값 정리**

함수 $f(x)$가 닫힌구간 $[a, b]$에서 연속이고 $f(a) \neq f(b)$이면 $f(a)$와 $f(b)$ 사이에 있는 임의의 값 $N$에 대하여

$$f(c) = N$$

인 $c$가 열린구간 $(a, b)$에 적어도 하나 존재한다.

중간값 정리는 아래 그림에서 쉽게 직관적으로 확인할 수 있듯이 임의의 $N$에 대하여 항상 $c$를 찾을 수 있다.

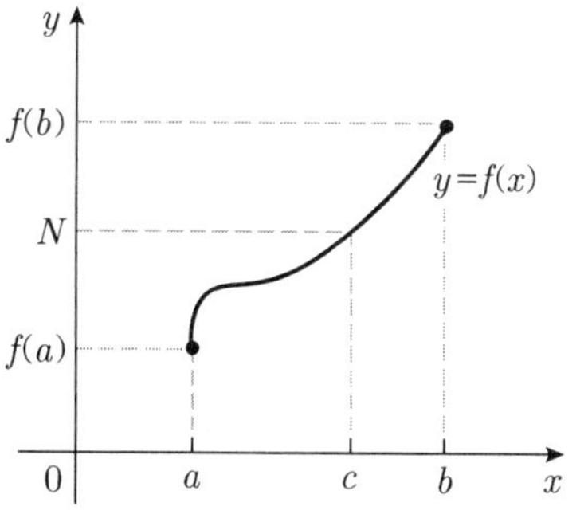

중간값 정리의 직관적 설명

중간값정리는 함수 $f(x)$가 연속함수일 때, 방정식 $f(x)=0$의 근의 존재 여부를 판단하는데 이용된다.

## 예제 5

**방정식 $3x^3-6x^2+3x-2=0$의 근이 1과 2사이에 존재함을 보이시오.**

**풀이** 함수 $f$ 을

$$f(x)=3x^3-6x^2+3x-2$$

라 놓으면 위 사실은 $f(x)=0$의 근이 1과 2사이에 존재한다는 것을 밝히는 것과 같다. 그러나 함수 $f$ 는 3차 다항식으로 실수 전체에서 연속이고, 특별히 구간 $[1, 2]$에서 연속이다. 더욱 더

$$f(1)=3\cdot1-6\cdot1+3\cdot1-2=-2$$
$$f(2)=3\cdot8-6\cdot4+3\cdot2-2=4$$

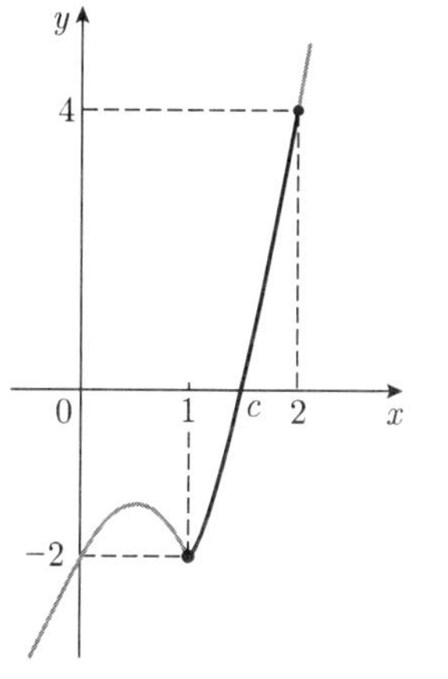

$f(x)=3x^3-6x^2+3x-2$의 그래프

이다. 그리하여 0은 $f(1)$과 $f(2)$사이에 있으므로 중간값 정리에 의하여 $f(c)=0$이 되는 점 $c$가 $(1, 2)$사이에 존재한다. 그러므로 $c$는 $f(x)=0$의 한 근이다 ■

### 예제 6

함수 $f(x)=\begin{cases} 2x+10 & (x \le 1) \\ x+a & (x>1) \end{cases}$ 가 실수 전체에서 연속이 되도록 하는 상수 $a$값을 구하시오.

**풀이** $x \le 1$일 때 함수 $f(x)=2x+10$으로 연속이고, $x>1$일 때 $f(x)=x+a$로 또한 연속이다. 그리하여 실수 전체에서 연속이기 위해서는 $x=1$에서 끊김이 없이 이어지도록 하여야만 한다. 즉 $x=1$에서의 함수값과 우극한이 같도록 해야 한다.

$$\lim_{x \to 1+} f(x) = f(1)$$

즉, $\lim_{x \to 1+}(x+a)=12$이다. 따라서 $a+1=12$에 의하여 $a=11$ 을 얻는다.

■

## Quiz

**1.** $x$의 값이 다음과 같을 때 $x$는 한없이 어디로 다가가고 있는가?

(1) 1.1,  1.001,  1.00001,  1.00000001,  1.0000000001

(2) 0.9,  0.999,  0.99999,  0.99999999,  0.9999999999

(3) $x$의 값이 (1)번과 같이 움직일 때 기호로 어떻게 나타내는가?

(4) $x$의 값이 (2)번과 같이 움직일 때 기호로 어떻게 나타내는가?

**2.** 함수 $f(x)=\begin{cases} x+1 & x \neq 1 \\ 1 & x=1 \end{cases}$에 대하여 다음 물음에 답하시오.

(1) 함수 $y=f(x)$을 좌표평면상에 그리시오.

(2) $f(1)$의 값은 ?

(3) $x \to 1-$ 일 때, $f(x) \to$ 【  】(좌극한이라 말함)

$x \to 1+$ 일 때, $f(x) \to$ 【  】(우극한이라 말함)

(4) $x \to 1$일 때(즉, $x \to 1-$ 또는 $x \to 1+$의 모두에 대하여 $f(x) \to$ 【  】이다.

**3.** 함수 $f(x)$에서 $x$의 값이 $a$에 한없이 가까워질 때, $f(x)$의 값이 일정한 값 $L$에 한없이 가까워지면 함수 $f(x)$는 $L$에 【  】한다고 말하고, 기호로 $\lim_{x \to a} f(x) =$ 【  】 라고 쓴다.
여기서 $L$을 함수 $f(x)$의 $x=a$에서의 【  】이라고 말한다.

**4.** 함수 $f(x)$에서 $x$가 $a$보다 작으면서 $a$에 한없이 가까워질 때, $f(x)$의 값이 일정한 값 $L$에 한없이 가까워지면 함수 $f(x)$는 $L$에 좌측으로부터 수렴한다고 하고, 기호로 $\lim_{x \to a-} f(x) = L$라 쓰고 $L$를 함수 $f(x)$의 $x=a$에서의 【  】이라 부른다.

**5.** $\lim_{x \to a} f(x) = L$이라는 것은 $\lim_{x \to a-} f(x) =$【  】이고 동시에 $\lim_{x \to a+} f(x) =$【  】일 때를

말한다.

**6.** Heviside 함수 $H(x)=\begin{cases}0 & x<0\\ 1 & x\geq 0\end{cases}$에 대하여 다음을 구하시오.

(1) $\lim_{x\to 0-} H(x)=$ 【　　】

(2) $\lim_{x\to 0+} H(x)=$ 【　　】

(3) $\lim_{x\to 0} H(x)=$ 【　　】

**7.** 함수 $f(x)$에 대하여 $\lim_{x\to a} f(x)=f(a)$이면, 즉 극한값과 함숫값이 같으면 함수 $f(x)$는 $x=a$에서 【　　】이라고 말한다.

**8.** 2번 문제의 함수 $f(x)=\begin{cases}x+1 & x\neq 1\\ 1 & x=1\end{cases}$는 연속인가?

함수 $f(x)$을 연속이 되도록 하기 위해서는 어떻게 해야 되는가?

**9.** Geogebra을 이용하여 다음 함수의 그래프를 한 좌표평면상에 그리시오.

(1) $y=2x+10 \ (x\leq 1)$

(2) $y=x+3 \ (x>1)$, $y=x+7 \ (x>1)$, $y=x+11 \ (x>1)$

**10.** 다음은 함수 $f(x)=\begin{cases}2x+10 & x\leq 1\\ x+a & x>1\end{cases}$가 실수 전체에서 연속이 되도록 하는 상수 $a$을 구하는 과정이다. 【　　】안에 알맞은 것을 구하시오.

[풀이] $x\leq 1$일 때 함수 $f(x)$는 $2x+10$을 따라 움직이므로 연속이고 또한 $x>1$일때는 【　】을 따라 움직이므로 연속이다. 일차함수는 직선으로 연속이기 때문이다. 그리하여 $x=$【　】에서 두 직선이 이어지면 함수 $f(x)$는 실수 전체에서 연속이 된다. 그러나

$$\lim_{x\to 1+} f(x)=\lim_{x\to 1+}【\qquad】=【\qquad】 \qquad \cdots ①$$

이다. 이 값은 $x=1$에서의 함숫값

$$f(1)=【\quad】 \qquad \cdots ②$$

와 같아야 하므로 ①과②에 의하여 $a$값 【　　】을 얻을 수 있다.

**11.** 10번의 문제에서 얻은 $a$값을 넣는 것에 의하여 Geogebra을 이용하여

$$y = 2x + 10 \ \ (x \le 1) \qquad\qquad y = x + a \ \ (x > 1)$$

을 그려 보시오. 두 함수는 연속되어 있는가?

## 연습문제 3.1

**1.** 다음 극한값을 구하시오.

(a) $\lim_{x \to 1}(x^2+2x)$

(b) $\lim_{x \to 3}\frac{x^2-9}{x-3}$

(c) $\lim_{x \to 1}\left(\frac{1}{x}-1\right)$

(d) $\lim_{x \to 0} 3$

**2.** 함수 $f(x)=\begin{cases} \frac{x^2-9}{x-3} & x \neq 3 \\ 6 & x=3 \end{cases}$에 대하여

(a) $\lim_{x \to 3} f(x)$를 구하시오.

(b) 함수 $f(x)$는 $x=3$에서 연속인가?

**3.** $\lim_{x \to 1}\frac{ax+b}{x-1}=2$일 때 상수 $a, b$의 값을 구하시오.

**4.** 함수 $f(x)=\frac{x}{|x|}$의 불연속점을 구하고 이유를 설명하시오.

**5.** $\lim_{x \to 0}\frac{\sqrt{x^2+9}-3}{x^2}$의 극한값을 구하시오.

**6.** $\lim_{x \to \infty}\frac{2}{\sqrt{x^2+2x}-\sqrt{x^2-2x}}$의 값을 구하시오.

**7.** 다음 등식이 성립하도록 상수 $a, b$의 값을 구하시오.

$$\lim_{x \to 1}\frac{x^2+ax+1}{x-1}=b$$

**8.** 다음의 함수 $f(x)$가 $(-\infty, \infty)$에서 연속이 되도록 상수 $c$의 값을 구하시오.

$$f(x)=\begin{cases} cx+1, & x \le 2 \\ cx^2, & x > 2 \end{cases}$$

**9.** 다음과 같이 정의된 함수 $f(x)$에 대하여

$$f(x)=\begin{cases} \dfrac{2x^2+ax}{x-1} & x \ne 1 \\ 2 & x = 1 \end{cases}$$

함수 $f$가 실수 전체에서 연속이 되도록 $a$값을 정하시오.

**10.** $x \ne 0$일 때 $f(x)=\dfrac{\sqrt{x+1}-1}{x}$로 정의된 함수 $f(x)$가 실수 전체에서 연속이 되도록 $x=0$에서의 함숫값 $f(0)$를 정하시오.

**11.** $x \ne 2$일 때, $f(x)=\dfrac{x^2+3x-10}{x-2}$으로 정의된 함수 $f(x)$가 실수 전체에서 연속이 되도록 $x=2$에서의 함숫값을 구하시오.

**12.** 다항함수 $f(x)$가

$$\lim_{x\to\infty}\frac{f(x)}{x^3}=0, \quad \lim_{x\to 0}\frac{f(x)}{x}=5$$

을 만족시킨다. 방정식 $f(x)=x$의 한 근이 $-2$일 때 $f(1)$의 값을 구하시오.

**13.** 두 상수 $a, b$가 $\lim_{x\to 2}\dfrac{x^2-(a+2)x+2a}{x^2-b}=3$을 만족시킬 때, $a, b$의 값을 구하시오.

**14.** 방정식 $2x^3-x^2-x-3=0$이 오직 하나의 실근을 갖는다. 다음 중 이 실근이 존재하는 구간은 ?

① $(-1, 0)$ ② $(0, 1)$ ③ $(1, 2)$ ④ $(2, 3)$ ⑤ $(3, 4)$

**15.** 함수 $f(x)=x^2+2x$에 대하여

(a) $f(0)$, $f(2)$의 값을 구하시오.

(b) 중간값 정리에 의하여 $f(c)=3$이 되는 $c$를 0과 2 사이에서 구체적으로 찾아보시오.

## AI, ChatGPT에게 물어보자.

* ChatGPT : 미분을 왜 배우는 거지?
* ChatGPT : 미분을 처음 만든 사람은 누구야?
* ChatGPT : 미분이 사용된 구체적인 예를 실생활에서 들어봐줘
* ChatGPT : 미분을 어디에 적용할 수 있나.
* ChatGPT : 속도와 미분은 어떻게 관련이 있어
* ChatGPT : 가속도는 무엇이고 미분과 어떻게 연관이 있는지 설명 해줘
* ChatGPT : 미분계수는 뭐야

## 3.2 미분의 정의

미분은 자연과학뿐만 아니라 사회과학 등 많은 분야에서 자주 접하게 되는 개념이다. 먼저 미분이 만들어지게 된 역사적인 배경을 말하고 미분의 정의를 도입하고자 한다.

17세기 독일의 철학자겸 수학자인 라이프니츠와 영국의 과학자 겸 수학자인 뉴턴은 동시대의 사람으로 각각의 영역에서 많은 업적을 낳은 사람이다. 또한 이들은 그들의 영역에서 동시에 미분의 개념을 만들어 낸 사람들이다. 라이프니츠는 수학에서 곡선에 접하는 직선, 즉 접선의 기울기를 구하는 과정에서 그리고 뉴턴은 움직이는 물체의 순간속도를 구하는 과정 속에서 각각 미분의 개념을 만들어 냈다.

먼저 라이프니츠가 제안한 곡선상의 한 점에서의 접선의 기울기를 구하는 과정을 설명하고자 한다.

## 접선의 기울기

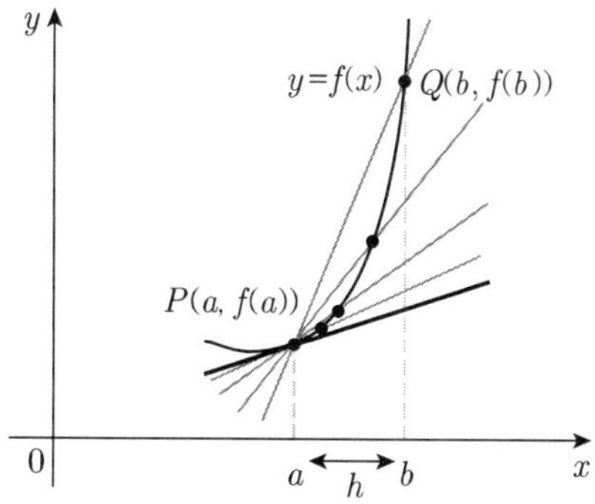


곡선상의 접선의 기울기

함수 $y=f(x)$의 곡선상의 점 $P(a, f(a))$에서 곡선에 접하는 직선, 즉 **접선**의 기울기를 어떻게 구할까?

곡선상의 또 다른 점 $Q(b, f(b))$을 잡자. 그리고 나면 두 점 $P(a, f(a))$과 $Q(b, f(b))$을 지나는 직선의 기울기는

$$\frac{f(b)-f(a)}{b-a} \qquad \cdots \quad ①$$

에 의하여 주어진다. 여기서 점 $b$를 한없이 $a$에 접근시키면 두 점 $P$, $Q$를 지나는 직선들은 점 $a$에서 곡선에 접하는 접선에 수렴함을 알 수 있다.

## 순간속도

움직이는 어떤 물체의 특정 시각에 있어서의 순간속도를 어떻게 구할까?

함수 $l=g(t)$가 어떤 움직이는 물체의 $t$시간 동안 움직인 거리를 나타낸다고 하자. 여기서 우리는 특정 시각 $t_0$에서의 그 물체의 순간속도를 유도하고자 한다.

먼저

$$\frac{g(t_1)-g(t_0)}{t_1-t_0} \qquad \cdots \quad ②$$

은 무엇을 의미하는가?

이것은 $t_1-t_0$시간 동안 움직인 물체의 평균속도이다. 시각 $t_0$에서의 순간속도는 $t_1$이

$t_0$에 한없이 다가갈 때의 극한으로 생각할 수 있다.

즉, 평균속도의 극한으로 순간속도를 구한 것이다.

앞서 우리는 접선의 기울기와 순간속도에 대하여 생각해 보았다.

①과 ②의 주어진 식에서 보여지듯이 함수의 의미만 다를 뿐 결국 같은 형태임을 알 수 있다.

그리하여 이러한 개념을 일반화한 수학적 정의를 내리고 이론을 정립하여 그것의 응용으로 두 개념에 자연스럽게 적용할 수 있을 것이다.

이제 미분에 대하여 본격적으로 소개하고자 한다.

먼저 함수 $y=f(x)$에서 $x$의 값이 $a$에서 $b$까지 변할 때, 함수값은 $f(a)$에서 $f(b)$까지 변한다. 이때 $x$의 값의 변화량 $b-a$를 $x$의 증분, $y$의 값의 변화량 $f(b)-f(a)$를 $y$의 증분이라 하고, 기호로

$$\Delta x = b-a, \qquad \Delta y = f(b)-f(a)$$

와 같이 나타낸다.

**정의 1 평균변화율**

함수 $y=f(x)$에서 $x$의 값이 $a$에서 $b$까지 변할 때 함수 $f$의 **평균변화율**(average rate of change)은

$$\frac{\Delta y}{\Delta x} = \frac{f(b)-f(a)}{b-a} = \frac{f(a+\Delta x)-f(a)}{\Delta x}$$

으로 정의한다.

함수 $y=f(x)$의 평균변화율은 기하학적으로 함수 $f(x)$의 그래프위의 두 점 $(a, f(a))$, $(b, f(b))$을 지나는 직선의 기울기이다. 또한 함수 $f$의 값들의 산술평균으로도 해석할 수 있다.

**정의 2 미분계수**

함수 $y = f(x)$의 $x = a$에서의 **미분계수**(differential coefficient)(또는 **순간변화율**)은

$$f'(a) = \lim_{\Delta x \to 0} \frac{f(a+\Delta x) - f(a)}{\Delta x}$$

에 의하여 정의한다.

모든 함수에 대하여 위의 극한이 존재하는 것은 아니다. 극한이 존재하는 경우 함수 $y = f(x)$는 점 $x = a$에서 **미분가능**(differentiable)하다고 말하고, 어떤 구간내의 모든 점에서 함수가 미분가능하면 그 함수는 그 구간에서 **미분 가능한 함수**라고 말한다.

위의 미분계수의 정의에서 $a + \Delta x = x$라 하면 $\Delta x = x - a$이고 $\Delta x \to 0$이면 $x \to a$이므로 미분계수의 정의는 다음과 같은 모양으로 바뀐다.

$$f'(a) = \lim_{x \to a} \frac{f(x) - f(a)}{x - a} \qquad \cdots \quad ③$$

많은 경우 미분계수의 정의에서 편리함을 위하여 $\Delta x$ 대신에 $h$을 많이 사용한다.

$$f'(a) = \lim_{h \to 0} \frac{f(a+h) - f(a)}{h} \qquad \cdots \quad ④$$

미분계수에 대한 정의는 ③과 ④ 어느 것을 사용해도 된다,

참고로 모든 함수가 미분 가능한 함수는 아니다. 예를 들어 $f(x) = |x|$는 $x = 0$에서 미분 가능하지 않다. 하지만 학부 수준에서 다루어지는 대부분의 함수들은 미분 가능한 함수라고 생각하면 된다. 그리고 미분 가능한 함수는 연속함수가 된다. 하지만 함수 $f(x) = |x|$에서 확인할 수 있듯이 연속함수라고 해서 꼭 미분 가능한 함수가 되는 것은 아니다.

## 예제 1

함수 $f(x)=x^2$에 대하여 $x=1$에서의 미분계수 $f'(1)$을 구하시오.

**풀이** 미분계수를 다음 두 가지 방법에 의하여 계산하여 보자.

(a) $$f'(1)=\lim_{h\to 0}\frac{f(1+h)-f(1)}{h}$$
$$=\lim_{h\to 0}\frac{(1+h)^2-1^2}{h}$$
$$=\lim_{h\to 0}\frac{h(2+h)}{h}$$
$$=\lim_{h\to 0}(2+h)=2$$

(b) $$f'(1)=\lim_{x\to 1}\frac{f(x)-f(1)}{x-1}$$
$$=\lim_{x\to 1}\frac{x^2-1^2}{x-1}=\lim_{x\to 1}(x+1)=2$$

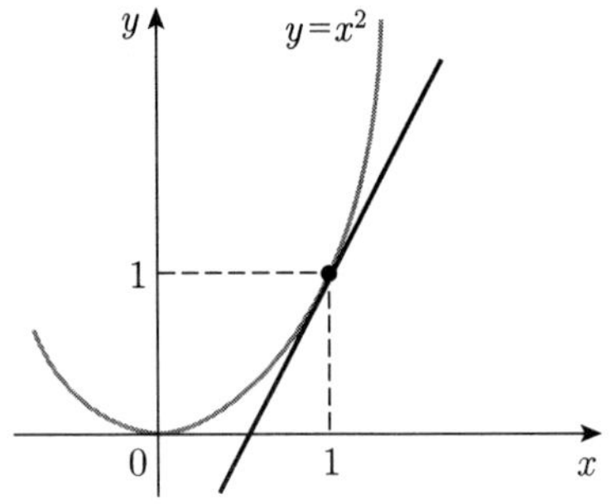


$f(x)=x^2$에 대하여 $x=1$에서의 접선

■

## 예제 2

함수 $f(x)=x^2+2$에 대하여 미분계수 $f'(1)$의 값을 구하시오.

**풀이** $$f'(1)=\lim_{h\to 0}\frac{f(1+h)-f(1)}{h}$$
$$=\lim_{h\to 0}\frac{(1+h)^2+2-(1^2+2)}{h}$$
$$=\lim_{h\to 0}\frac{2h+h^2}{h}=\lim_{h\to 0}(2+h)$$
$$=2$$

■

**예제 3**

함수 $f(x)=x^2-x+1$에 대하여 $x$의 값이 1에서 3까지 변할 때의 평균변화율과 $x=a$에서의 미분계수가 같을 때, 상수 $a$의 값을 구하시오.

**풀이** $x$의 값이 1에서 3까지 변할 때의 함수 $f(x)$의 평균변화율은

$$\begin{aligned}\frac{f(3)-f(1)}{3-1} &= \frac{(3^2-3+1)-(1^2-1+1)}{3-1} \\ &= \frac{7-1}{2}=3\end{aligned}$$

또한 $f(x)=x^2-x+1$의 $x=a$에서의 미분계수는

$$\begin{aligned}f'(a) &= \lim_{h\to 0}\frac{f(a+h)-f(a)}{h} \\ &= \lim_{h\to 0}\frac{\{(a+h)^2-(a+h)+1\}-(a^2-a+1)}{h} \\ &= \lim_{h\to 0}\frac{2ah+h^2-h}{h} \\ &= \lim_{h\to 0}(2a+h-1)=2a-1\end{aligned}$$

이 값이 3과 같아야 하므로 $2a-1=3$에 의하여 $a=2$을 얻는다. ■

우리는 $x=a$라는 특정한 점에서의 미분계수를 논의하였다. 상수 $a$ 대신 변수 $x$를 사용하면 $x$의 값에 따라 미분계수의 값들도 달라진다. 즉 미분계수는 $x$의 함수가 되며 다음 정의에서 우리는 도함수를 정의하고자 한다.

**정의 3 도함수**

함수 $y=f(x)$의 **도함수**(derivative function) $f'(x)$는

$$f'(x)=\lim_{h\to 0}\frac{f(x+h)-f(x)}{h}$$

에 의하여 정의한다.

도함수에 대하여 다음의 기호들이 함께 사용된다.

$$f'(x) = y' = \frac{dy}{dx} = \frac{d}{dx}y = \frac{d}{dx}f(x)$$

함수 $y = f(x)$에서 도함수 $f'(x)$을 구하는 것을 **미분한다**고 말하고, 어떤 함수를 "미분하라"는 것은 도함수를 구하라는 것을 의미한다.

**정리 1**

상수함수 $f(x) = C$의 도함수 $f'(x) = 0$이다.

**증명** 도함수 정의에 의하여

$$\begin{aligned} f'(x) &= \lim_{h \to 0} \frac{f(x+h) - f(x)}{h} \\ &= \lim_{h \to 0} \frac{C - C}{h} \\ &= \lim_{h \to 0} \frac{0}{h} \\ &= 0 \end{aligned}$$

■

정리1에 의하여 모든 상수의 미분은 0이다. 즉,

$$\frac{d}{dx}5 = 0, \qquad \frac{d}{dx}999 = 0$$

$$\frac{d}{dx}\sqrt{2} = 0, \qquad \frac{d}{dx}\pi = 0$$

**정리 2**

항등함수 $f(x) = x$의 도함수 $f'(x) = 1$이다.

**증명** 도함수 정의에 의하여

$$f'(x) = \lim_{h \to 0} \frac{f(x+h) - f(x)}{h}$$

$$= \lim_{h \to 0} \frac{x+h-x}{h}$$

$$= \lim_{h \to 0} \frac{h}{h}$$

$$= \lim_{h \to 0} 1$$

$$= 1$$

■

## 예제 4

도함수 정의를 이용하여 다음 함수의 도함수를 구하시오.

(a) $f(x) = x^2$ (b) $f(x) = x^3$

(c) $f(x) = \sqrt{x}$ (d) $f(x) = \dfrac{1}{x}$

**풀이** (a) 함수 $f(x) = x^2$일 때

$$f'(x) = \lim_{h \to 0} \frac{f(x+h) - f(x)}{h}$$

$$= \lim_{h \to 0} \frac{(x+h)^2 - x^2}{h}$$

$$= \lim_{h \to 0} \frac{x^2 + 2hx + h^2 - x^2}{h}$$

$$= \lim_{h \to 0} \frac{2hx + h^2}{h}$$

$$= \lim_{h \to 0} (2x + h)$$

$$= 2x$$

(c) $f(x) = \sqrt{x}$ 일 때

$$f'(x) = \lim_{h \to 0} \frac{f(x+h) - f(x)}{h}$$

$$= \lim_{h \to 0} \frac{\sqrt{x+h} - \sqrt{x}}{h}$$

$$= \lim_{h \to 0} \frac{\sqrt{x+h} - \sqrt{x}}{h} \times \frac{\sqrt{x+h} + \sqrt{x}}{\sqrt{x+h} + \sqrt{x}}$$

$$= \lim_{h \to 0} \frac{x+h-x}{h[\sqrt{x+h}+\sqrt{x}]}$$

$$= \lim_{h \to 0} \frac{h}{h[\sqrt{x+h}+\sqrt{x}]}$$

$$= \lim_{h \to 0} \frac{1}{\sqrt{x+h}+\sqrt{x}}$$

$$= \frac{1}{\sqrt{x}+\sqrt{x}}$$

$$= \frac{1}{2\sqrt{x}}$$

(b)와 (d)는 각자 풀어보기 바란다. ■

**정리 3 함수($x^n$) 미분**

함수 $f(x)=x^n$일 때, $f'(x)=nx^{n-1}$이다.

**증명**

$$f'(x)=\lim_{h \to 0} \frac{f(x+h)-f(x)}{h} = \lim_{h \to 0} \frac{(x+h)^n - x^n}{h}$$

$$= \lim_{h \to 0} \frac{\left[x^n + nx^{n-1}h + \frac{n(n-1)}{2!}x^{n-2}h^2 + \cdots + nxh^{n-1} + h^n\right] - x^n}{h}$$

$$= \lim_{h \to 0} \frac{nx^{n-1}h + \frac{n(n-1)}{2!}x^{n-2}h^2 + \cdots + nxh^{n-1} + h^n}{h}$$

$$= \lim_{h \to 0} \left[nx^{n-1} + \frac{n(n-1)}{2!}x^{n-2}h + \cdots + nxh^{n-2} + h^{n-1}\right]$$

$$= nx^{n-1}$$

■

위의 증명은 $n$이 양의 정수일 때 하였으나 이것은 $n$이 실수일 때까지도 성립한다.

$$실수\ n에\ 대하여\ \frac{d}{dx}x^n = nx^{n-1}$$

### 예제 5

다음 함수를 미분하시오.

(a) $f(x) = 1$

(b) $f(x) = x$

(c) $f(x) = x^2$

(d) $f(x) = x^3$

(e) $f(x) = \sqrt{x}$

(f) $f(x) = \dfrac{1}{x}$

**풀이** 앞선 정리에 의하여 $f(x) = x^n$일 때 도함수 $f'(x) = nx^{n-1}$에 의하여 다음을 구할 수 있다.

(a) $f(x) = 1 = x^0$과 같으므로

$$f'(x) = 0 \cdot x^{0-1} = 0$$

(b) $f(x) = x = x^1$과 같으므로

$$f'(x) = 1 \cdot x^{1-1} = 1 \cdot x^0 = 1$$

(c) $f'(x) = 2x^{2-1} = 2x$

(d) $f'(x) = 3x^{3-1} = 3x^2$

(e) $f(x) = \sqrt{x} = x^{\frac{1}{2}}$이므로

$$f'(x) = \frac{1}{2}x^{\frac{1}{2}-1} = \frac{1}{2}x^{-\frac{1}{2}} = \frac{1}{2\sqrt{x}}$$

(f) $f(x) = \dfrac{1}{x} = x^{-1}$이므로

$$f'(x) = (-1)x^{-1} - 1 = (-1)x^{-2} = -\frac{1}{x^2}$$

■

## Quiz

**1.** 곡선상의 한 점에서 그 곡선에 접하는 직선을 【　】이라 부르고, 어떤 움직이는 물체의 빠름의 정도를 하나의 수 값으로 표현한 것을 【　】라고 부른다.

**2.** 미분의 개념은 독일의 수학자 라이프니츠와 영국의 과학자 뉴톤에 의하여 같은 시대에 만들어 졌으며 라이프니츠는 곡선에 접하는 접선의 【　】을 구하는 과정 속에서, 뉴톤은 【　】를 구하는 과정에서 미분의 개념을 만들었다.

**3.** 함수 $y=f(x)$에 대하여 이 곡선 상의 두 점 $(x_0, f(x_0))$, $(x_1, f(x_1))$에 대하여 $\dfrac{f(x_1)-f(x_0)}{x_1-x_0}$은 두 점 $(x_0, f(x_0))$, $(x_1, f(x_1))$을 지나는 직선의 【　】이며, 또한 구간 $[x_0, x_1]$에 대한 함수 $f(x)$의 평균변화율로도 해석할 수 있다.

**4.** 함수 $s=g(t)$가 어떤 움직이는 물체의 $t$시간 동안 움직인 거리를 나타낸다면 $\dfrac{g(t_1)-g(t_0)}{t_1-t_0}$은 $t_1-t_0$시간 동안의 【　】을 의미한다.$(t_1 \geq t_0)$

**5.** 함수 $y=f(x)$와 상수 $x_0$에 대하여 극한 $\lim\limits_{h\to 0}\dfrac{f(x_0+h)-f(x_0)}{h}$을 기호로 【　】라고 쓰고, 【　】라고 부른다.

**6.** 극한 $\lim\limits_{h\to 0}\dfrac{f(x_0+h)-f(x_0)}{h}$에서 $x_0+h=x$라 놓으면 $h=x-x_0$이고 $h\to 0$이면 $x\to$【　】이다.

따라서 극한 $\lim\limits_{h\to 0}\dfrac{f(x_0+h)-f(x_0)}{h}\cdots$① 은 $\lim\limits_{x\to x_0}\dfrac{f(x)-f(x_0)}{[\quad]}\cdots$② 으로 표현되며, 미분계수에 대한 정의는 ① 또는 ② 어느 것을 사용해도 된다.

**7.** 미분계수 정의에서 상수 $x_0$대신 변수 $x$을 대입한 $\lim\limits_{h\to 0}\dfrac{f(x+h)-f(x)}{h}$을 기호로 【　】라 쓰고, 【　】라고 부른다. 도함수를 구하는 과정을 【　】라고 말한다.

**8.** 미분계수는 다양한 분야에 적용되는데 특별히 함수 $y=f(x)$가 곡선을 나타내면 $f'(x_0)$는 점 $x=x_0$에서 곡선에 접하는 접선의 【　　】를 의미하고, 함수 $y=f(x)$가 움직이는 물체의 움직인 거리를 나타내면 미분계수 $f'(x_0)$는 특정 시각 $x_0$에서의 【　　】를 의미한다.

**9.** 다음은 곡선 $y=x^2$ 상의 점 $(1,1)$에서의 접선의 방정식을 구하는 과정이다.

[풀이] 곡선 $y=x^2$에 대하여 $x=1$ 일 때 $y=1$이므로 점 $(1,1)$은 곡선상의 점이고 동시에 접선상의 점이기도 하다. 그리하여 접선의 방정식을 구하기 위해서는 기울기만 알면 된다. 그러나 미분계수의 정의에 의하여 $f'(1)$은 $x=1$에서의 접선의 【　　】를 의미하므로 $f'(1)$을 구하면 된다.

$$f'(1)=\lim_{h\to 0}\frac{f(1+h)-f(1)}{h}=\lim_{h\to 0}\frac{[\quad]-1^2}{h}$$

$$=\lim_{h\to 0}\frac{2h+h^2}{h}=\lim_{h\to 0}[2+h]=【\quad】$$

따라서 접선의 방정식은 접선상의 점 $(1,1)$와 접선상의 임의의 점 $(x,y)$에 대하여

$$\frac{y-1}{x-1}=【\quad】$$

이 성립하고 그러므로 접선의 방정식은 $y=$【　】에 의하여 주어진다.

**10.** 곡선 $y=x^2$와 9번에서 구한 접선을 Geogebra을 이용하여 그려보시오.
곡선과 접선은 점 $(1,1)$에서 접하는가?

**11.** (1) 함수 $f(x)=x^2$의 도함수를 구하시오.

[참고] 9번의 문제에서 1대신에 $x$을 대입하여 풀면 된다.

(2) 미분계수 $f'(1)$은 도함수 $f'(x)$에서 $x$자리에 무었을 대입하여 얻을 수 있나?

**12.** $y=f(x)$에 대하여 도함수 $f'(x)$와 같은 의미로 다음의 기호들이 함께 사용된다.

$$f'(x)=\frac{d}{dx}【\quad】=\frac{dy}{[\quad]}$$

따라서 $y=f(x)=x^2$에서 $\frac{dy}{dx}=$【　　】이다.(참고 $\frac{dy}{dx}=f'(x)$)

## Quiz

**1.** 다음은 상수함수 $f(x)=C$의 도함수를 구하는 과정이다.

$$f'(x)=\lim_{h\to 0}\frac{f(x+h)-f(x)}{h}=\lim_{h\to 0}\frac{[\quad]-C}{h}=\lim_{h\to 0}\frac{0}{h}=0$$

위 마지막 극한식에서 $h$는 한없이 0으로 갈 뿐이지 0은 아니다.

**2.** 함수 $f(x)=1$의 도함수를 구하시오.
(1번과 같은 방법으로 직접 풀어본다.)

**3.** 다음을 미분하시오.

(1) $-3$ (2) $\sqrt{7}$ (3) 1999 (4) $\pi$

도함수 정의 $f'(x)=\lim_{h\to 0}\frac{f(x+h)-f(x)}{h}$ 을 사용하는 거에 의하여 다음 함수들의 도함수($f'(x)$)를 구하시오. [4-8번]

**4.** $f(x)=x$

**5.** $f(x)=x^2$

**6.** $f(x)=x^3$

**7.** $f(x)=\frac{1}{x}$

**8.** $f(x)=\sqrt{x}$

## 연습문제 3.2

**1.** 함수 $f(x)=x^2-2x$에 대하여 $x$의 값이 $1$에서 $3$까지 변할 때의 평균변화율과 $x=1$에서의 미분계수를 구하시오.

**2.** 미분계수의 정의에 의하여 함수 $f(x)=\dfrac{1-x}{x}$의 $x=2$에서의 미분계수 $f'(2)$을 계산하시오.

**3.** 다음의 주어진 극한들은 어떤 점 $x=a$에서 함수 $f(x)$에 대한 미분 계수를 나타낸 것이다. 구체적으로 함수 $f$와 $a$을 결정하시오.

(a) $\displaystyle\lim_{h\to 0}\frac{(2+h)^2-2^2}{h}$　　(b) $\displaystyle\lim_{x\to 2}\frac{\sqrt{x}-\sqrt{2}}{x-2}$

**4.** 다음을 미분하시오.

(a) $y=15$　　(b) $y=\dfrac{8}{7}$　　(c) $y=\sqrt[5]{3}$

**5.** 다음을 미분하시오.

(a) $y=x^7$　　(b) $y=x^{99}$　　(c) $y=\sqrt[3]{x}$

(a) $y=\sqrt[5]{x^3}$　　(b) $y=\dfrac{1}{x^7}$　　(c) $y=x^{-9}$

**6.** 다항식 $x^4+ax^2+b$를 $(x+1)^2$으로 나누었을 때의 나머지가 $2x+3$일 때, 상수 $a$, $b$의 값을 구하시오.

**7.** 곡선 $y=x^2$위의 점 $(2,4)$에서의 접선의 기울기를 구하시오.

**8.** 미분가능한 함수 $f$가 $f'(2)=4$을 만족할 때 $\displaystyle\lim_{x\to 2}\frac{f(x)-f(2)}{x^2-4}$의 값을 구하시오.

**9.** 최고차항의 계수가 1인 삼차함수 $f$가

$$f(1)=3,\ \ f'(1)=1,\ \ f''(1)=2$$

을 만족할 때 함수 $f$를 구체적으로 구하시오.

**10.** 함수 $f(x)=x^2-4x+3$에 대하여 $x$의 값이 1에서 4까지 변할 때의 평균변화율과 $x=a$에서의 미분계수가 같도록 하는 상수 $a$의 값을 구하시오.

**11.** 다음 함수 $f(x)$가 $x=1$에서 미분가능하도록 상수 $a, b$의 값을 구하시오.

$$f(x)=\begin{cases} ax+b & (x \le 1) \\ x^2 & (x>1) \end{cases}$$

**12.** 함수

$$f(x)=\begin{cases} x^3+ax & (x<1) \\ bx^2+x+1 & (x \geqq 1) \end{cases}$$

이 $x=1$에서 미분 가능할 때, $a$, $b$의 값을 구하시오.

**13.** 다항함수 $f(x)$가 $\lim_{h\to 0}\frac{f(1+h)-3}{h}=\frac{3}{2}$을 만족시킬 때, $f'(1)+f(1)$의 값을 구하시오.

## AI, ChatGPT에게 물어보자.

* ChatGPT : 미분기호 $\frac{d}{dx}$는 누가 처음 만들었어?
* ChatGPT : 미분기호 $\frac{d}{dx}$는 무엇을 의미하는 거야?
* ChatGPT : 곱의 미분 공식은 $\frac{d}{dx}[f(x)g(x)] = f'(x)g'(x)$ 이게 맞는 건가?
* ChatGPT : 몫의 미분공식은 $\frac{d}{dx}[\frac{f(x)}{g(x)}] = \frac{f'(x)}{g'(x)}$ 이거 맞는거야?
* ChatGPT : 곱의 미분은 어떨 때 사용하는 건가?
* ChatGPT : 몫의 미분은 어떤 경우에 사용하는 거야?
* ChatGPT : $f'(x)$와 $y'$은 왜 같은 의미인거야?

## 3.3 미분의 성질

이 절에서는 미분을 쉽게 구할 수 있는 다양한 미분 방법에 대하여 알아보고자 한다. 먼저 상수배를 한 함수의 미분 그리고 합과 차의 미분에 대한 정리가 주어진다.

**정리 1 미분 공식**

미분 가능한 두 함수 $f(x)$, $g(x)$에 대하여 다음이 성립한다.(단, $c$는 상수이다.)

(a) $y = cf(x)$, $\quad y' = cf'(x)$

(b) $y = f(x) + g(x)$, $\quad y' = f'(x) + g'(x)$

(c) $y = f(x) - g(x)$, $\quad y' = f'(x) - g'(x)$

**증명** (a) $F(x) = cf(x)$라 하자. 그리고 나면

$$
\begin{aligned}
y' = F'(x) &= \lim_{h \to 0} \frac{F(x+h) - F(x)}{h} \\
&= \lim_{h \to 0} \frac{cf(x+h) - cf(x)}{h} \\
&= c\lim_{h \to 0} \frac{f(x+h) - f(x)}{h} \\
&= cf'(x)
\end{aligned}
$$

이다.

(b), (c)의 증명은 생략한다. ■

## 예제 1

다음 함수를 미분하시오.

(a) $y = 2x + 5$

(b) $y = x^3 + 5x^2 + 7x - 2$

(c) $y = (x+1)(x^2+1)$

**풀이** 앞선 정리의 미분 공식을 이용하는 것에 의하여 다음을 구할 수 있다.

(a) $y' = 2 \cdot \dfrac{d}{dx}x - \dfrac{d}{dx}5 = 2 \cdot 1 - 0 = 2$

(b) $y' = 3x^{3-1} + 5 \cdot 2x^{2-1} + 7 \cdot 1x^{1-1} - 0$

$\quad = 3x^2 + 10x + 7$

(c) $y = (x+1)(x^2+1) = x^3 + x^2 + x + 1$

$y' = 3x^2 + 2x + 1$ ■

**정리 2 곱의 미분**

두 함수 $f(x)$, $g(x)$에 대하여 $y = f(x)g(x)$의 도함수

$y' = f'(x)g(x) + f(x)g'(x)$에 의하여 주어진다.

**증명** $F(x) = f(x)g(x)$이라 하자. 도함수 공식에 의하여

$$\frac{d}{dx}F(x) = \lim_{h \to 0} \frac{F(x+h) - F(x)}{h}$$

$$
\begin{aligned}
&= \lim_{h\to 0} \frac{f(x+h)g(x+h)-f(x)g(x)}{h} \\
&= \lim_{h\to 0} \frac{f(x+h)g(x+h)-f(x)g(x+h)+f(x)g(x+h)-f(x)g(x)}{h} \\
&= \lim_{h\to 0} \frac{f(x+h)-f(x)}{h} g(x+h) + \lim_{h\to 0} \frac{g(x+h)-g(x)}{h} f(x) \\
&= \lim_{h\to 0} \frac{f(x+h)-f(x)}{h} \lim_{h\to 0} g(x+h) + \lim_{h\to 0} \frac{g(x+h)-g(x)}{h} \lim_{h\to 0} f(x) \\
&= f'(x)g(x)+f(x)g'(x)
\end{aligned}
$$
■

위 정리는 다음과 같이 다시 나타낼 수 있다.

$$\frac{d}{dx}[f(x)\cdot g(x)] = f'(x)\cdot g(x) + f(x)\cdot g'(x)$$

## 예제 2

(a) $y = x^5$의 도함수 $y'$을 구하시오.

(b) $f(x) = x^2$, $g(x) = x^3$일 때, $f'(x)g(x) + f(x)g'(x)$을 구하시오.

**풀이** (a) 함수 $x^n$의 도함수 공식에 의하여 $y' = 5x^4$이다.

(b) $f(x) = x^2$, $g(x) = x^3$에 대하여 $f'(x) = 2x$, $g'(x) = 3x^2$이다. 따라서

$$f'(x)g(x) + f(x)g'(x) = 2x \cdot x^3 + x^2 \cdot 3x^2 = 5x^4$$
■

앞선 예제에서 $f(x)\cdot g(x) = x^2 \cdot x^3 = x^{2+3} = x^5$으로 (a)의 결과와 일치함을 확인할 수 있다.

## 예제 3

$F(x) = x^{100}(x^{200}+5)$일 때 도함수 $F'(x)$을 구하시오.

**풀이** 곱의 미분에 의하여

$$\begin{aligned} F'(x) &= \frac{d}{dx}(x^{100}) \cdot (x^{200}+5) + x^{100} \cdot \frac{d}{dx}(x^{200}+5) \\ &= 100x^{99}(x^{200}+5) + x^{100}(200x^{199}) \\ &= 100x^{99}(3x^{200}+5) \end{aligned}$$

■

## 예제 4

다항함수 $f(x)$, $g(x)$가

$$\lim_{x\to 2}\frac{f(x)-3}{x-2} = 1, \quad \lim_{x\to 2}\frac{g(x)-1}{x-2} = 3$$

일 때 함수 $y = f(x)g(x)$의 $x = 2$에서의 미분계수를 구하시오.

**풀이** 주어진 식에 의하여 $f'(2) = 1$, $g'(2) = 3$이고, $f(2) = 3$, $g(2) = 1$이다. 따라서 $y' = f'(x)g(x) + f(x)g'(x)$에 $x = 2$를 대입하면

$$\begin{aligned} y' &= f'(2)g(2) + f(2)g'(2) \\ &= 1 \cdot 1 + 3 \cdot 3 \\ &= 10 \end{aligned}$$

■

## 예제 5

함수 $f(x)$에 대하여 함수 $g(x) = x^3 f(x)$로 정의되는 함수 $g(x)$가 $g(-1) = -2$, $g'(-1) = 4$를 만족시킬 때 $f'(-1)$의 값을 구하시오

**풀이** $g(x) = x^3 f(x)$에서 $g(-1) = (-1)^3 f(-1) = -f(-1)$이 되고, 따라서 $f(-1) = -g(-1) = 2$이다.

또한 $g'(x) = 3x^2 f(x) + x^3 f'(x)$이므로 $g'(-1) = 3f(-1) - f'(-1)$이다. 그리하여

$$f'(-1) = 3f(-1) - g'(-1) = 3 \times 2 - 4 = 2$$

이다.

■

다음에는 두 함수의 분수 형태인 몫의 미분을 다루고자 한다.

두 함수의 몫의 미분은 분자 분모 각각의 미분의 몫과 같지 않으며 그 내용은 아래 정리에 잘 나타나 있다.

**정리 3 몫의 미분**

두 함수 $f$와 $g$에 대하여 다음이 성립한다.

$$\frac{d}{dx}\frac{f(x)}{g(x)} = \frac{\frac{d}{dx}f(x)\cdot g(x) - f(x)\cdot\frac{d}{dx}g(x)}{[g(x)]^2}$$

## 예제 6

몫의 미분 공식을 이용하여 $f(x)=\frac{x^2-1}{x+1}$의 도함수 $f'(x)$을 구하시오.

**풀이**

$$\begin{aligned} f'(x) &= \frac{\frac{d}{dx}(x^2-1)\cdot(x+1) - (x^2-1)\frac{d}{dx}(x+1)}{(x+1)^2} \\ &= \frac{2x(x+1) - (x^2-1)1}{(x+1)^2} \\ &= \frac{x^2+2x+1}{(x+1)^2} \\ &= 1 \end{aligned}$$

■

위 예제에서 $f(x)=\frac{x^2-1}{x+1}=\frac{(x+1)(x-1)}{x+1}=x-1$이므로 $f'(x)=1$임을 확인할 수 있다.

### 예제 7

$f(x)=\frac{1}{x}$일 때 도함수 $f'(x)$을 구하시오,

**풀이** (1) 도함수의 정의에 의하여

$$
\begin{aligned}
f'(x) &= \lim_{h\to 0}\frac{f(x+h)-f(x)}{h} \\
&= \lim_{h\to 0}\frac{\frac{1}{x+h}-\frac{1}{x}}{h} \\
&= \lim_{h\to 0}\frac{-1}{x(x+h)} \\
&= -\frac{1}{x^2}
\end{aligned}
$$

(2) 몫의 미분 공식에 의하면

$$
\begin{aligned}
f'(x) &= \frac{(\frac{d}{dx}1)\times x - 1\times(\frac{d}{dx}x)}{x^2} \\
&= -\frac{1}{x^2}
\end{aligned}
$$

이다.

(3) $f(x)=\frac{1}{x}=x^{-1}$이므로

$$f'(x)=-1x^{-1-1}=-x^{-2}=-\frac{1}{x^2}$$

(1),(2)와 (3)의 결과가 일치함을 확인할 수 있다. ■

함수 $y=f(x)$을 미분하면 새로운 함수 $f'(x)$가 생기고, 우리는 이것을 다시 또 미분할 수 있다. 이러한 과정은 무한히 반복될 수 있다. 즉, 미분의 미분을 생각할 수 있으며 이것은 다음의 고계 도함수에 대한 정의를 낳게 한다.

**정의 1 이계도함수**

함수 $y= f(x)$의 도함수 $f'(x)$에 대하여 $f'(x)$의 도함수를 $f''(x)$(또는 $f^{(2)}(x)$)로 나타내고, 이것을 함수 $f$ 의 **이계 도함수**(second derivative)라고 한다. 즉

$$f''(x)= \lim_{h\to 0} \frac{f'(x+h)-f'(x)}{h}$$

이러한 미분은 무한히 반복될 수 있으며 일반적인 $n$계 미분, 즉 **n계 도함수**(nth derivative)은 다음의 기호들에 의하여 함께 사용된다.

$$f^{(n)}(x) = \lim_{h\to 0} \frac{f^{(n-1)}(x+h)-f^{(n-1)}(x)}{h}$$

$$f^{(n)}(x)= y^{(n)} = \frac{d^n y}{dx^n} = \frac{d^n}{dx^n} f(x)$$

**참고** 함수 $y=f(t)$가 어떤 움직이는 물체의 시간 $t$까지 움직인 거리를 나타낸다면 도함수 $f'(t)$는 그 물체의 속도를 의미하며 2계 도함수 $f''(t)$는 속도의 변화율을 나타내는 가속도를 의미한다.

다음 예제에서 이계 도함수를 구하는 과정을 구체적으로 살펴보자.

**예제 8**

$y= x^2$의 2계 도함수 $y''$을 구하시오.

**풀이** 공식 $y= x^n$의 도함수 $y' = nx^{n-1}$에 의하여 $n= 2$을 넣는 것에 의하여 먼저 1계 도함수 $y'$을 구할 수 있다.

$$y' = 2 \cdot x^{2-1} = 2x$$

이고 이것을 한 번 더 미분하는 것에 의하여

$$\begin{aligned} y'' &= 2 \cdot (x)' \\ &= 2 \cdot 1 \\ &= 2 \end{aligned}$$

이다. ■

### 예제 9

$\dfrac{d}{dx}\left(\dfrac{4}{x^3}\right)$을 구하시오.

**풀이**

(1) $\dfrac{d}{dx}\left(\dfrac{4}{x^3}\right) = 4 \cdot \dfrac{d}{dx}\left(\dfrac{1}{x^3}\right)$

$$= 4 \cdot \frac{d}{dx}(x^{-3})$$

$$= 4 \cdot (-3)x^{-3-1}$$

$$= -12x^{-4}$$

(2) 몫의 미분을 이용하면

$$\frac{d}{dx}\left(\frac{4}{x^3}\right) = \frac{\frac{d}{dx}4 \cdot x^3 - 4\frac{d}{dx}x^3}{[x^3]^2}$$

$$= \frac{0 \cdot x^3 - 4 \cdot 3x^2}{x^6}$$

$$= -12x^{-4}$$

■

### 예제 10

$f(x) = x^{-2}$일 때 함수 $f$의 이계 도함수 $f''(x)$를 구하시오.

**풀이**

$$f'(x) = -2x^{-2-1} = -2x^{-3}$$

이고, 또 한 번 더 미분하면

$$f''(x) = (-2)(-3)x^{-3-1} = 6x^{-4}$$

이다.

■

## Quiz

**1.** 함수 $f(x)=x^n$의 도함수 $f'(x)=$【 】$x^{[\quad]}$ 이다.

**2.** 1번의 결과를 이용하는 것에 의하여 다음 함수의 도함수를 구하시오.

(1) $f(x)=x^5 \quad \Rightarrow \quad f'(x)=$ 【 】

(2) $f(x)=x^7 \quad \Rightarrow \quad f'(x)=$ 【 】

(3) $f(x)=x^{25} \quad \Rightarrow \quad f'(x)=$ 【 】

(4) $f(x)=x^{199} \quad \Rightarrow \quad f'(x)=$ 【 】

(5) $g(x)=x^{\frac{1}{2}} \quad \Rightarrow \quad g'(x)=$ 【 】

(6) $h(x)=x^{\frac{3}{2}} \quad \Rightarrow \quad h'(x)=$ 【 】

(7) $f(t)=t^{\frac{7}{5}} \quad \Rightarrow \quad f'(t)=$ 【 】

(8) $g(t)=\sqrt[3]{t^5} \quad \Rightarrow \quad g'(t)=$ 【 】

(9) $h(t)=\sqrt[7]{t^3} \quad \Rightarrow \quad h'(t)=$ 【 】

(10) $f(x)=x^{-3} \quad \Rightarrow \quad f'(x)=$ 【 】

(11) $g(x)=x^{-\frac{2}{5}} \quad \Rightarrow \quad g'(x)=$ 【 】

(12) $h(x)=x^{\sqrt{5}} \quad \Rightarrow \quad h'(x)=$ 【 】

**3.** 함수 $y=f(x)$을 미분한 것을 $f'(x)$라 표현하며, 이것을 또한 미분할 수 있다. 즉 $f'(x)$을 미분한 것을 기호로 【 】 또는 $f^{(2)}(x)$으로 나타내고 【 】라고 부른다. 이런 미분은 무한히 반복 될 수 있다. 그리하여 $f^{(n)}(x)$는 함수 $f(x)$을 【 】번 미분한 것을 나타내고 【 】라고 부른다. 예를 들어 $f^{(3)}(x)$는 $f(x)$을 【 】번 미분한 것으로 3계도함수라고 부른다.

**4.** 함수 $y=f(x)$의 2계 도함수는 다음의 기호로도 표현된다.

$$f^{(2)}(x)=\frac{d^{[\ ]}y}{dx^{[\ ]}}=\frac{d}{dx}【\quad】$$

**5.** (두 함수 $f(x)$, $g(x)$의 곱의 도함수 공식)

$$\frac{d}{dx}[f(x)g(x)]=【\quad】\times g(x)+f(x)\times【\quad】$$

(1) (곱의 도함수 공식 이용, $f(x)=x^2$, $g(x)=x^3$)

$$\frac{d}{dx}[x^2\cdot x^3]=\frac{d}{dx}x^2\times x^3+x^2\times\frac{d}{dx}x^3$$

$$=【\quad】\times x^3+x^2\times【\quad】$$

$$=【\quad】$$

(2) (공식 $f(x)=x^n \Rightarrow f'(x)=nx^{n-1}$ 이용)

$$\frac{d}{dx}[x^2\cdot x^3]=\frac{d}{dx}[x^5]=【\quad】$$

(3) (1)과 (2)의 결과는 일치하는가?

**6.** (두 함수 $f(x)$, $g(x)$의 몫의 도함수 공식)

$$\frac{d}{dx}\left[\frac{f(x)}{g(x)}\right]=\frac{[\quad]\times g(x)-f(x)\times[\quad]}{[\quad]}$$

(1) (몫의 도함수 공식 이용, $f(x)=x^3$, $g(x)=x$)

$$\frac{d}{dx}\left[\frac{x^3}{x}\right]=\frac{\frac{d}{dx}x^3\times x-x^3\times\frac{d}{dx}x}{x^{[\ ]}}$$

$$=\frac{[\quad]\times x-x^3\times[\quad]}{[\quad]}$$

$$=【\quad】$$

(2) (공식 $f(x)=x^n \Rightarrow f'(x)=nx^{n-1}$ 이용)

$$\frac{d}{dx}\left[\frac{x^3}{x}\right]=\frac{d}{dx}[x^2]=【\quad】$$

(3) (1)과 (2)의 결과는 일치하는가?

**7.** 함수 $F(x)=x^3$의 도함수를 다음과 같은 방법으로 구하시오

(1) 공식 $\frac{d}{dx}x^n = nx^{n-1}$ 이용

(2) $f(x)=x$, $g(x)=x^2$이라 하고 곱의 미분공식 이용

(3) $f(x)=x^4$, $g(x)=x$이라 하고 몫의 미분공식 이용

(4) (1), (2), (3)의 결과는 일치하는가?

**8.** 함수 $F(x)=\frac{1}{\sqrt{x}}$의 도함수를 다음과 같은 방법으로 구하시오

(1) 몫의 도함수 공식 이용

(2) 함수 $x^n$의 도함수 공식 이용 (힌트: $F(x)=\frac{1}{\sqrt{x}}=\frac{1}{x^{\frac{1}{2}}}=x^{-\frac{1}{2}}$ )

(3) $f(x)=\sqrt{x}$, $g(x)=\frac{1}{x}$라 하면 $F(x)=f(x)\cdot g(x)$이다.

곱의 미분공식 이용

(힌트: $\frac{d}{dx}[f(x)g(x)]=\frac{d}{dx}f(x)\cdot g(x)+f(x)\cdot\frac{d}{dx}g(x)$)

(4) $f(x)=\sqrt{x}$, $g(x)=x$라 하면 $F(x)=\frac{f(x)}{g(x)}$이다.

몫의 미분공식 이용 (힌트: $\frac{d}{dx}[\frac{f(x)}{g(x)}]=\frac{f'(x)g(x)-f(x)g'(x)}{[g(x)]^2}$)

(5) 위의 (1), (2), (3), (4)의 결과는 같게 나오는 가?

**9.** 함수 $f(x)=\frac{x^2-1}{x+1}$에 대하여

(1) 몫의 도함수 공식을 이용하여 구하시오.

(2) $f(x)=\dfrac{x^2-1}{x+1}=\dfrac{(x+1)(x-1)}{x+1}=x-1$과 같으며 함수 $f'(x)$를 구하시오.

(3) (1)과 (2)의 결과는 일치하는가?

**10.** 다음 함수를 미분하시오.

(1) $f(x)=7x-5$

(2) $f(x)=3x^2-5x+7$

(3) $g(x)=x+\dfrac{2}{x}$

(4) $h(t)=t^3-2t+3$

## 연습문제 3.3

**1.** 다음을 미분하시오.

(a) $f(x) = 8x$

(b) $f(x) = x^2 + \sqrt{2}\,x - 7$

(c) $f(x) = x^5 - 7x^3 + 13$

**2.** 다음 함수의 도함수를 구하시오.

(a) $f(x) = (2x-1)\left(1-x^2\right)$

(b) $f(x) = x^3\left(1+x^2\right)$

(c) $f(x) = \left(\sqrt{x}+1\right)x^2$

**3.** 몫의 미분공식을 이용하여 도함수를 구하시오.

(a) $y = \dfrac{x+1}{x}$

(b) $y = \dfrac{x-1}{x+1}$

(c) $y = \dfrac{x^2}{x+2}$

**4.** $f(x) = (2x^3+1)(x-1)^2$에 대하여 $f'(-1)$의 값을 구하시오.

**5.** 두 함수 $f$와 $g$가 미분 가능하고 $f(1) = 1$, $f'(1) = 6$, $g(1) = -3$이며, $g'(1) = 2$일 때 $x = 1$에서 다음 함수들의 미분계수를 구하시오.

(a) $\dfrac{d}{dx}(3f - 5g)$ (b) $\dfrac{d}{dx}(f \cdot g)$ (c) $\dfrac{d}{dx}\left(\dfrac{f}{g}\right)$

**6.** 함수 $f(x)$가 $f(x) = 2x^2 + 3xf'(1)$을 만족시킬 때, $f'(2)$의 값을 구하시오.

**7.** 함수 $y = f(x) = x^2$에 대하여 $n$계 도함수 $y^{(n)}, n \geq 3$을 구하시오.

**8.** 함수 $f(x)= x^n$일 때 함수 $f$을 $n$번 미분하시오. 즉 $f^{(n)}(x)$을 구하시오.

**9.** 사차함수 $f(x)$가 $f(2)= 1,\ f'(2)=4,\ f''(2)=6$을 만족시킨다. $f(x)$를 $(x-2)^3$으로 나누었을 때의 나머지를 구하시오.

**10.** 세 함수 $f,\ g$ 및 $h$가 미분가능한 함수일 때

$$\frac{d}{dx}(f(x)\cdot g(x)\cdot h(x))$$
$$= f'(x)\cdot g(x)\cdot h(x)+f(x)\cdot g'(x)\cdot h(x)+f(x)\cdot g(x)\cdot h'(x)$$

이 성립함을 증명하여라.

**11.** 함수 $f(x)=(x-3)(x-4)(x-5)$에 대하여 $f'(3)f'(4)f'(5)$의 값을 구하시오.

**12.** 다항식 $x^{10}+1$을 $(x-1)^2$으로 나누었을 때의 나머지를 $R(x)$라 할 때, $R(2)$의 값을 구하시오.

**13.** $f(x)=(x^{\frac{7}{3}}+1)(\sqrt{x}+x+1)$일 때 $f'(1)$의 값을 구하시오.

**14.** 어느 다이빙 선수가 도움닫기를 한 $t$초 후 수면으로부터의 높이 $f(t)$는

$$f(t)=10+10t-5t^2\,(\mathrm{m})$$

으로 주어진다고 한다.

(a) 도움닫기를 한 후 1초부터 2초까지 $f(t)$의 평균변화율을 구하시오.

(b) $t=2$일 때 $f(t)$의 순간변화율을 구하시오.

## AI, ChatGPT에게 물어보자.

* ChatGPT : 기울기는 무엇을 말하는 거야?
* ChatGPT : 속도가 무엇인지 설명을 해줘
* ChatGPT : 가속도는 무엇을 말하는 건지 자세히 말해줘
* ChatGPT : 미분으로 어떻게 기울기를 알 수 있나
* ChatGPT : 속도는 미분과 어떻게 관련이 있어
* ChatGPT : 미분과 속도의 관계를 어떤 구체적인 예로 설명해줄 수 있나?
* ChatGPT : 가속도는 미분에 의하여 어떻게 구할 수 있지

# 3.4 미분의 응용

이 절에서는 앞서 배운 미분을 활용하여 어떤 문제들을 해결할 수 있는지를 다루고자 한다. 많은 부분 수학문제로 국한되나 미분의 순간변화율 개념은 자연과학 뿐만 아니라 사회과학 등 다양한 분야에서 유용하게 사용되고 있다.

### 접선의 방정식

먼저 앞선 절의 도입 부분에서 설명되었던 곡선상의 한 점에서 곡선에 접하는 직선, 즉 접선의 기울기를 구하는 문제, 더 나아가서 접선의 방정식을 구하는 문제를 다루고자 한다.

**정리 1 접선의 방정식**

곡선 $y=f(x)$위의 점 $(a, f(a))$에서의 접선의 기울기는 $x=a$에서의 미분계수 $f'(a)$와 같다. 그리하여 접선의 방정식은

$$\frac{y-f(a)}{x-a}=f'(a)$$

즉,

$$y-f(a)=f'(a)(x-a)$$

에 의하여 주어진다.

## 예제 1

곡선 $y=2x^2-6x+7$위의 점 $(1,3)$에서의 접선의 방정식을 구하시오.

**풀이** $f(x)=2x^2-6x+7$이라 하면 $f'(x)=4x-6$이고 $x=1$에서의 기울기는

$$f'(x)|_{x=1}=4x-6|_{x=1}=-2$$

이다. 따라서 접선의 방정식은

$$\frac{y-3}{x-1}=-2$$

즉, $y=-2x+5$이다.

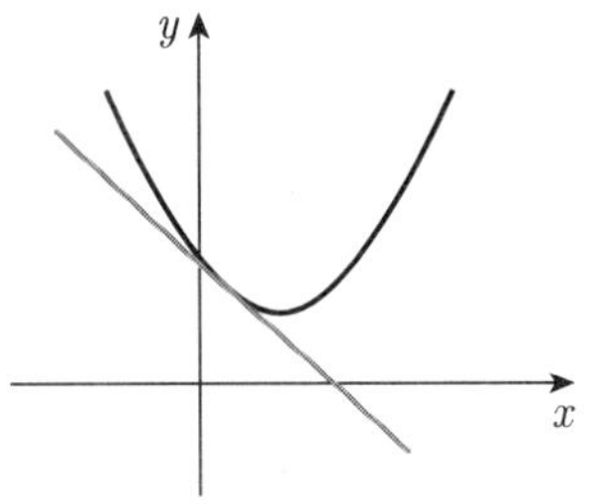


$y=2x^2-6x+7$의 그래프와 접선

■

우리는 일상생활에서 어떤 현상이 "증가한다", "감소한다"는 말을 자주 접하면서 살아간다. 이러한 증가 감소는 미분에 의하여 설명되어질 수 있다.

먼저 증가 감소의 의미를 살펴보자.

## 증가 · 감소

다음의 함수 $y = f(x)$의 그래프에서 알 수 있듯이 $x < a$일 때 함수 $f$는 증가하고 $a < x < b$일 때 함수 $f$는 감소한다. 또한 $x > b$일 때 함수 $f$는 증가한다.

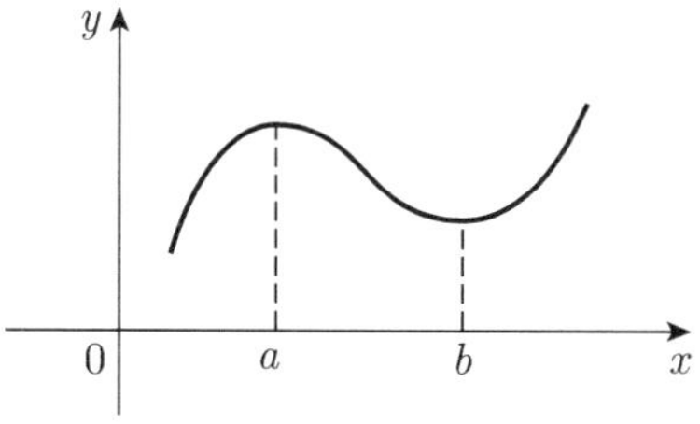


이와 같이 증가, 감소는 쉽게 알 수 있다. 그렇다면 증가, 감소는 미분과 어떤 관련이 있을까?

**정리 2 증가 감소 판정**

(i) 구간 $[a, b]$에서 $f'(x) > 0$이면 $f(x)$는 구간 $[a, b]$에서 증가하고,
(ii) 구간 $[a, b]$에서 $f'(x) < 0$이면 $f(x)$는 구간 $[a, b]$에서 감소한다.

### 예제 2

함수 $f(x) = x^3 - 3x + 1$에 대하여 증가 감소 구간을 조사하시오.

**풀이**

$$\begin{aligned} f'(x) &= 3x^2 - 3 \\ &= 3(x^2 - 1) \\ &= 3(x-1)(x+1) \end{aligned}$$

$f'(x)$의 부호는 $x = -1$, $x = 1$을 기준으로 변한다.
다음 표는 $f'$의 부호와 함수 $f(x)$의 증가 감소를 나타낸 것이다.

| $x$ | $\cdots$ | $-1$ | $\cdots$ | $1$ | $\cdots$ |
|---|---|---|---|---|---|
| $f'(x)$ | + | 0 | − | 0 | + |
| $f(x)$ | ↗ | 3 | ↘ | $-1$ | ↗ |

$-1 < x < 1$에서 $f'(x) < 0$이므로 함수 $f(x)$는 감소하고 $x < -1$ 또는 $x > 1$일 때 $f'(x) > 0$이므로 함수 $f(x)$는 증가한다. ■

Geogebra을 이용하여 $f(x) = x^3 - 3x + 1$의 그래프를 그려보시오. 위 예제가 옳음을 확인할 수 있을 것이다.

### 최댓값 · 최솟값

이번에는 미분을 이용하여 함수의 최댓값과 최솟값을 구하는 방법에 대하여 논의하고자 한다.

**정리 3 최대 · 최솟값 정리**

닫힌구간 $[a, b]$에서 연속인 함수는 항상 최댓값과 최솟값을 갖는다.

**예제 3**

함수 $f(x) = x^2$에 대하여 다음 구간에서의 최댓값과 최솟값을 구하시오.

(a) $(0,\ 2)$　　(b) $[0,\ 2)$　　(c) $(0,\ 2]$　　(d) $[0,\ 2]$

**풀이** (a) $0 < x < 2$에서 함수 $f(x) = x^2$의 최솟값과 최댓값은 존재하지 않는다.

(b) $0 \leq x < 2$에서 함수 $f(x) = x^2$의 최솟값은 0이고 최댓값은 존재하지 않는다.

(c) $0 < x \leq 2$에서 함수 $f(x) = x^2$의 최솟값은 존재하지 않고 최댓값은 4이다.

(d) $0 \leq x \leq 2$에서 함수 $f(x) = x^2$의 최솟값은 0이고 최댓값은 4이다. ■

위 예제는 정리3의 최대·최솟값 정리에서 닫힌구간의 중요성을 예기한 것이다.

## 예제 4

다음 함수 $f(x)$의 최댓값과 최솟값을 구하시오.

$$f(x)=\begin{cases} x & 1 \le x < 2 \\ 1 & x=2 \\ -x+4 & 2 < x \le 3 \end{cases}$$

**풀이** 다음은 함수 $f(x)$의 그래프를 그려 놓은 것이다.

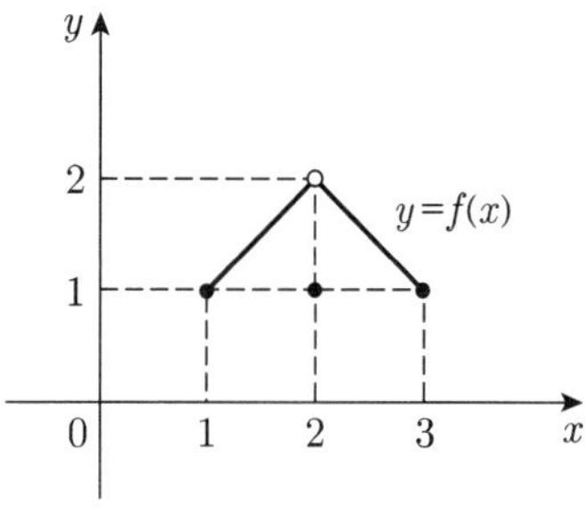


위 그림에서 알수 있듯이 함수 $f(x)$의 최솟값은 1이고 최댓값은 존재하지 않는다. ■

위 예제는 최대·최솟값 정리에서 함수의 연속을 강조한 것이다.
결국 함수 $f(x)$가 닫힌구간에서 연속일 때 한해서 최댓값과 최솟값을 갖는다.
그렇다면 함수 $f$의 최댓값과 최솟값은 어떻게 찾을까?

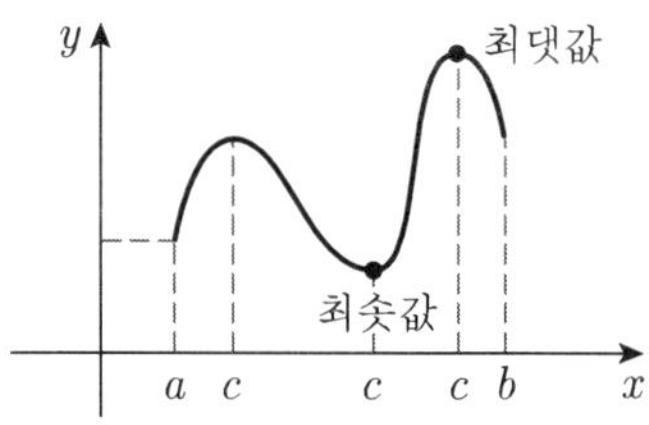


구간 $[a, b]$에서 연속인 함수의 최댓값, 최솟값 구하는 방법

(i) 주어진 구간에서 $f'(c)=0$인 $c$를 찾는다.

(ii) 주어진 구간의 양 끝 점에서의 함숫값 $f(a)$와 $f(b)$를 구한다.

(iii) (i)과 (ii)에서 구한 $f(c)$ 및 $f(a)$, $f(b)$ 중에서 가장 큰 값이 최댓값이고, 가장 작은 값이 최솟값이다.

## 예제 5

구간 $[-1, 4]$에서 함수 $f(x) = 3x^4 - 16x^3 + 18x^2 - 2$의 최댓값과 최솟값을 구하시오.

**풀이** $f(x) = 3x^4 - 16x^3 + 18x^2 - 2$에서

$$f'(x) = 12x^3 - 48x^2 + 36x = 12x(x-1)(x-3)$$

으로 $x = 0$, $x = 1$ 또는 $x = 3$에서 $f'(x) = 0$이다. 이러한 점들을 기준으로 곡선의 모양이 변한다. 다음과 같이 표를 만들어 보자.

| $x$ | $-1$ | $\cdots$ | $0$ | $\cdots$ | $1$ | $\cdots$ | $3$ | $\cdots$ | $4$ |
|---|---|---|---|---|---|---|---|---|---|
| $f'(x)$ | | $-$ | $0$ | $+$ | $0$ | $-$ | $0$ | $+$ | |
| $f(x)$ | 35 | | $-2$ | | 3 | | $-29$ | | 30 |

따라서 함수 $f(x)$는 $x = -1$에서 최댓값 35, $x = 3$일 때 최솟값 $-29$를 갖는다. ■

**참고** 함수의 오목성

함수 $f$의 2계 도함수는 함수의 오목상과 관련이 된다.

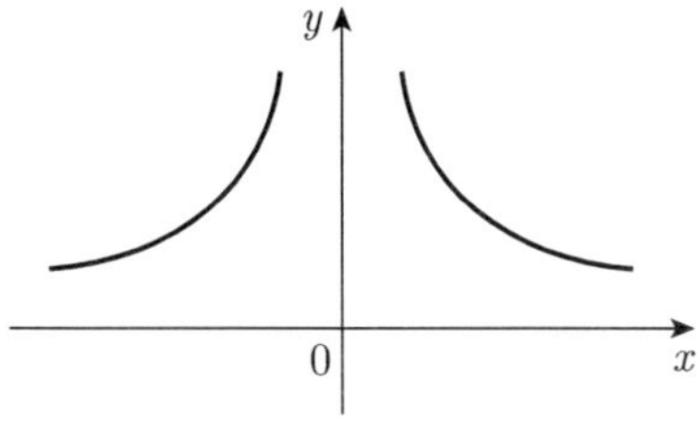

위로 오목

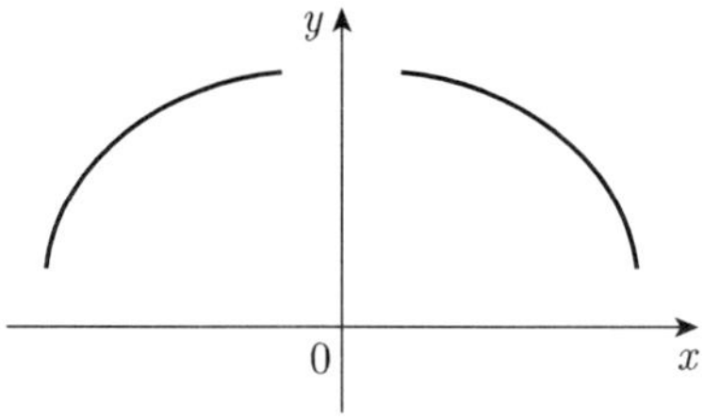

아래로 오목

(i) $f''(x) > 0$이면 $y = f(x)$는 위로 오목

(ii) $f''(x) < 0$이면 $y = f(x)$는 아래로 오목이다.

또한 점 $P(a, f(a))$에 대하여 $f''(a) = 0$이고 $x < a$일 때 $f''(x) < 0$에서 $x > a$일 때 $f''(x) > 0$으로 변하거나 그 반대인 경우 점 $P(a, f(a))$를 **변곡점**이라 부른다.

### 함수의 최대 · 최소 응용

함수의 최댓값과 최솟값을 구하는 방법은 길이, 넓이, 부피 등의 최댓값 또는 최솟값을 구하는 방법에 다음과 같이 응용될 수 있다.

(1) 적당한 변수를 미지수 $x$로 놓는다.

(2) 구하고자 하는 값을 미지수 $x$의 함수로 나타낸다.

(3) 미분하여 0이 되는 값을 구한다. 즉 $f'(c) = 0$

(4) $x$의 범위에 주의하여 구하고자 하는 최댓값 또는 최솟값을 구한다.

## 예제 6

반지름이 $r$인 반원에 내접하는 가장 큰 직사각형의 넓이를 구하시오.

**풀이** 다음 그림과 같이 반지름이 $r$인 반원에서 직사각형의 넓이 $S(x)$는

$$S(x) = 2x\sqrt{r^2 - x^2}, \quad 0 \le x \le r$$

에 의하여 주어진다.

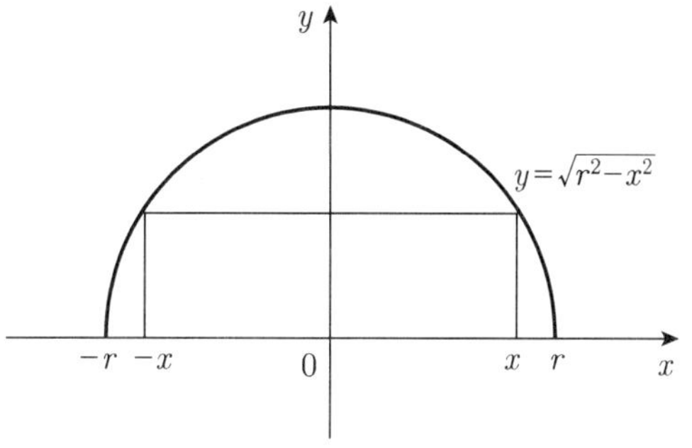


$$S'(x) = 2\sqrt{r^2 - x^2} - \frac{2x^2}{\sqrt{r^2 - x^2}}$$

$$= \frac{2(r^2 - 2x^2)}{\sqrt{r^2 - x^2}}$$

이고 $r^2 - 2x^2 = 0$, 즉 $x = \dfrac{r}{\sqrt{2}}(x > 0)$일 때 $S'(x) = 0$이다.

따라서 함수 $S(x)$의 최댓값은 $x = 0, \dfrac{r}{\sqrt{2}}, r$에서 함수 $S(x)$의 가장 큰 값을 찾으면 된다.

$$S(0) = 0$$

$$S\left(\frac{r}{\sqrt{2}}\right) = 2\frac{r}{\sqrt{2}}\sqrt{r^2 - \frac{r^2}{2}} = r^2$$

$$S(r) = 0$$

이므로 반지름이 $r$인 반원에 내접하는 가장 큰 직사각형의 넓이는 $r^2$이다. ■

### 예제 7

겉넓이가 $2\pi a^2$으로 일정한 원기둥의 부피를 최대로 하려면 밑면의 반지름과 높이의 비를 얼마로 하여야 하는가? (단, $a$는 양의 상수이다)

**풀이** 밑면의 반지름을 $r$, 원기둥의 높이를 $h$라 하면 윗면과 밑면의 원의 넓이와 측면의 넓이를 더하면 겉넓이가 나오므로

$$2\pi r^2 + 2\pi rh = 2\pi a^2,$$

인 관계가 성립한다. 즉 $r^2 + rh = a^2$으로 $h = \frac{1}{r}(a^2 - r^2)$이다.

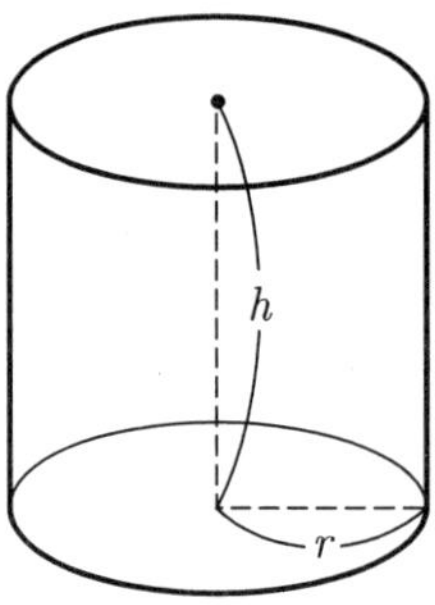


밑면의 반지름이 $r$일 때 원기둥의 부피를 $V(r)$이라 하면

$$\begin{aligned} V(r) &= \pi r^2 h \\ &= \pi r^2 \frac{1}{r}(a^2 - r^2) \\ &= \pi r(a^2 - r^2), \quad 0 \le r \le a \end{aligned}$$

이다. 여기서

$$\begin{aligned} V'(r) &= \pi(a^2 - r^2) + \pi r(-2r) \\ &= \pi(a^2 - 3r^2) \end{aligned}$$

이며 $r = \frac{a}{\sqrt{3}}$에서 $V'(r) = 0$이다. 즉, $r = \frac{a}{\sqrt{3}}$에서 원기둥의 부피는 최대가 되고, 이 때 높이

$$\begin{aligned} h &= \frac{1}{r}(a^2 - r^2) \\ &= \frac{\sqrt{3}}{a}\left(a^2 - \frac{a^2}{3}\right) = \frac{2}{\sqrt{3}}a \end{aligned}$$

이다. 따라서 $r : h = \frac{a}{\sqrt{3}} : \frac{2}{\sqrt{3}}a$, 즉 $1 : 2$일 때이다. ■

## 속도와 가속도

뉴턴(Newton)이 움직이는 물체의 (순간) 속도를 구하는 과정속에서 미분의 개념을 만들어 냈듯이 다음 예제에서는 속도와 속도의 변화율을 나타내는 가속도에 대하여 다루고자 한다.

### 예제 8

어떤 물체를 지면에서 똑바로 위를 향하여 쏘아올린 후 $t$초 후의 높이를 $y(t)$라 하자. 그리고 나면 $y(t)$는

$$y(t) = 98t - 4.9t^2$$

의 관계가 성립한다고 한다.

(1) 이 물체의 처음 속도를 구하시오.

(2) 이 물체가 최고점에 도달할 때까지 걸린 시간과 그 높이를 구하시오.

(3) 이 물체가 지면에 떨어지는 순간의 속도와 가속도를 구하시오.

**풀이** 시각 $t$에 있어서의 속도

$$v(t) = \frac{dy}{dt} = 98 - 9.8t$$

이다.

(1) $v(0) = 98(\mathrm{m}/초)$

(2) 물체가 최고점에 도달하였을 때 속도는 0이 되므로

$$v(t) = 98 - 9.8t = 0$$

결국 $t = 10$(초)이며 $y(t) = 98t - 4.9t^2$에 $t = 10$을 대입하면
높이 $y(10) = 490(\mathrm{m})$을 얻는다.

(3) 지면에 떨어질 때의 높이는 0이 되므로 먼저 $y(t) = 0$,
즉, $98t - 4.9t^2 = 0$이 되는 $t$는 $t = 0$ 또는 $t = 20$이나 $t \neq 0$이므로 지면에 떨어지는 순간의 시각은 $t = 20$(초)이다.
그리하여

$$v(20) = \left.\frac{dy}{dt}\right|_{t=20} = 98 - 9.8t\Big|_{t=20} = -98(\mathrm{m}/초)$$

이고 시각 $t$에서의 가속도를 $a(t)$라 하면 $a(t)$는 속도 $v(t)$의 도함수이므로

$$a(t) = \frac{dv(t)}{dt} = -9.8$$

이다. ■

## Newton의 방법

다음에는 방정식 $f(x)=0$의 근을 찾기 위한 **Newton의 방법**(Newton's method)을 소개하고자 한다. 다음 그림에서 보여지듯이 방정식 $f(x)=0$의 근은 곡선 $y=f(x)$와 직선 $y=0$, 즉 $x$축이 만나는 $x$좌표 값이 방정식의 근이 된다. $x^*$를 방정식 $f(x)=0$의 한 근이라 하자.

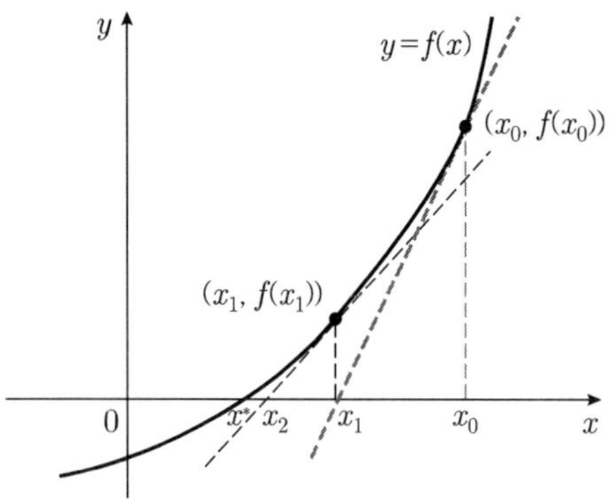


Newton의 방법

먼저 적당한 점 $x_0$를 잡는다. 곡선 $y=f(x)$상의 점 $(x_0, f(x_0))$에서 접선을 그어 $x$축과 만나는 점을 $x_1$이라 하자. 그리고 나면 미분계수의 정의에 의하여 두 점 $(x_1, 0)$과 $(x_0, f(x_0))$을 지나는 직선(접선)의 기울기는 $f'(x_0)$이다. 그러므로

$$\frac{0-f(x_0)}{x_1-x_0} = f'(x_0)$$

을 만족한다. 그리하여

$$x_1 = x_0 - \frac{f(x_0)}{f'(x_0)}$$

을 얻고, 다시 곡선상의 점 $(x_1, f(x_1))$에서 접선을 그어 $x$축과 만나는 점을 $x_2$라 하자.

위와 같은 방법에 의하여

$$x_2 = x_1 - \frac{f(x_1)}{f'(x_1)}$$

을 얻을 수 있다. 이러한 과정을 반복하면 점화식

$$x_{n+1} = x_n - \frac{f(x_n)}{f'(x_n)}, \quad n = 0, 1, 2, \cdots$$

을 얻을 수 있으며, 위 공식을 **Newton의 공식**이라 부른다.

여기서 수열 $\{x_n\}$은 방정식 $f(x) = 0$의 근 $x^*$에 수렴한다. 즉 $\lim_{n \to \infty} x_n = x^*$이다.

$x_n$이 $x^*$에 수렴한다는 것을 간단히 살펴보자.

Newton의 공식을 변형하면

$$x_{n+1} - x_n = -\frac{f(x_n)}{f'(x_n)}$$

이고 양변 $n \to \infty$를 취하면 좌변은 0으로 수렴한다.

따라서

$$\lim_{n \to \infty} f(x_n) = 0$$

이다. 그러나 $f(x^*) = 0$이므로

$$\lim_{n \to \infty} x_n = x^*$$

이다.

결국 적당히 큰 $N$에 대하여 근 $x^*$는 $x_N$에 의하여 근사화 될 수 있다.

### 예제 9

Newton의 방법에 의하여 $\sqrt{2}$의 근사값을 구하시오.

**풀이** 제곱근의 정의에 의하여 $x^2 = 2$을 만족하는 $x$가 $\sqrt{2}$의 값이다. 즉, $\sqrt{2}$는 방정식 $x^2 - 2 = 0$의 근이다.

함수 $f(x) = x^2 - 2$라 하면 $f(0) = -2$, $f(2) = 2$이므로 중간값 정리에 의하여 방정식 $f(x) = 0$의 근 즉, $\sqrt{2}$는 0과 2 사이에 존재한다.

그리하여 $x_0 = 2$(또는 $x_0 = 1$)으로 잡으면 Newton의 공식

$$x_{n+1} = x_n - \frac{f(x_n)}{f'(x_n)}$$

$$= x_n - \frac{x_n^2 - 2}{2x_n}, \quad n = 0, 1, 2, \cdots$$

에 의하여

$$x_1 = x_0 - \frac{x_0^2 - 2}{2x_0} = 1.5$$

을 얻는다. $x_1 = 1.5$을 가지고 $n = 1$일 때의 Newton의 공식에 대입하면, 즉

$$x_2 = x_1 - \frac{x_1^2 - 2}{2x_1} \fallingdotseq 1.416667$$

을 얻고, 이러한 과정을 반복하면

$$x_3 = 1.414216$$

$$x_4 = 1.414213$$

$$x_5 = 1.414213$$

$$\vdots$$

결국 $\sqrt{2}$는 1.414213에 의하여 근사화 된다. ■

**1.414213을 제곱하여 보아라. 어떤 수가 나오는가?**

## Quiz

**1.** 곡선 $y = f(x)$에 대하여 미분계수 $f'(x_0)$는 곡선상의 점 $(x_0, f(x_0))$에서의 접선의 【 】를 의미한다.

**2.** 곡선 $f(x) = x + \dfrac{2}{x}$ 위의 점 $(1, 3)$에서의 접선의 방정식을 구하는 과정이다.

[풀이] 함수 $f(x) = x + \dfrac{2}{x}$에 대하여 $x = 1$일 때 함수 $f$의 값은 【 】이므로 점 $(1, 3)$은 곡선 $f(x) = x + \dfrac{2}{x}$ 상의 점이다. 그리고 함수 $f(x) = x + \dfrac{2}{x}$ 의 도함수는

$$f'(x) = \frac{d}{dx}[x] + 2\frac{d}{dx}[\frac{1}{x}] = 【\ 】 + 2【\ 】$$

이고, $x = 1$을 대입하면 접선의 기울기는 【 】으로 주어진다.

따라서 접선위의 임의의 점 $(x, y)$에 대하여

$$\frac{y-3}{x-1} = 【\ 】$$

이고, 따라서 접선의 방정식은 【 】에 의하여 주어진다.

**3.** 곡선 $f(x) = x + \dfrac{2}{x}$와 2번에서 구한 접선을 Geogebra을 이용하여 그려보시오. 두 곡선은 점 $(1, 3)$에서 접하는가?

**4.** 다음은 함수 $y = f(x)$의 그래프의 개형을 그려 놓은 것이다.

(1) 함수 $f$는 어떻게 움직이는가?

(2) 함수 $f$는 어떻게 움직이는가?

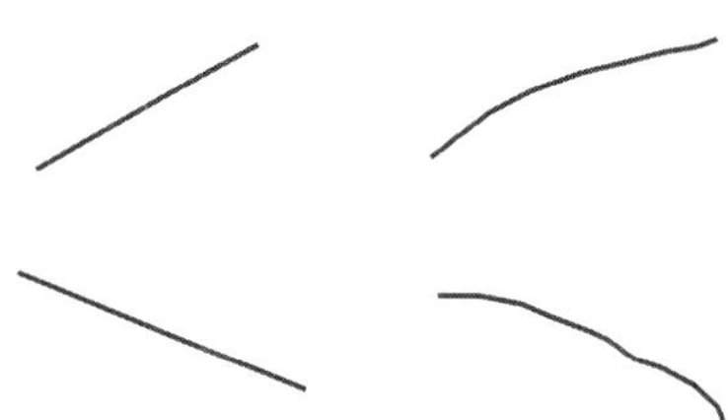

**5.** 함수 $f(x)$의 그래프의 증가 감소는 도함수의 부호와 관련된다. 즉,

(1) $f'(x)$가 【　　　】이면 증가하고,

(2) $f'(x)$가 【　　　】이면 감소한다.

**6.** 곡선 $f(x)=2x^2-4x+3$의 그래프는

(1) $x<$ 【　】일 때 $f'(x)$는 【　　】이고 감소한다.

(2) $x>$ 【　】일 때 $f'(x)$는 【　　】이고, 증가한다.

(3) $x=$ 【　】일 때 도함수 $f'(x)$은 0이다.

**7.** 닫힌구간 $[a,b]$에서 연속인 함수는 항상 최댓값과 【　　　】을 갖는다.

**8.** 다음 각각의 구간에 대하여 함수 $f(x)=x^2$의 최댓값과 최솟값을 구하시오.

(1) $(0,\ 2)$　　(2) $(0,\ 2]$　　(3) $[0,\ 2)$　　(4) $[0,\ 2]$

**9.** 구간 $[a,\ b]$에서 함수 $y=f(x)$의 최댓값과 최솟값은 다음과 같이 구한다.

(1) $f'(x)$가 【　】이 되는 $x$값을 찾는다.

(2) 경계 값 $f(a)$, $f(b)$을 구한다.

(3) (1)에서 찾은 각각의 $x$에 대하여 $f(x)$값과 (2)의 값들을 비교하여 가장 큰 것이 최댓값, 가장 작은 것이 최솟값이 된다.

**10.** 함수 $f(x)=2x^3-3x^2-12x+1$, $x\in[-3,3]$일 때

(1) $f'(x)$가 0이 되는 $x$을 구하시오.

(2) $f(-3)$, $f(3)$의 값을 구하시오.

(3) 함수 $f$의 최댓값과 최솟값을 구하시오.

**11.** 넓이와 부피의 개념을 간단히 설명하시오.

**12.** 겉넓이가 $2\pi$으로 일정한 원기둥의 부피를 최대로 하려면 반지름과 높이의 비를 얼마로 해야 하는지를 구하는 과정이다.

[풀이] 반지름과 높이를 각각 $r$가 $h$라 하자. 그리고 나면 겉넓이는 측면의 넓이와 윗면 아랫면의 넓이의 합이므로

$$2 \cdot \pi r^2 + 2\pi r \cdot h = 2\pi$$

이고, 따라서 $h = \frac{1}{r}$【　　　　】이다. 그리고 원기둥의 부피

$$\begin{aligned} V &= \pi r^2 \cdot h \\ &= \pi r^2 \frac{1}{r}(1-r^2) \\ &= \pi r(1-r^2), \quad 0 \le r \le 1 \end{aligned}$$

이다. 여기서 미분하면

$$\begin{aligned} \frac{dV}{dr} &= \pi[1 \cdot (1-r^2) + r \cdot 【\quad】] \\ &= \pi(1-3r^2) \end{aligned}$$

이고 $\frac{dV}{dr} = 0$이 되는 $r = \frac{1}{\sqrt{3}}$ 이다. 따라서 $h = \frac{1}{r}[1-r^2]$에 의하여 $h =$【　　】이다. 그리하여 반지름 대 높이의 비는【　　】이다.

**13.** Geogebra로 $y = \pi x(1-x^2)$, $(0 \le x \le 1)$의 그래프를 그리고, 최댓값을 구하며, 최댓값을 갖는 $x$값을 구하여 12번의 문제 $(y = V)$와 비교해 보시오.

## Quiz

**1.** $\sqrt{2}$는 제곱했을 때 【　】가 되는 수를 나타내는 기호이다.

**2.** $\sqrt{2}=x$라 하면 $x^2=$ 【　】이므로 $\sqrt{2}$는 해석학적으로 방정식 $x^2-2=0$의 【　】이 되는 수이다.

**3.** Newton의 방법은 방정식 $f(x)=0$의 근을 미분을 이용하여 찾기 위한 방법으로 다음과 같이 Newton의 공식에 의하여 주어진다. 즉,

$$x_{n+1}=x_n-\frac{f(x_n)}{[\quad]}$$

**4.** 방정식 $x^2-2=0$에서 $f(x)$는 【　　　】이고, $f'(x)$는 【　　　】이다.

**5.** 방정식 $x^2-2=0$의 근을 구하기 위한 Newton의 공식은 다음과 같이 주어진다.

$$x_{n+1}=x_n-【\qquad】 \qquad \cdots (*)$$

**6.** 5번의 ( * )에서 $n=0$을 대입하면 식

【　　　　　】

이 주어지고, $x_0=1$을 대입하면 $x_1$은 【　　】에 의하여 주어진다.

(계산기 이용하고 소숫점 이하 끝까지 쓰시오.)

**7.** (*)에서 $n=1$을 대입하고 6번에서 구한 $x_1$의 값을 대입하면 $x_2$의 값이 【　　】에 의하여 주어진다. (계산기 이용하고 소숫점 이하 끝까지 이용)

**8.** 이런 과정을 반복하여 각각의 $x_n$을 구할 수 있으며 끊임없이 이런 과정을 반복할 수는 없고 연속하여 두 수가 【　　】 나오는 경우 멈추면 된다.

(1) 최종 얻은 값을 쓰시오.

(2) 그 값은 방정식 $x^2 - 2 = 0$을 만족하는가?

(3) 최종 값을 제곱하여 그 값을 쓰시오.

(4) 계산기를 이용하여 $\sqrt{2}$의 값을 구하시오. 그리고 그 값을 제곱하여 보시오.

## 연습문제 3.4

**1.** 곡선 $y=-2x^3+ax+b$ 위의 점 $(1,-1)$에서의 접선의 방정식이 $y=-2x+1$일 때, 상수 $a$, $b$의 값을 구하시오.

**2.** 다항함수 $f(x)$에 대하여 곡선 $y=f(x)$ 위의 점 $(2,1)$에서의 접선의 기울기가 $2$이다. $g(x)=x^3f(x)$일 때, $g'(2)$의 값을 구하시오.

**3.** 곡선 $y=x^2+3x+2$ 위의 점 $(a,\ b)$에서의 접선의 기울기가 $5$일 때 $a, b$를 구하시오.

**4.** 곡선 $y=x^3+2$의 위의 점 $(\alpha,\ -6)$에서의 접선의 방정식을 구하시오.

**5.** 구간 $[0,4]$에서 함수 $f(x)=-x^3+27x+k$의 최댓값과 최솟값의 합이 $50$일 때, 상수 $k$의 값을 구하시오.

**6.** 구간 $[0,4]$에서 함수 $f(x)=(x-1)^2(x-4)+a$의 최솟값이 $10$일 때, 상수 $a$의 값을 구하시오.

**7.** 곡선 $f(x)=\frac{2}{3}x^3+ax$ 위의 두 점 $(0,f(0))$, $(1,f(1))$에서의 접선이 서로 수직일 때 상수 $a$의 값을 구하시오.

**8.** 곡선 $y=4-x^2$과 $x$축으로 둘러싸인 도형에 내접하고 한 변이 $x$축 위에 있는 직사각형의 넓이의 최댓값을 구하시오.

**9.** 다음 그림과 같이 포물선 $y=9-x^2$과 $x$축과의 교점 $\mathrm{A}$, $\mathrm{B}$에 대하여 선분 $\mathrm{AB}$를 밑변, 이 포물선 위의 두 점을 이은 선분을 윗변으로 하는 사다리꼴의 넓이의 최댓값을 구하시오.

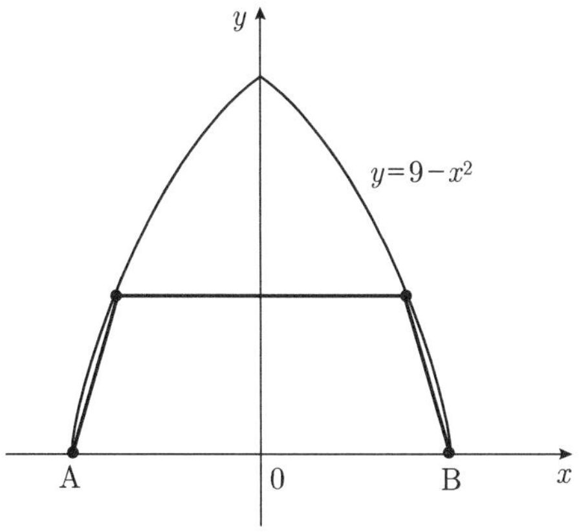


**10.** 지면에서 처음 속도 $20\,\mathrm{m/s}$로 똑바로 위로 쏘아올린 로켓의 $t$초 후의 높이를 $h\mathrm{m}$라하면 $h = 20t - 5t^2$인 관계가 성립한다. 이 로켓이 최고 지점에 도달했을 때 지면으로부터의 높이를 구하시오.

**11.** 직선운동하는 어떤 물체가 제동을 걸고 난 후 $t$초 후의 거리를 $y(t)$라 하면 $y(t) = 27t - 4.5t^2$이 성립한다고 한다. 제동을 걸고 정지할 때까지 걸린 시간은 얼마인가? 제동을 건 후의 가속도는 얼마인가?

**12.** 그림과 같이 단면이 등변사다리꼴 모양인 물이 흐르는 통로를 만들려고 한다. 통로의 단면에서 밑변과 등변의 길이가 모두 $2(\mathrm{m})$이고, 단면의 넓이가 최대가 되도록 설계할 때, 단면의 최대 넓이는 몇 $\mathrm{m}^2$인가?

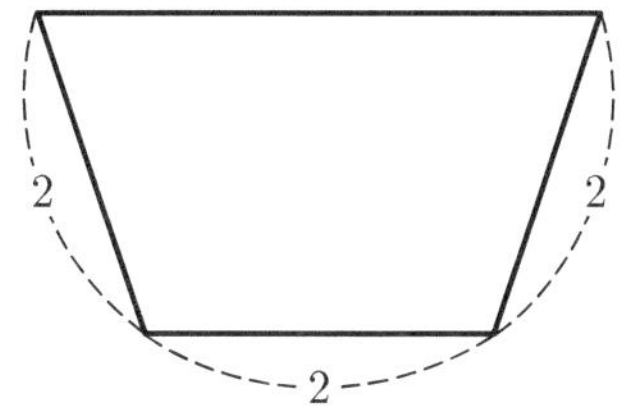


**13.** 어느 전자회사는 TV를 생산하는데 있어서 소요되는 총경비가

$$V(x) = 10{,}000 + \frac{1}{100}x^2 \ \text{(백만원)}$$

이라고 한다. 이 함수 $V(x)$를 원가함수라 하고, 생산된 상품에 대한 원가함수의 순간변

화율을 한계비용이라고 한다. TV를 100대 생산할 때의 한계비용을 구하시오.

**14.** 일정한 속력 $a$(m/초)로 직선 도로를 달리는 어떤 자동차가 100m 앞의 장애물을 보고 브레이크를 밟았다. 브레이크를 밟은 후 시각 $t$까지 자동차가 움직인 거리는 $s(t) = at - 10t^2$라고 할 때, 장애물과 부딪히기 전에 자동차를 멈추기 위한 자동차의 속력 $a$의 범위를 구하시오.

**15.** Newton의 방법에 의하여 다음의 근삿값을 구하시오.

$$\sqrt{3},\ \sqrt{5},\ \sqrt{7},\ \sqrt{13},\ \sqrt[3]{2},\ \sqrt[3]{3},\ \sqrt[3]{5},\ \sqrt[3]{7}$$

**16.** 다음 방정식

(a) $x^3 - 3x^2 - 9x + 5 = 0$

(b) $x^3 - 6x^2 + 9x - 2 = 0$

(c) $3x^4 - 4x^3 - 12x^2 + 24 = 0$

(d) $x^5 - 5x + 1 = 0$

의 모든 근을 Newton의 공식을 이용하여 구하시오.

**4장**

# 적분의 소개

## AI, ChatGPT에게 물어보자.

* ChatGPT : 적분은 누가 처음으로 왜 만들게 되었어?
* ChatGPT : 적분의 기호 $\int$ 은 누가 처음으로 사용하기 시작한 거야?
* ChatGPT : 역도함수가 뭔지 자세히 설명해줘
* ChatGPT : 부정적분에서 상수 $C$ 는 왜 더하는 거야?
* ChatGPT : 부정적분의 결과는 왜 함수로 주어지는 거지
* ChatGPT : 부정적분은 어디에 사용하는 거야?
* ChatGPT : 부정적분을 적용한 문제의 예를 구체적으로 들어봐

## 4.1 부정적분의 소개

앞 장에서 우리는 곡선상의 접선의 기울기 및 움직이는 물체의 순간속도 등을 구하는 과정을 통하여 미분을 소개하고, 미분의 의미와 간단한 성질 및 다항함수의 미분에 대하여 다루었다. 이제 미분과 적분의 또 다른 중요한 축인 적분에 대하여 간단히 소개하고자 한다. 먼저 부정적분에 대하여 소개하자.

**정의 1 역도함수**

함수 $f(x)$에 대하여

$$F'(x) = f(x)$$

를 만족하는 함수 $F(x)$을 $f(x)$의 **역도함수**(antiderivative)라고 한다.

### 예제 1

함수 $f(x)=2x$의 역도함수를 구하시오.

**풀이** 함수 $F(x)=x^2$이라 하면 $\frac{d}{dx}x^2=2x$이므로 $F(x)=x^2$은 $f(x)=2x$의 역도함수이다. ■

위 예제에서 $f(x)=2x$의 역도함수는 $F(x)=x^2$ 하나만 존재하는 것일까?

그 대답은 "아니다!" 이다.

함수 $x^2+1$, $x^2+5$도 $f(x)=2x$의 역도함수이다. 즉, $x^2+C$ (상수)와 같은 형태의 함수들이 $2x$의 역도함수 임을 예상할 수 있다. 이와 같은 형태 말고 다른 역도함수가 있는가?

조금만 더 생각하면 없다는 것을 쉽게 알 수 있다.

예제 1에 의하여 함수 $F(x)$가 함수 $f(x)$의 한 역도함수이면, $F(x)+C$ 또한 함수 $f(x)$의 역도함수임을 확인하였다.

한 함수의 부정적분은 그 함수의 역도함수로서 정의한다.

**정의 2 부정적분**

함수 $f(x)$의 역도함수가 $F(x)$일 때, 함수 $f(x)$의 **부정적분**(indefinite integral)을 기호 $\int f(x)dx$에 의하여 나타내고

$$\int f(x)dx = F(x)+C$$

으로 정의한다.

기호 $\int$을 **적분기호**(integral sign)라 하고, 함수 $f(x)$을 **피적분함수**(integrand), 임의 상수 $C$을 **적분상수**(integral constant)라고 부른다.

**예제 2**

$\int 2x\,dx$을 구하시오.

**풀이** 예제 1에 의하여 $F(x)= x^2$이라 하면

$$\frac{d}{dx}F(x)= \frac{d}{dx}x^2= 2x$$

이므로 부정적분의 정의에 의하여

$$\int 2x\,dx = x^2 + C$$

이다. ■

부정적분의 정의에 의하여

$$\frac{d}{dx}F(x)= f(x) \quad \Leftrightarrow \quad \int f(x)dx = F(x)+ C \qquad \cdots ①$$

이고, ①에 있어서 좌측의 등식에 적분을 취하면

$$\int \frac{d}{dx}F(x)dx = \int f(x)dx$$

이고, 우측의 등식에 의하여 $\int f(x)dx = F(x)+ C$이므로

$$\int \frac{d}{dx}F(x)dx = F(x)+ C$$

이다. 즉, 한 함수 $F(x)$를 미분한 다음 적분하면 자기 자신 $F(x)$에 임의상수 $C$를 더한 값으로 주어진다.

예를 들어 $F(x)= x^2$이라 하면

$$\frac{d}{dx}F(x)= 2x$$

이고

$$\begin{aligned}\int \frac{d}{dx}F(x)dx &= \int 2x\,dx \\ &= x^2+ C \\ &= F(x)+ C\end{aligned}$$

이다.

또한 ①의 우측 등식으로부터

$$\frac{d}{dx}\int f(x)dx = \frac{d}{dx}[F(x)+C] = f(x)$$

이다. 이것은 한 함수 $f(x)$를 적분한 다음 미분하면 자기 자신 $f(x)$가 된다는 것을 나타낸다.

예를 들어

$$\int 2x\,dx = x^2 + C$$

이고, 양변 미분하면

$$\begin{aligned}\frac{d}{dx}\int 2x\,dx &= \frac{d}{dx}\left[x^2 + C\right] \\ &= 2x\end{aligned}$$

이다.

**예제 3**

다음의 부정적분을 구하시오.

(a) $\int x\,dx$　　　(b) $\int x^2\,dx$

**풀이** (a) $\frac{d}{dx}\frac{1}{2}x^2 = x$ 이므로 부정적분의 정의에 의하여 $\int x\,dx = \frac{1}{2}x^2 + C$이다.

(b) $\frac{d}{dx}\frac{1}{3}x^3 = x^2$ 이므로 부정적분의 정의에 의하여 $\int x^2\,dx = \frac{1}{3}x^3 + C$이다. ■

앞선 예제에 의하여 짐작할 수 있듯이 우리는 다음 정리를 얻을 수 있다.

**정리 1 $x^n$ 의 부정적분**

$$\int x^n dx = \frac{1}{n+1}x^{n+1} + C, \quad n \geq 0$$

**증명** 부정적분의 정의에 의하여 $\frac{1}{n+1}x^{n+1}$이 $x^n$의 역도함수 임을 밝히면 된다.

$$\frac{d}{dx}\frac{1}{n+1}x^{n+1} = x^n$$

이므로 따라서

$$\int x^n dx = \frac{1}{n+1}x^{n+1} + C$$

■

### 예제 4

다음 부정적분을 구하시오.

(a) $\int 1\, dx$ (b) $\int x^3\, dx$ (c) $\int x^9\, dx$

**풀이** 앞선 정리 1에 의하여

(a) $\int 1\, dx = \int x^0\, dx = \frac{1}{0+1}x^{0+1} + C = x + C$

(b) $\int x^3\, dx = \frac{1}{3+1}x^{3+1} + C = \frac{1}{4}x^4 + C$

(c) $\int x^9\, dx = \frac{1}{10}x^{10} + C$

■

### 예제 5

다항함수 $f(x)$에 대하여 $\frac{d}{dx}\left[\int xf(x)dx\right] = 3x^4 - 4x^3 + 2x$일 때, $f(2)$의 값을 구하시오.

**풀이** $\frac{d}{dx}\left[\int xf(x)dx\right] = 3x^4 - 4x^3 + 2x$에서 $\frac{d}{dx}\left[\int xf(x)dx\right] = xf(x)$이므로 $xf(x) = 3x^4 - 4x^3 + 2x$이고 양변 $x$로 나누는 것에 의하여 $f(x) = 3x^3 - 4x^2 + 2$을 얻을 수 있다. 따라서 $f(2) = 10$이다. ■

**정리 2 부정적분의 성질**

$$\int (C_1 f(x) \pm C_2 g(x))\, dx = C_1 \int f(x)dx \pm C_2 \int g(x)dx$$

단, $C_1$, $C_2$는 상수이다.

위의 정리는 함수들의 합 또는 차에 대한 적분은 각각의 함수들의 적분의 합 또는 차

와 같다는 것이다. 예를 들어

$$\int (3x^2 - 5x^3)dx = 3\int x^2 dx - 5\int x^3 dx$$

와 같이 계산하면 된다는 것이다.

## 예제 6

다음의 부정적분을 구하시오.

(a) $\int (3x+2)dx$

(b) $\int (x+1)^2 dx$

(c) $\int \frac{x^3+1}{x+1}dx$

(d) $\int \frac{x^2}{x-1}dx - \int \frac{1}{x-1}dx$

**풀이** (a)

$$\begin{aligned}\int (3x+2)dx &= \int 3x dx + \int 2dx \\ &= 3\int x dx + 2\int 1dx \\ &= 3\frac{1}{2}x^2 + C_1 + 2x + C_2 \\ &= \frac{3}{2}x^2 + 2x + C\end{aligned}$$

여기서 $C_1$, $C_2$는 임의 상수이므로 $C_1 + C_2 = C$로 놓았다.

(b)

$$\begin{aligned}\int (x+1)^2 dx &= \int (x^2+2x+1)dx \\ &= \frac{1}{3}x^3 + C_1 + x^2 + C_2 + x + C_3 \\ &= \frac{1}{3}x^3 + x^2 + x + C \ (\text{단}, C = C_1 + C_2 + C_3)\end{aligned}$$

(c)

$$\begin{aligned}\int \frac{x^3+1}{x+1}dx &= \int \frac{(x+1)(x^2-x+1)}{x+1}dx \\ &= \int (x^2-x+1)dx \\ &= \frac{1}{3}x^3 - \frac{1}{2}x^2 + x + C\end{aligned}$$

(d)

$$\int \frac{x^2}{x-1}dx - \int \frac{1}{x-1}dx = \int \left(\frac{x^2}{x-1} - \frac{1}{x-1}\right)dx$$

$$= \int \frac{x^2-1}{x-1}dx$$
$$= \int (x+1)dx$$
$$= \frac{1}{2}x^2 + x + C$$
■

### 예제 7

다항함수 $f(x)$의 도함수 $f'(x)$에 대하여 $f'(x) = 6x^2 + 4$이다. 함수 $y = f(x)$의 그래프가 점 $(0, 6)$을 지날 때, $f(1)$의 값을 구하시오.

**풀이** $f(x) = \int f'(x)dx = \int (6x^2+4)dx = 2x^3 + 4x + C$

이때 함수 $y = f(x)$의 그래프가 점 $(0, 6)$ 을 지나므로 $f(0) = C = 6$을 얻는다. 따라서

$$f(1) = 2 + 4 + 6 = 12$$

이다. ■

## Quiz

**1.** 두 함수 $F(x)$와 $f(x)$에 대하여 만약 $\frac{d}{dx}F(x)=f(x)$이면 $F(x)$는 $f(x)$의 【　　】라고 부른다. 예를 들어 $\frac{d}{dx}x^2=2x$이므로 $x^2$은 $2x$의 【　　】이다.

**2.** $2x$의 역도함수는 $x^2$하나만 있는가? 아니라면 다른 역도함수를 쓰시오.

**3.** $F(x)$가 $f(x)$의 역도함수이면 【　　】도 또한 $f(x)$의 역도함수가 된다.

**4.** $\frac{d}{dx}F(x)=f(x)$일 때, 함수 $f(x)$의 부정적분은 기호 【　　】에 의하여 나타내고, 다음과 같이 정의한다.

$$\int f(x)dx = 【\quad】+ C.$$

여기서 함수 $f(x)$을 【　　　】라 하고, 상수 $C$을 【　　】라고 부른다. 또한 $\int$는 【　　】이라 읽는다.

**5.** 부정적분의 정의에 의하여 $\int 2x\,dx =$ 【　】$+ C$ 이다.

**6.** 임의의 함수 $f(x)$에 대하여

$$\frac{d}{dx}\int f(x)dx = 【\quad】$$

이 성립한다. 예를 들어, $\frac{d}{dx}\int 2xdx =$ 【　】이다.

**7.** 다음을 미분하시오.

(1) $y=\frac{1}{2}x^2$　　(2) $y=\frac{1}{3}x^3$　　(3) $y=\frac{1}{4}x^4$　　(4) $y=\frac{1}{5}x^5$

**8.** $\frac{d}{dx}[\frac{1}{n+1}x^{n+1}]=x^n$ 이므로 부정적분의 정의에 의하여

$$\int x^n dx = 【\qquad\quad】+ C$$

이다.

**9.** 8번의 문제를 이용하여 다음 부정적분을 구하시오.

(1) $\int 1dx =【\quad】+ C.$

(2) $\int xdx =【\qquad】+ C.$

(3) $\int x^2 dx =【\qquad】+ C.$

(4) $\int x^3 dx =【\qquad】+ C.$

(5) $\int x^5 dx =【\qquad】+ C.$

(6) $\int x^{-3} dx =【\qquad】+ C.$

(7) $\int x^{-8} dx =【\qquad】+ C.$

(8) $\int \sqrt{x}\, dx =【\qquad】+ C.$

(9) $\int \sqrt[7]{x^5}\, dx =【\qquad】+ C.$

**10.** 부정적분에 대하여 다음의 사실이 성립한다.

(a) $\int cf(x)dx =【\quad】\int f(x)dx$,(단 $c$ 는 상수)

(b) $\int (f(x) \pm g(x))dx = \int f(x)dx \pm \int 【\quad】dx$

예를 들어, $\int 2xdx = 2\int xdx$ 이고, 8번의 공식을 쓰면

$$2\int xdx = 2 \cdot [\frac{1}{2}[\qquad] + C_1] = x^2 + 2C_1 = x^2 + C$$

그러나 5번에서 $\int 2x dx = x^2 + C$으로 같음을 확인할 수 있다.

또한 $\frac{d}{dx}[\frac{1}{3}x^3 + \frac{1}{2}x^2] = x^2 + x$이므로 부정적분의 정의에 의하여

$$\int (x^2 + x)dx = [\qquad\qquad] + C \qquad \cdots (*)$$

여기서 $\int x^2 dx = [\quad] + C_1$이고 $\int x dx = \frac{1}{2}x^2 + C_2$이다.

따라서 $\int x^2 dx + \int x dx = \frac{1}{3}x^3 + C_1 + \frac{1}{2}x^2 + C_2$

$$= \frac{1}{3}x^3 + \frac{1}{2}x^2 + C_1 + C_2$$

$$= \frac{1}{3}x^3 + \frac{1}{2}x^2 + C$$

으로 (*) 와 같음을 확인할 수 있다. 즉,

$$\int (x^2 + x)dx = \int x^2 dx + \int x dx$$

그러므로 여러 함수들의 합 또는 차에 대한 적분은 각 함수들의 적분을 구한 다음 합 또는 차를 하면 된다.

**11.** 다음의 부정적분을 구하시오

(a) $\int (5x^3 + 2x + x^{-2})dx$

(b) $\int (\sqrt[3]{t^2} - 2t + 5)dt$

## 연습문제 4.1

**1.** 다음 함수 $F(x)$가 함수 $f(x)$의 역도함수임을 밝히시오.

(a) $F(x)=x^3+3x^2-5x+2,\quad f(x)=3x^2+6x-5$

(b) $F(x)=x^{100}-2x^{50}+x,\quad f(x)=100x^{99}-100x^{49}+1$

**2.** 다음 부정적분을 구하시오.

(a) $\int(x^5+3x^2+5)\,dx$ (b) $\int t^{-2}\,dt$

**3.** 어떤 함수 $f(x)$에 대하여 $f(1)=2,\ f'(x)=6x^2-12x+1$일 때 함수 $f(x)$을 구하시오.

**4.** $F'(x)=x^2+k$ ($k$는 상수)에 대하여 $\int f(x)dx=F(x)$을 만족한다. $f(1)=3$일 때, $f(3)$의 값을 구하시오.

**5.** 함수 $f(x)$가 점 $(1,\ 6)$을 지나고 곡선상의 점 $(x,\ f(x))$에서 접선의 기울기가 $2x+3$으로 주어질 때 함수 $f(x)$을 구하시오.

**6.** 점 $(0,1)$을 지나는 곡선 $y=f(x)$ 위의 임의의 점 $(x,f(x))$에서의 접선의 기울기가 $x^2-1$일 때, $f(3)$의 값을 구하시오.

**7.** 함수 $f(x)$의 한 역도함수 $F(x)$가

$$F(x)=xf(x)-x^3+x^2$$

을 만족할 때, 함수 $f(x)$를 구하시오.(단, $f(0)=5$)

**8.** 삼차함수 $f(x)$에 대하여 $\frac{d}{dx}F(x)=f(x)$이고,

$$F(x)=xf(x)-6x^4+6x^3$$

이 성립한다. $f(1)=0$일 때 함수 $f(x)$을 구하시오.

**9.** 다음 부정적분을 구하시오.

(a) $\int x(1-x)dx$ (b) $\int (2x+1)^2 dx$

(c) $\int t^2(t-1)dt$ (d) $\int (y-1)(y^2+y+1)dy$

**10.** 이차함수 $f(x)$와 역도함수 $F(x)$에 대하여

$$xf(x)=F(x)+x^3-4x^2$$

이 성립한다. $f(1)=-\frac{25}{2}$일 때, 방정식 $f(x)=0$의 모든 근의 합을 구하시오.

**11.** 함수 $f(x)$의 도함수 $f'(x)$에 대하여

$$\int (2x+1)f'(x)dx=\frac{8}{3}x^3+x^2-x$$

가 성립하고 $f(0)=2$일 때, $f(1)$의 값을 구하시오.

**12.** 현재 어느 나라 65세 이상 노년층의 인구는 500만명이라고 한다. 이 나라의 $t$년후 65세 이상 노년층의 인구증가율이

$$3+0.2t \text{ (만 명/년)}$$

이라고 한다. 이 나라의 $t$년 후 65세 이상 노년층의 인구는 대략 몇 명인가? 또 10년 후의 65세 이상 노년층의 인구는 대략 몇 명인가?
(힌트: $t$년 후 65세 이상 노년층의 인구를 $F(t)$라 하자. 그리고 나면 $F'(t)=3+0.2t$이다.)

**13.** 높이가 20 (m)인 건물의 옥상에서 30m/초의 속도로 똑바로 위로 던져 올린 물체의 $t$초 후의 속도는

$$v(t)=30-10t \text{ (m/초)}$$

라고 한다. 이 물체가 가장 높이 올라갔을 때의 지면으로부터의 높이를 구하시오.
(힌트: $t$초 후 지면으로부터의 높이를 $h(t)$라 하면 $h'(t)=v(t)$이다.)

**14.** 물을 저장하고 있는 어떤 물탱크에 구멍이 생긴 후 시간이 지날수록 구멍이 커지면서 $t$초 후 물의 양이 $3t^2+2t$(L/초)의 속도로 감소한다고 한다. 처음 구멍이 생겼을 때 물탱크에 있는 물의 양이 1000(L)라 할 때 5초 후 물탱크에 남아 있는 물의 양을 구하시오.

(힌트: 구멍이 생긴 후 $t$초 후에 물탱크에 남아 있는 물의 양을 $f(t)$라 하면 $f'(t)=-3t^2-2t$이다.)

## AI, ChatGPT에게 물어보자.

* ChatGPT : 정적분이 뭔지 설명해줘
* ChatGPT : 정적분은 누가 처음으로 생각하게 된 거야?
* ChatGPT : 미분과 적분은 어떻게 연관되어 있는 거야?
* ChatGPT : 넓이는 무엇을 의미하는 건지 자세히 설명해줘
* ChatGPT : 넓이를 구하는데 왜 정적분을 이용하는 거지
* ChatGPT : 정적분이 넓이가 되지 않을 때도 있나?
* ChatGPT : 정적분을 우리의 실생활에서 어디에 사용할 수 있을지 구체적으로 알려줘

## 4.2 정적분의 의미 및 계산

적분의 개념은 넓이를 구하는 과정에서 만들어졌듯이 이 절에서는 정적분을 정의하고 정적분이 왜 넓이를 의미하는지 예를 들어 설명하고자 한다.

**정의 1 정적분**

구간 $[a, b]$ 상의 함수 $f(x)$의 정적분은 $\int_a^b f(x)\,dx$ 라 쓰고

$$\int_a^b f(x)\,dx = F(x)\Big|_a^b = F(b) - F(a)$$

에 의하여 정의한다.(단, $\frac{d}{dx}F(x) = f(x)$)

### 예제 1

$\int_0^3 1\, dx$를 계산하시오.

**풀이** $\frac{d}{dx}x = 1$이므로 정적분의 정의에 의하여

$$\int_0^3 1\, dx = x\Big|_0^3 = 3 - 0 = 3$$

이다. ■

### 예제 2

(a) 다음 음영된 부분의 넓이를 구하시오.

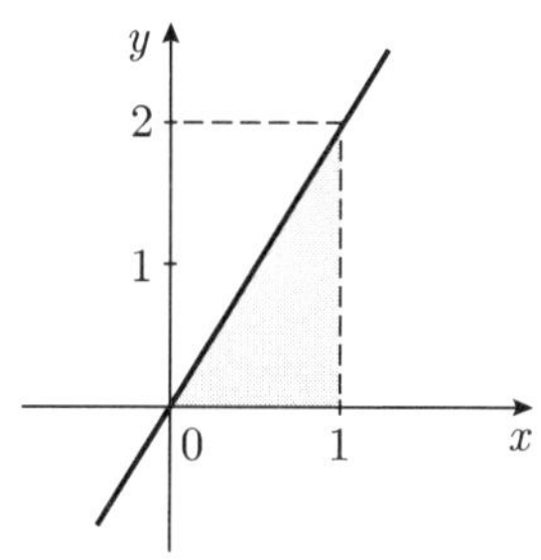


(b) $\int_0^1 2x\, dx$를 계산하시오.

**풀이** (a) 밑변의 길이가 1이고 높이가 2인 직각삼각형의 넓이는

$$\frac{1}{2} \cdot 1 \cdot 2 = 1$$

이다.

(b) $\frac{d}{dx}x^2 = 2x$이므로

$$\int_0^1 2x\, dx = x^2\Big|_0^1 = 1^2 - 0^2 = 1$$

이다.

(a)의 결과와 일치함을 확인할 수 있다. ■

$f(x) \geq 0$일 때 $\int_a^b f(x)dx$는 곡선 $y = f(x)$와 직선 $x = a$, $x = b$ 및 $x$축으로 둘러

싸인 영역의 넓이를 나타낸다.

### 예제 3

다음 직각삼각형의 넓이를 정적분을 이용하여 구하시오.

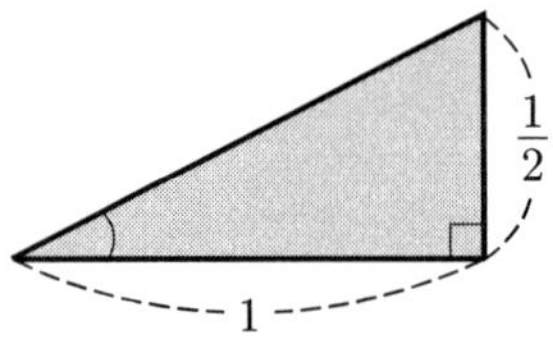


**풀이** 주어진 직각삼각형의 넓이는 밑변의 길이가 1이고 높이가 $\frac{1}{2}$이므로 $\frac{1}{4}$이다. 이 넓이를 정적분을 이용하여 유도해 보자. 그렇게 하기 위해서는 좌표와 함수가 필요하다. 다음과 같이 좌표를 주고 함수 $f(x)=\frac{1}{2}x$라 하면 같은 크기의 직각삼각형이 만들어진다.

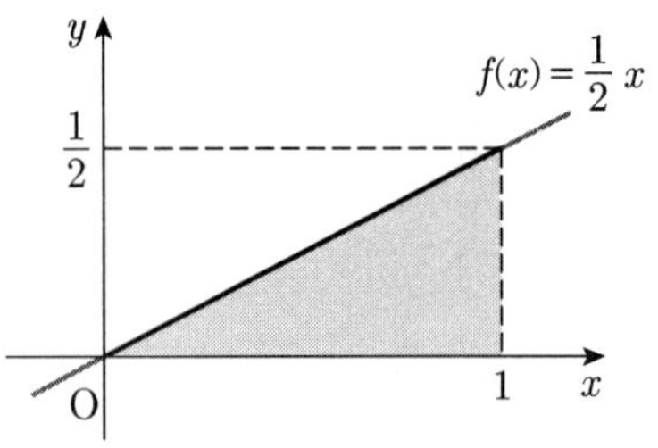


$$\int_0^1 \frac{1}{2}x\,dx = \frac{1}{4}x^2\Big|_0^1 = \frac{1}{4}1^2 - \frac{1}{4}0^2 = \frac{1}{4}$$

■

### 예제 4

다음 정적분을 계산하시오.

(a) $\int_0^1 x^2\,dx$　　　(b) $\int_0^1 (x^3+2)\,dx$

**풀이** (a) $\frac{d}{dx}\frac{1}{3}x^3 = x^2$이므로

$$\int_0^1 x^2\,dx = \frac{1}{3}x^3\Big|_0^1 = \frac{1}{3}$$

(b) $\dfrac{d}{dx}\left(\dfrac{1}{4}x^4+2x\right)=x^3+2$ 이므로

$$\int_0^1 (x^3+2)\,dx = \frac{1}{4}x^4+2x\Big|_0^1 = \frac{1}{4}+2=\frac{9}{4}$$

이다. ■

부정적분에서와 같이 정적분에 대해서도 다음과 같은 사실이 성립한다.

**정리 1 정적분의 성질**

$$\int_a^b (C_1 f(x) \pm C_2 g(x))dx = C_1\int_a^b f(x)dx \pm C_2\int_a^b g(x)\,dx$$

단 $C_1$, $C_2$는 상수이다.

## 예제 5

다음 정적분의 값을 구하시오.

(a) $\displaystyle\int_1^2 (2x^2+3x-1)dx$ (2) $\displaystyle\int_0^2 (x-1)(x+1)dx$

**풀이**

(a)
$$\begin{aligned}\int_1^2 (2x^2+3x-1)dx &= \frac{2}{3}x^3+\frac{3}{2}x^2-x\Big|_1^2\\ &= \frac{2}{3}2^3+\frac{3}{2}2^2-2-\left(\frac{2}{3}1^3+\frac{3}{2}1^2-1\right)\\ &= \frac{14}{3}+\frac{9}{2}-1 = \frac{49}{6}\end{aligned}$$

(b) $\displaystyle\int_0^2 (x-1)(x+1)dx = \int_0^2 (x^2-1)dx = \frac{1}{3}x^3-x\Big|_0^2 = \frac{2}{3}$ ■

### 예제 6

정적분 $\int_0^2 (2x^2+1)dx + 2\int_0^2 (x-x^2)dx$ 의 값을 구하시오.

**풀이**

$$\begin{aligned}\int_0^2 (2x^2+1)dx + 2\int_0^2 (x-x^2)dx &= \int_0^2 (2x^2+1+2x-2x^2)dx \\ &= \int_0^2 (2x+1)dx \\ &= x^2+x\Big|_0^2 \\ &= 6\end{aligned}$$

■

## Quiz

**1.** $\frac{d}{dx}F(x) = f(x)$일 때 정적분은 다음과 같이 주어진다.

$$\int_a^b f(x)\,dx = 【\qquad\qquad】$$

**2.** 밑변의 길이가 1이고 높이가 3인 직각삼각형이 있다.

(1) 이 도형의 넓이를 구하시오.

(2) 위 직각삼각형을 좌표상에 그리고, 빗변을 포함하는 직선의 함수식을 구하시오.

(3) 정적분을 이용하여 이 직각삼각형의 넓이를 구하시오.

힌트:

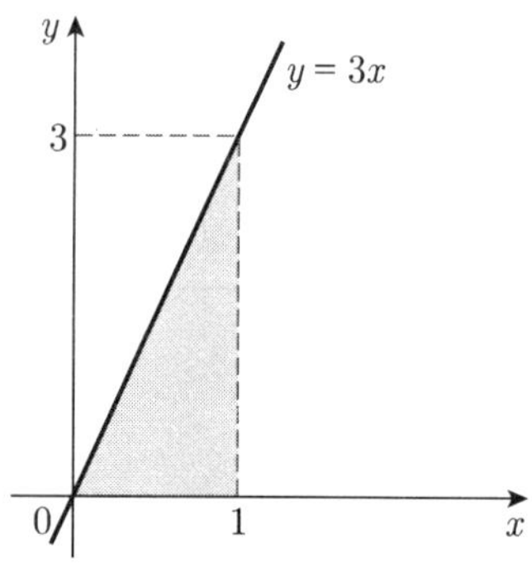


$f(x) = 3x$ 의 그래프

**3.** 함수 $f(x) = \frac{1}{2}x,\ x \in [1, 2]$에 대하여 다음을 구하시오.

(1) 구간 $[1, 2]$상의 함수$f(x)$아래 영역의 넓이를 구하시오.
(그림을 그려보시오. 사다리꼴의 모양이 나옴)

(2) $\int_1^2 f(x)dx$을 구하시오.

(3) 위 (1)번과 (2)번의 경우 값이 같게 나오는가?

**4.** 위의 결과로부터 정적분은 피적분 함수가 적분구간에서 양인 경우 정적분은 그 함수 아래 영역의 【　　　】를 의미한다.

**5.** (1) 밑변의 길이가 $a$이고 높이가 $b$인 직각삼각형의 넓이를 정적분을 이용하여 구하시오.

(2) 직삼각형의 넓이 공식과 같게 나오는가?

**6.** 밑변의 길이가 5이고 높이가 3인 직사각형의 넓이를 정적분을 이용하여 구하시오.

**7.** (1) 밑변의 길이가 $a$이고 높이가 $b$인 직사각형의 넓이를 정적분을 이용하여 구하시오.

(2) 직사각형의 넓이 공식과 같게 나오는가?

**8.** 다음 적분을 구하시오.

(1) $\int 2x\,dx$, (2) $\int_0^1 2x\,dx$

**9.** 8번 문제에서 확인할 수 있듯이 부정적분과 정적분의 차이는 부정적분의 결과는 【　　　】로 주어지고, 정적분의 결과는 하나의 값으로 주어진다.

**10.** 다음 정적분의 값을 구하시오.

(1) $\int_1^3 5dx$ (2) $\int_0^1 3x\,dx$

(3) $\int_0^2 s^2 ds$ (4) $\int_0^1 7x^3 dx$

(5) $\int_0^1 x^7\,dx$ (6) $\int_0^1 (2t+5)dt$

(7) $\int_0^1 (3x^2 - x + 4)dx$ (8) $\int_1^2 x^{-2}\,dx$

(9) $\int_1^2 x^{-5}\,dx$ (10) $\int_1^2 \sqrt{x}\,dx$

## 연습문제 4.2

**1.** 다음 정적분을 계산하시오.

(1) $\int_0^1 3\,dx$ (2) $\int_2^5 7\,dx$ (3) $\int_1^3 \sqrt{2}\,dx$

(4) $\int_1^2 x\,dx$ (5) $\int_1^3 \frac{1}{3}x\,dx$ (6) $\int_2^3 \frac{1}{5}x\,dx$

(7) $\int_1^2 3x^2\,dx$ (8) $\int_1^2 4x^3\,dx$ (9) $\int_1^3 (x^2+1)\,dx$

**2.** 다음의 음영된 영역의 넓이를 정적분을 이용하여 구하시오.

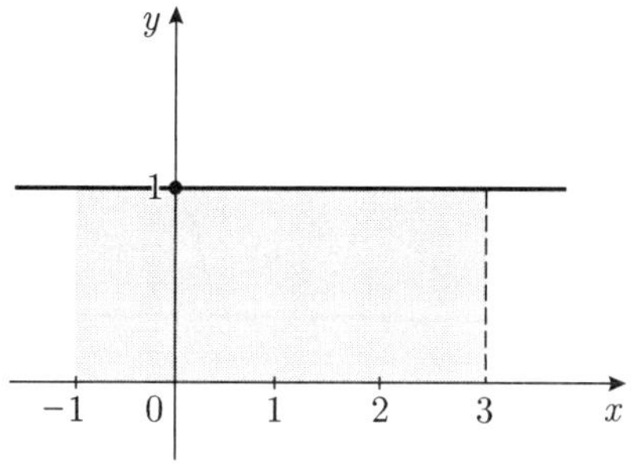


**3.** 함수 $f(x)=\frac{1}{2}x+1$에 대하여 다음을 구하시오.

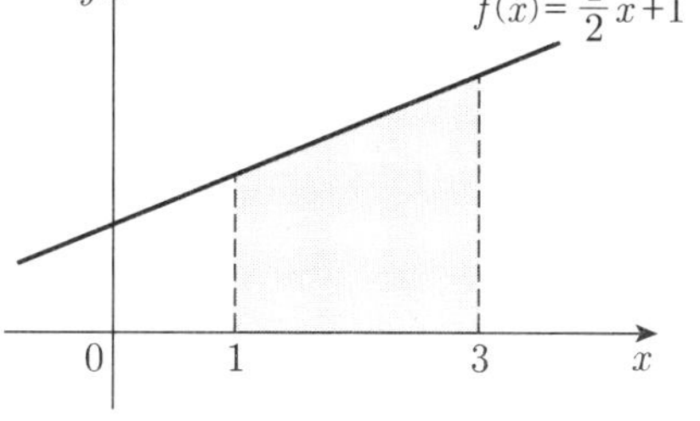


(a) 함수 $y=f(x)$와 직선 $x=1$, 직선 $x=3$ 및 $x$축으로 둘러싸인 영역의 넓이를 구하시오.

(b) $\int_{1}^{3}\left(\frac{1}{2}x+1\right)dx$를 계산하시오.

**4.** 다음의 음영된 영역의 넓이를 구하시오.

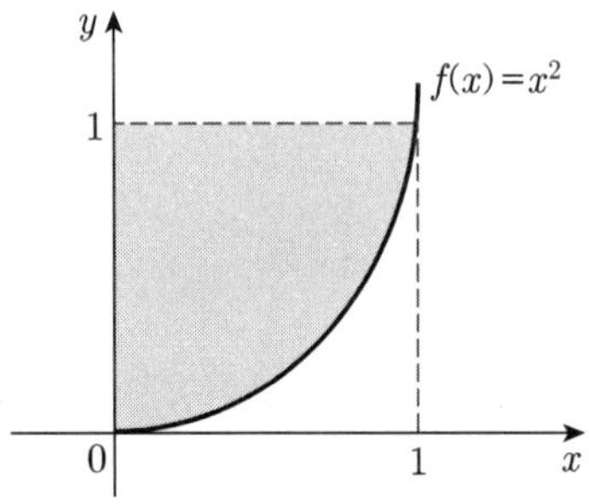


**5.** 정적분 $\int_{1}^{2}(x^2+2x-1)dx+\int_{2}^{3}(x^2+2x-1)dx$의 값을 구하시오.

**6.** 다음 정적분을 계산하시오.

(a) $\int_{-1}^{3}(2x+3)\,dx$

(b) $\int_{1}^{2}(3x^2-4x+5)\,dx$

(c) $\int_{1}^{3}\left(\frac{1}{x^2}-\frac{1}{x^5}\right)dx$

**7.** $\int_{0}^{2}(4x^3+a)dx=8$일 때 $a$의 값을 구하시오.

**8.** 다항함수 $f(x)$가

$$\int_{1}^{4}(3f'(x)-2x)dx=3$$

을 만족하고 $f(1)=3$일 때, $f(4)$의 값을 구하시오.

**9.** 실수 $a$에 대하여 $\int_{-a}^{a}(3x^2+2x)dx=\frac{1}{4}$일 때, $a$의 값을 구하시오.

**10.** 함수 $f(x)$가

$$f(x) = x^3 - 2x + \int_0^4 f(t)dt$$

을 만족시킨다. $f(2)$의 값을 구하시오.

**11.** 이차함수 $f(x)$가

$$f(x) = \frac{12}{7}x^2 - 2x\int_1^2 f(t)dt + \left[\int_1^2 f(t)dt\right]^2$$

일 때 $\int_1^2 f(x)dx$의 값을 구하시오.

**12.** 두 곡선 $y = x$와 $y = x^2$으로 둘러싸인 영역의 넓이를 구하시오.

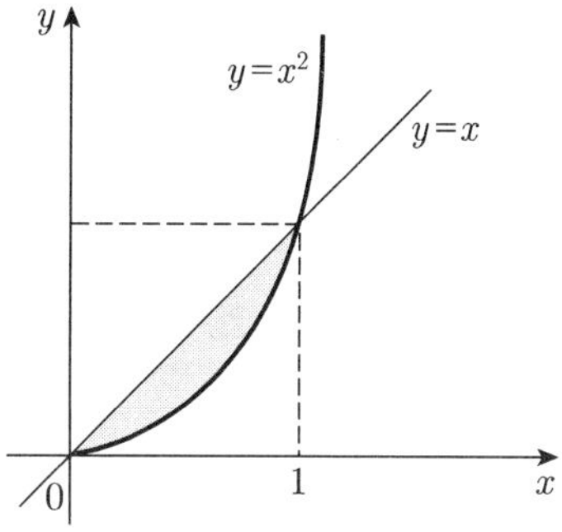


**13.** 곡선 $y = x^2 - x + 2$와 직선 $y = 2$로 둘러싸인 부분의 넓이를 구하시오.

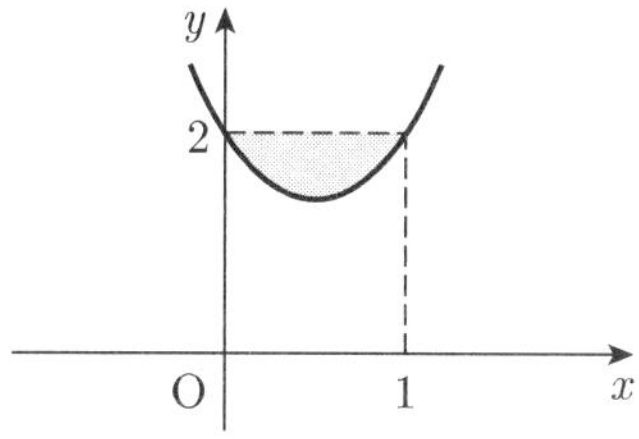


**14.** 어느 도로에는 터널이 뚫려 있으며 터널 입구의 아래폭은 6 m, 중앙의 높이는 4 m 이고 중앙에서 좌우 대칭인 포물선의 모양을 하고 있다고 한다. 이 터널 입구의 넓이를 구하시오.

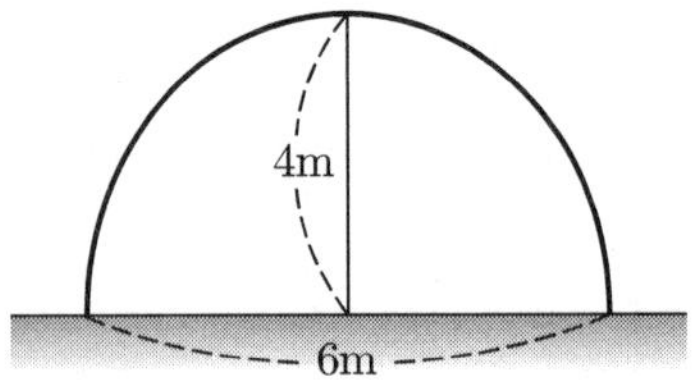


**15.** 고속 열차가 출발하여 3km를 달리는 동안은 시각 $t$(분)에서의 속력이

$$v(t) = \frac{3}{4}t^2 + \frac{1}{2}t \ \ (\text{km/분})$$

에 의하여 주어지고, 3km 이후에는 속력이 일정하다고 한다. 출발 후 5분 동안 이 고속열차가 달린 거리를 구하시오.

**16.** 지면에 정지해 있던 열기구가 수직방향으로 출발한 후 $t$(분)일 때 속도 $v(t)$ (m/분)가

$$v(t) = \begin{cases} t & (0 \le t \le 20) \\ 60 - 2t & (20 \le t \le 40) \end{cases}$$

에 의하여 주어진다고 한다. 출발한 후 $t = 35$(분) 일 때, 지면으로부터 열기구의 높이를 구하시오. (단, 열기구는 수직 방향으로만 움직이는 것으로 가정한다.)

**17.** 어떤 전망대에 설치된 엘리베이터는 1층에서 출발하여 꼭대기 층까지 올라가는 동안 출발 후 처음 2초까지는 3(m/초$^2$)의 가속도로 올라가고 2초 후부터 10초까지는 등속도로 올라가며 10초 후부터는 $-2$(m/초$^2$)의 가속도로 올라가서 멈춘다고 한다. 이 엘리베이터가 출발하여 멈출 때까지 움직인 거리는 몇 m인지 구하시오.

**18.** 어떤 하천의 상류지역 A에 내린 비가 그친 지 $t$시간 후 비가 오지 않은 이 하천의 하류 부분에 유입되는 물의 양을 $F(t)$라 할 때, $\frac{dF(t)}{dt} = 3t^2 + 3$이라고 한다. 상류지역 A에 비가 그친 지 2시간 후부터 4시간 후까지 하천의 하류부분에 유입된 물의 양을 구하시오.

5장

# 삼각함수 및 역삼각함수의 소개

## AI, ChatGPT에게 물어보자.

* ChatGPT : 각을 나타내는 방법에는 무엇이 있어?
* ChatGPT : 언제부터 인류는 각을 표현하기 시작한 거야?
* ChatGPT : 삼각비는 구체적으로 실생활 어디에서 사용하는 거야?
* ChatGPT : 육십분법에 대하여 자세히 설명을 해줘
* ChatGPT : 호도법에 대하여 자세히 설명을 해줘
* ChatGPT : $\pi$는 무엇을 나타내는 거야?
* ChatGPT : $\pi$의 정확한 값을 알려줘

# 5.1 각의 표현 방법 및 삼각비

이 절에서는 각의 방향을 나타내는 방법과 기존에 우리가 사용하는 각(°도)에 대한 **육십분법** 그리고 삼각함수의 단위를 이루는 **호도법**(circular measure)에 대하여 설명하고자 한다.

### 육십분법

다음 그림과 같이 평면 위에 고정된 반직선 $OX$가 있고, $O$를 중심으로 $OX$로부터 시작하여 회전시켜 얻은 반직선 $OP$가 있을 때, 고정된 반직선 $OX$를 **시초선**(initial ray), 회전하는 반직선 $OP$를 **동경**(radius)이라 한다.

동경 $OP$가 시계바늘과 반대방향으로 회전하는 경우를 **양의 방향**(positive direction)이라 하고, 시계바늘과 같은 방향일 경우 **음의 방향**(negative direction)이라고 하며 "$-$"부호를 사용하여 나타낸다.

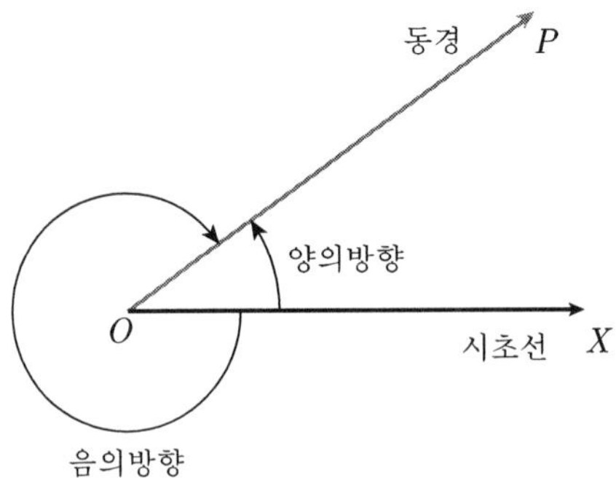


각의 방향

각을 표현하기 위한 기존의 방법은 직각을 90°에 의하여 나타내는 **육십분법**(sexadecimal method)이 있다. 직각인 90° 를 똑같은 크기로 90 등분하여 하나를 1° 로 하여 나타내는 것이다. 그리고 90° 보다 작은 각을 **예각**(acute angle), 90° 보다 큰 각을 **둔각**(obtuse angle)이라 부른다.

아래 그림과 같이 육십분법에 의하여 $\angle POX$가 30°일 때 $\angle POX$는 30° 외에도

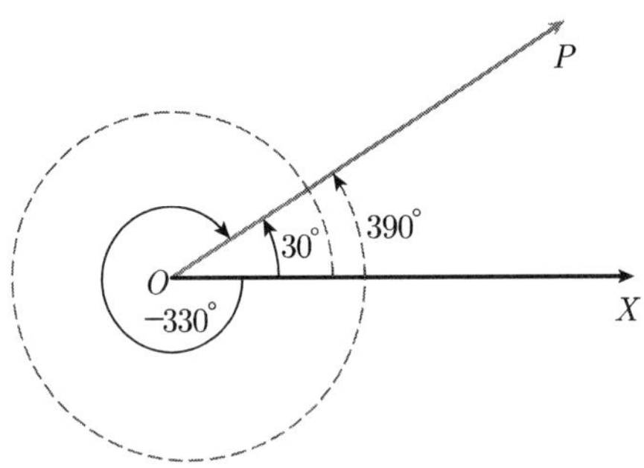


$$\cdots -690°,\ -330°,\ 390°,\ 750°\ \cdots$$

등으로 나타낼 수 있다.

$\angle POX$의 한 크기를 $\alpha°$(일반적으로 $0 \le \alpha \le 360$ 또는 $-180 \le \alpha \le 180$)라 하면

$$\alpha° + 360° \times n, \quad n\text{은 정수}$$

은 같은 동경 $OP$를 나타내며, 이것을 **일반각**(general angle)이라 부른다.

## 호도법

이번에는 라디안을 단위로 하여 각을 나타내는 방법에 대하여 알아보고자 한다.

먼저 $\dfrac{\text{원 둘레의 길이}}{\text{지름}} = \pi$ 라 하며 이것을 우리는 **원주율**(circular constant)이라 부른다.

그림과 같이 한 원에 있어서 반지름의 길이와 호의 길이를 같게 하는 중심각의 크기를 **1라디안**(radian)이라 한다. 그리고 1라디안을 단위로 각의 크기를 나타내는 방법을 **호도법**(circular measure)이라 부른다..

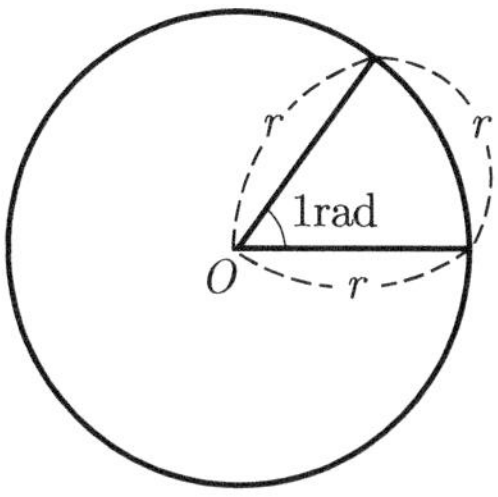


1라디안의 정의

1라디안의 각의 크기를 알아보자. 반지름과 호의길이가 $r$로써 같게 되는 각을 $x°$라 하면 호의 길이는 중심각의 크기에 비례하므로

$$2\pi r : 360° = r : x°$$

이고, $x° = \dfrac{180°}{\pi}$ 로 1라디안에 해당한다. 즉 1라디안은 $\dfrac{180°}{\pi}$ 이다.

$$1 \text{ rad.} = \frac{180°}{\pi} \quad (\fallingdotseq 57.3°)$$

$$1° = \frac{\pi}{180} \text{ rad.} \quad (\fallingdotseq 0.017 \text{ rad.})$$

다음은 몇 개의 각을 육십분법과 호도법에 의하여 나타낸 것이다.

| 육십분법 | −45° | −30° | 0° | 30° | 45° | 60° | 90° | 180° |
|---|---|---|---|---|---|---|---|---|
| 호도법 | $-\dfrac{\pi}{4}$ | $-\dfrac{\pi}{6}$ | 0 | $\dfrac{\pi}{6}$ | $\dfrac{\pi}{4}$ | $\dfrac{\pi}{3}$ | $\dfrac{\pi}{2}$ | $\pi$ |

$\angle POX$을 라디안을 단위로 한 호도법에 의하여 나타내면 $\angle POX$가 $\frac{\pi}{6}$이며 또한 $\angle POX$는 $\frac{\pi}{6}$ 외에도

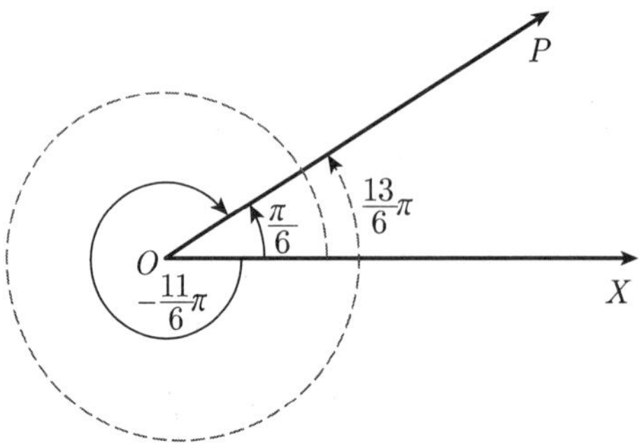


라디안에 의한 일반각

$$\cdots -\frac{23}{6}\pi,\ -\frac{11}{6}\pi,\ \frac{13}{6}\pi,\ \frac{25}{6}\pi \cdots$$

등으로 나타낼 수 있다.

$\angle POX$의 한 크기를 $\theta$(rad.)($-\pi \le \theta \le \pi$ 또는 $0 \le \theta \le 2\pi$)라 하면

$$\theta + 2n\pi, \quad n\text{은 정수}$$

은 같은 동경 $OP$를 나타내는 호도법에 의한 **일반각**(general angle)이다.

### 예제 1

다음에서 육십분법은 호도법으로 호도법은 육십분법에 의하여 나타내시오.

(a) $150°$ (b) $\frac{5}{4}\pi$ (c) $-270°$ (d) $-\frac{2}{3}\pi$

**풀이** $1$ rad.은 $\frac{180°}{\pi}$이고, $1°$는 $\frac{\pi}{180}$ rad.이므로

(a) $150° \to \frac{5}{6}\pi$ (b) $\frac{5}{4}\pi \to 225°$

(c) $-270° \to -\frac{3}{2}\pi$ (d) $-\frac{2}{3}\pi \to -120°$ ■

직각삼각형에서는 한 변의 길이와 한 예각의 크기가 결정되면 다른 변의 길이나 각의

크기가 결정된다. 다음 그림과 같이 주어진 각 A에서 바라보는 변을 **높이** 주어진 각에 이웃하여 위치한 변은 **밑변** 그리고 가장 긴 변을 **빗변**이라 부른다.

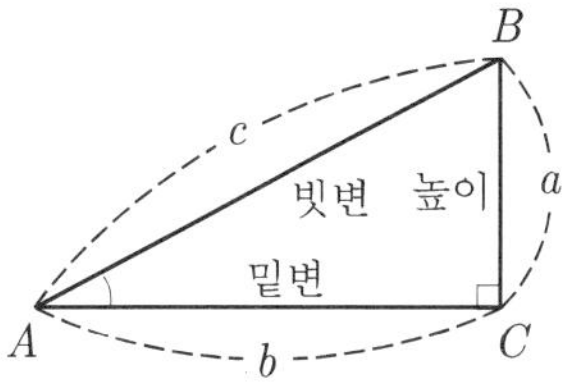


$\angle$C 가 직각인 $\triangle$ABC 에서$\angle$A 의 크기가 정해지면, 직각삼각형의 크기에 관계없이 $\frac{a}{c}$, $\frac{b}{c}$, $\frac{a}{b}$의 값은 각각 일정하다.

그리하여 우리는 다음을 정의하고자 한다.

**정의1. 삼각비**

$$\sin A = \frac{\text{높이}}{\text{빗변}} \left(= \frac{a}{c}\right)$$

$$\cos A = \frac{\text{밑변}}{\text{빗변}} \left(= \frac{b}{c}\right)$$

$$\tan A = \frac{\text{높이}}{\text{밑변}} \left(= \frac{a}{b}\right)$$

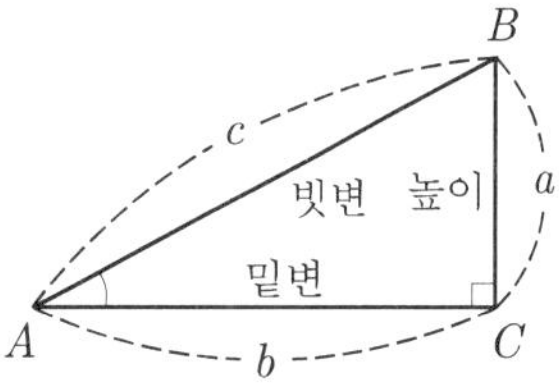


여기서 정의된 sinA, cos$A$, tan$A$ 를 $\angle$A 의 **삼각비**(trigonometric ratio)라고 부른다.

이러한 삼각비는 라디안을 단위로 하여 전 실수 전체로 확장될 수 있고, 따라서 삼각함수를 정의할 수 있게 된다.

## Quiz

**1.** 모든 원에 대하여 $\dfrac{\text{원둘레의길이}}{\text{지름}}$는【　】하다. 즉 같다. 이것을【　】라고 정의하고 원주율이라 부른다.

따라서 $\dfrac{\text{원둘레의길이}}{\text{지름}} = \pi$에 의하여 원둘레의 길이는 $\pi \times (\text{지름})$으로, 만약 반지름이 $r$이면 원둘레의 길이는【　】에 의하여 주어진다.

**2.** (a) 각 $C$가 직각인 직각삼각형$ABC$을 그리고 각 $A$을 중심으로 할 때 빗변 밑변 높이는 각각 어느 변을 나타내는지 표시하시오.

(b) 직각삼각형$ABC$에서

$$\sin A = \frac{[\ ]}{\text{빗변}}, \qquad \cos A = \frac{[\ ]}{\text{빗변}}, \qquad \tan A = \frac{[\ ]}{\text{밑변}}$$

**3.** 고정된 반직선을 기준으로 반 시계 방향으로 회전하는 것을【　】방향 이라 하고, 시계방향으로 회전하는 것을【　】방향 이라 말한다. 음의 방향에 대해서는 마이너스 부호 "－"를 써서 나타낸다.

**4.** 각을 나타내는 방법에는 두 가지 방법이 있는데 (i) 직각을 $90°$ 에 의하여 나타내는 방법을【　】이라 하고, (ii) 한 원에 있어서 반지름의 길이와 호이 길이가 같게 되는 각을【　】으로 정하고 이것을 단위로 하여 각을 나타내는 방법을 호도법이라 한다.

**5.** 호도법과 육십분법 사이에는 다음과 같은 관계가 성립한다.

(i) $1\text{rad.} = \dfrac{[\ ]}{\pi}$, (ii) $1° = \dfrac{[\ ]}{180}\text{rad.}$

**6.** 다음 각각의 각에 대하여 육십분법에 의하여 표현된 각은 호도법으로, 호도법에 의하여 표현된 각은 육십분법으로 나타내시오.

(1) $30°$ (2) $45°$ (3) $60°$

(4) $90°$ (5) $180°$ (6) $360°$

(7) $-30°$ (8) $-90°$ (9) $-270°$

(10) $\frac{\pi}{6}$ (11) $\frac{\pi}{4}$ (12) $\frac{\pi}{3}$

(13) $\frac{\pi}{2}$ (14) $\pi$ (15) $\frac{2}{3}\pi$

(16) $2\pi$ (17) $\frac{5}{2}\pi$ (18) $4\pi$

(19) $-\frac{3}{2}\pi$ (20) $-\pi$ (21) $-\frac{7}{3}\pi$

(힌트 : $1° = \frac{\pi}{180}$ $(rad.)$ 또는 $\pi$자리에 180을 넣어서 생각하면 편리하다.)

**7.** 평면상에 고정된 반직선을 그리고 다음의 각이 나타내는 방향을 화살표를 이용하여 표시하시오.

(a) $-90°$ (b) $\frac{3}{2}\pi$ (c) $-180°$

(d) $-\frac{\pi}{2}$ (e) $135°$ (f) $\frac{2}{3}\pi$

**8.** 계산기를 이용하는 것에 의하여

(a) 1radian 은 몇 도(육십분법)에 해당하는지 소수점 끝자리까지 구하시오.

(b) $1°$ 는 몇 radian에 해당하는지 소수점 끝자리까지 구하시오.

**9.** 고정된 반직선 $OX$와 움직이는 동경 $OP$가 이루는 각은 딱 하나의 각에 의하여 주어지지 않고 무수히 많은 각에 의하여 표현될 수 있다. 그것은 동경 $OP$가 【 】° 돌면 다시 원위치로 돌아오기 때문이다. 예를 들어 $30°$ 와 같은 것은 $30° + 360° \times n$ ($n$은 정수)으로도 표현되며 이것을 【 】이라 부른다. 위에서 $n$이 양이면 반시계 방향으로 회전하는것을 의미하고 $n$이 음이면 시계방향으로 회전하는 것을 의미한다.

**10.** $760°$ 는 반직선 $OX$을 기준으로 반 시계방향으로 【 】번 돌고 【 】° 만큼 더 회전한 것을 말하며, $-420°$ 는 【 】방향으로 한 바퀴 돌고 【 】° 만큼 더 회전한 것이다.

**11.** 계산기를 이용하여 $\sin 30°$, $\sin\frac{\pi}{6}$의 값을 구하시오. 두 값이 같게 나오는가?

## 연습문제 5.1

**1.** 다음의 각은 몇 사분면의 각인지 말하고 1 radian을 단위로 한 호도법에 의하여 나타내시오.

(a) $-135°$ (b) $210°$ (c) $15°+360°\times n$($n$은 정수)

**2.** 호도법에 의하여 주어진 다음의 각이 몇 사분면의 각인지 말하고 육십분법에 의한 각으로 나타내시오.

(a) $-\frac{7}{4}\pi$ (b) $\frac{3}{5}\pi$ (c) $\frac{\pi}{6}+2\pi n$($n$은 정수)

**3.** 반지름의 길이가 $r$이고 중심각이 $\theta$인 부채꼴의 호의 길이 공식을 유도하시오.
(힌트: 원 둘레의 길이는 $2\pi r$이고, 중심각의 크기에 비례한다.)

**4.** 반지름의 길이가 $r$이고 중심각이 $\theta$인 부채꼴의 넓이 공식을 유도하시오.
(힌트: 원의 넓이는 $\pi r^2$이다.)

**5.** 중심각의 크기가 $\frac{4}{3}\pi$인 부채꼴의 넓이가 $24\pi(\text{cm}^2)$일 때 부채꼴의 호의 길이를 구하시오.

**6.** 오른쪽 그림은 $\angle B=\frac{\pi}{2}$인 직각삼각형이 있다. $\overline{AC}=6$, $\angle CAB=30°$일 때, 변 $\overline{BC}$의 길이를 구하시오.

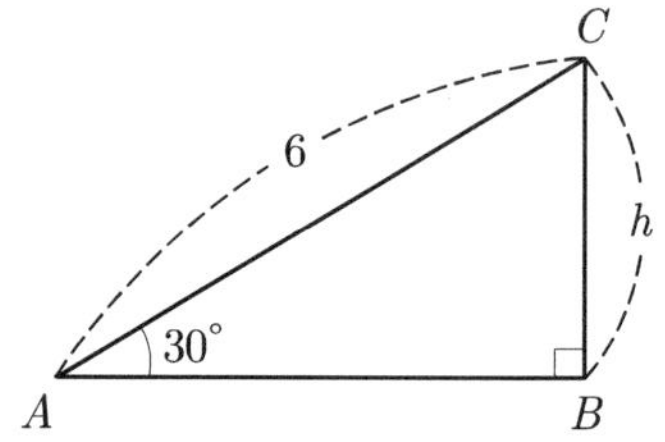


**7.** 나무의 높이를 알아보기 위하여 그림과 같이 한 지점에서 측정한 결과 지면으로부터 나무 꼭대기까지의 각은 약 $\frac{\pi}{6}$이고 거리는 20(m)로 측정되었다고 한다. 나무의 높이를 구하시오.

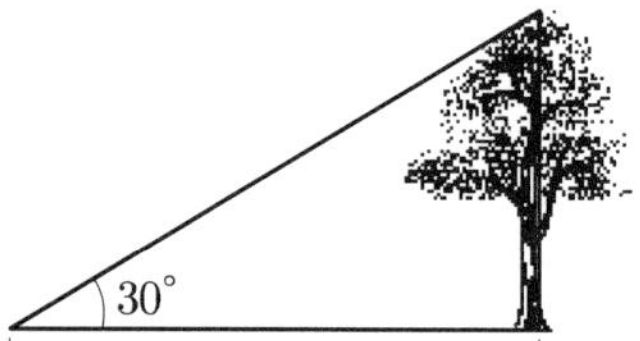

**8.** 다음 그림은 $\overline{AB}=8$, $\overline{BC}=10$ 이고, $\angle B=60°$ 인 평행사변형이다. 이 평행사변형의 넓이를 구하시오.

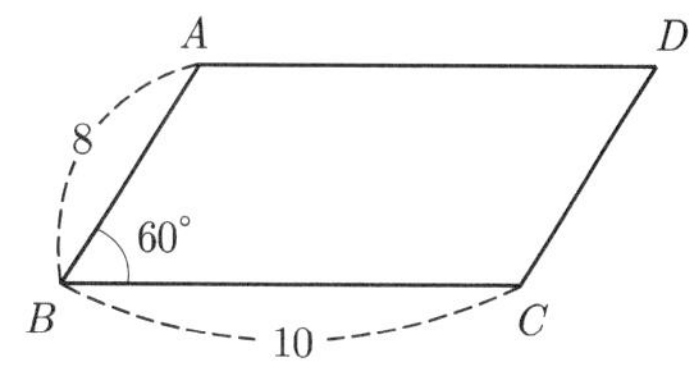


**9.** 다음 그림과 같은 $\triangle ABC$ 에서 $\overline{BC}$ 의 길이를 구하시오.

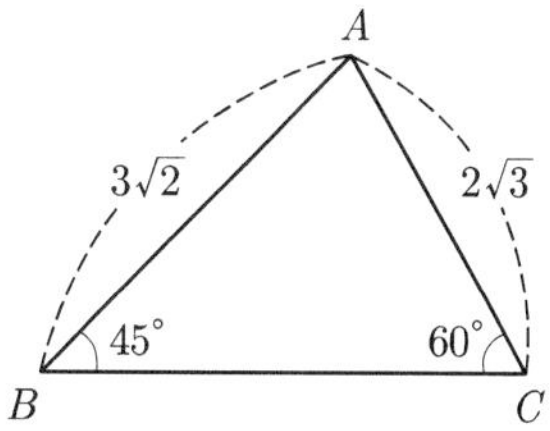


**10.** 오른쪽 그림은 $\angle B=60°$ 이고, 한 변의 길이가 10 인 마름모이다. 이 도형의 넓이를 구하시오.

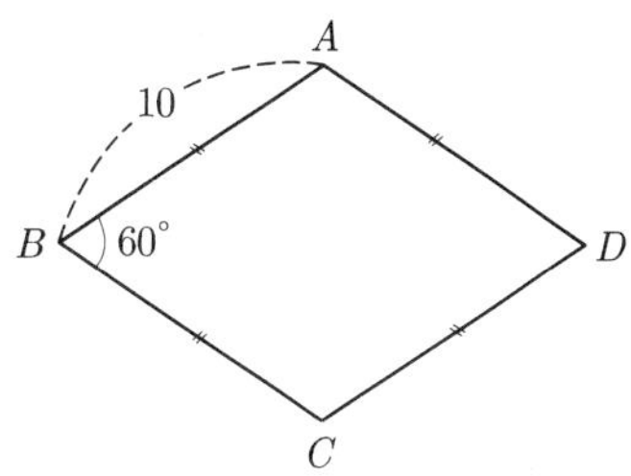


**11.** 오른쪽 삼각형 ABC 에서 $\overline{AC}$ 의 길이를 구하시오.

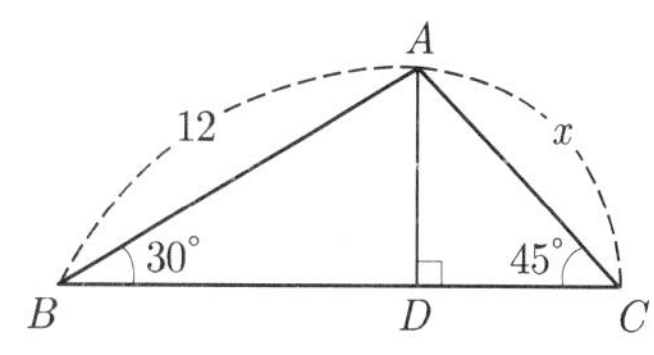


**12.** $\angle A=90°$ 인 직각삼각형 ABC 에서 $\overline{BD}=2$, $\angle B=60°$ 일 때, $x$, $y$ 의 길이를 각각 구하시오.

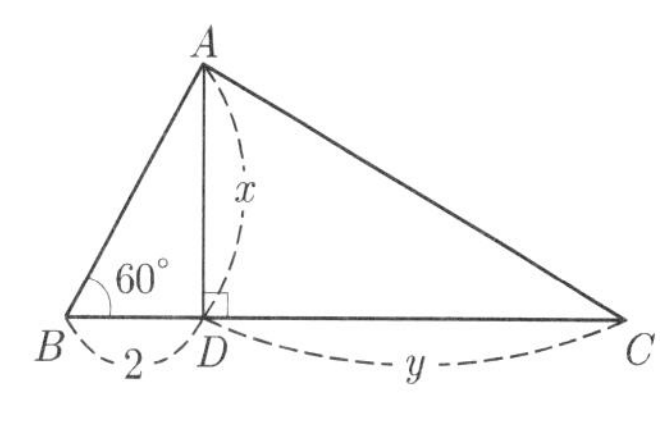

## AI, ChatGPT에게 물어보자.

* ChatGPT : 닮은 삼각형에 대하여 자세히 설명을 해줘
* ChatGPT : 삼각함수는 처음으로 누가 만들기 시작한 거야?
* ChatGPT : 삼각함수는 우리의 실생활에서 어디에 사용되는지 구체적으로 예를 들어줘
* ChatGPT : $\frac{\text{높이}}{\text{빗변}}$을 $\mathrm{sin}e$이라 하는데 누가 처음으로 sine을 쓰기 시작한 거야
* ChatGPT : 원의 방정식은 어떻게 해서 만들어 지는 거야?
* ChatGPT : 임의의 $x$에 대하여 $\sin^2 x + \cos^2 x = 1$이 왜 성립하는지 설명을 해줘
* ChatGPT : sine함수의 그래프는 왜 반복되는 거야?

## 5.2 삼각함수

앞선 절에서 소개한 삼각비는 라디안을 단위로 하여 삼각함수로 확장된다. 삼각함수에 있어서 각의 크기는 1라디안을 단위로 한 호도법에 의하여 주어진다. 아래 그림과 같이 직각삼각형 $OAB$에 있어서 $\sin\theta$, $\cos\theta$, $\tan\theta$는

$$\sin\theta = \frac{\text{높이}}{\text{빗변}} = \frac{b}{r}$$

$$\cos\theta = \frac{\text{밑변}}{\text{빗변}} = \frac{a}{r}$$

$$\tan\theta = \frac{\text{높이}}{\text{밑변}} = \frac{b}{a}$$

$$= \frac{\sin\theta}{\cos\theta}$$

으로 주어진다.

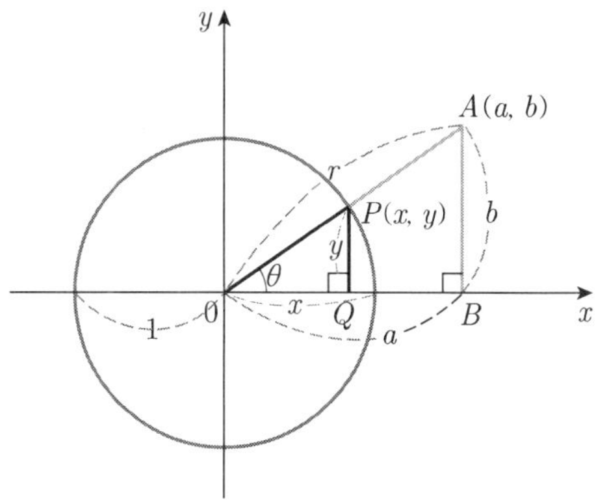


단위원상에서 삼각함수의 정의

그러나 직각삼각형 $OPQ$와 $OAB$는 닮은 삼각형으로

$$\frac{b}{r}=\frac{y}{1},\qquad \frac{a}{r}=\frac{x}{1},\qquad \frac{b}{a}=\frac{y}{x}$$

이다. 반지름이 1인 원을 **단위원**이라하며 우리는 $\sin\theta$, $\cos\theta$, $\tan\theta$는 임의의 실수 $\theta$에 대하여 다음과 같이 삼각함수를 정의 한다.

**정의 1 삼각함수**

임의의 각 $\theta(\text{rad.})(\theta\in R)$에 대응하는 단위원상의 점 $P(x, y)$에 대하여

$$\sin\theta=y,\qquad \cos\theta=x,\qquad \tan\theta=\frac{y}{x}=\frac{\sin\theta}{\cos\theta},$$

$$\operatorname{cosec}\theta=\frac{1}{\sin\theta},\quad \sec\theta=\frac{1}{\cos\theta},\quad \cot\theta=\frac{1}{\tan\theta}$$

와 같이 정의하고, 이 여섯개의 함수들을 **삼각함수**(trigonometric function)라고 부른다.

**참고** $\operatorname{cosec}\theta$는 코시컨트세타, $\sec\theta$는 시컨트 세타, $\cot\theta$는 코탄젠트 세타라 읽으며, $\operatorname{cosec}\theta$는 $\csc\theta$로 쓰기도 한다.

## 예제 1

$\theta = \frac{\pi}{6}, \frac{\pi}{3}$일 때 $\sin\theta$, $\cos\theta$, $\tan\theta$의 값을 각각 구하시오.

**풀이** 다음 그림과 같이 한 변의 길이가 2인 정삼각형 $ABC$가 있다.
점 $B$로부터의 수직 이등분선이 선분 $AC$와 만나는 점을 $P$라 하자.

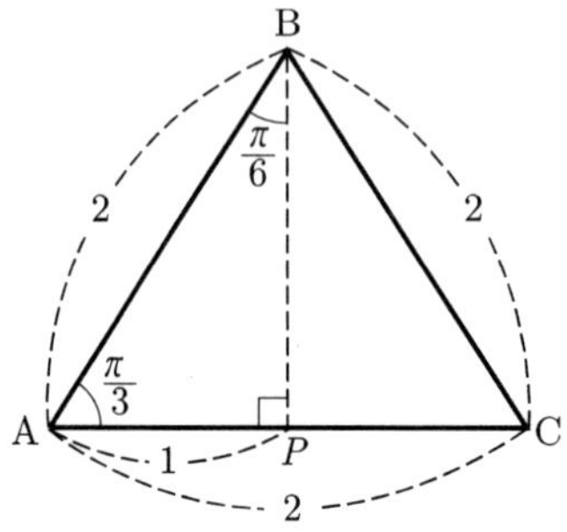


한 변의 길이가 2인 정삼각형

그리고 나면 '피타고라스의 정리'에 의하여 선분 $BP$의 길이는 $\sqrt{3}$이다.
결국 $\sin\theta$, $\cos\theta$, $\tan\theta$는 정의에 의하여

$$\sin\frac{\pi}{3} = \frac{\sqrt{3}}{2}, \quad \cos\frac{\pi}{3} = \frac{1}{2}, \quad \tan\frac{\pi}{3} = \sqrt{3}$$

이며, 비슷한 방법에 의하여

$$\sin\frac{\pi}{6} = \frac{1}{2}, \quad \cos\frac{\pi}{6} = \frac{\sqrt{3}}{2}, \quad \tan\frac{\pi}{6} = \frac{1}{\sqrt{3}}$$

이다. ■

## 예제 2

$\theta=\dfrac{\pi}{4}$ 일 때 $\sin\theta$, $\cos\theta$, $\tan\theta$의 값을 각각 구하시오.

**풀이** 그림의 직각 이등변삼각형에 의하여

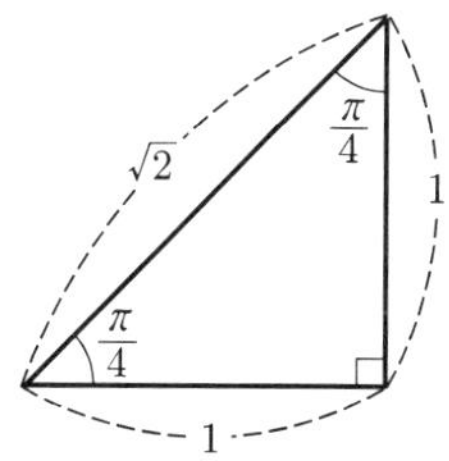


직각 이등변삼각형

$$\sin\frac{\pi}{4}=\frac{1}{\sqrt{2}}=\frac{\sqrt{2}}{2}$$

$$\cos\frac{\pi}{4}=\frac{\sqrt{2}}{2}$$

$$\tan\frac{\pi}{4}=1$$

■

삼각함수는 단위원상에 있어서 각 $\theta$가 몇 사분면의 각이냐에 따라 $x$, $y$의 부호가 바뀌므로 다음과 같이 삼각함수의 부호가 결정된다.

| 삼각함수 \ 사분면 | I | II | III | IV |
|---|---|---|---|---|
| $\sin\theta$, $\mathrm{cosec}\theta$ | + | + | − | − |
| $\cos\theta$, $\sec\theta$ | + | − | − | + |
| $\tan\theta$, $\cot\theta$ | + | − | + | − |

## 예제 3

$\theta=0,\ \frac{\pi}{2}$일 때 $\sin\theta,\ \cos\theta,\ \tan\theta$의 값을 각각 구하시오.

**풀이** $\sin\theta$와 $\cos\theta$는 각 $\theta$에 해당하는 단위원상의 점의 $y$좌표와 $x$좌표의 값이므로 그림에 의하여

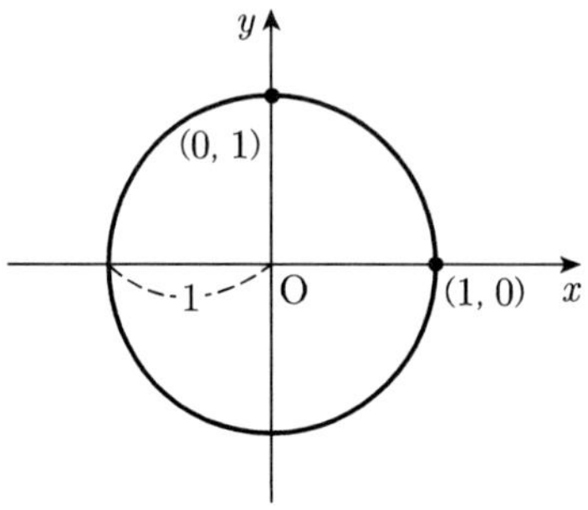


$\theta=0,\ \frac{\pi}{2}$에 해당하는 단위원상의 점

$$\sin 0=0,\quad \cos 0=1$$

$$\sin\frac{\pi}{2}=1,\quad \cos\frac{\pi}{2}=0$$

이다. 그리고 $\tan\theta=\dfrac{\sin\theta}{\cos\theta}$이므로 $\tan 0=0$이며, $\tan\frac{\pi}{2}$는 분모가 0이 되어 존재하지 않는다. ■

지금까지 배운 내용들을 정리하여 각 사분면에서 특수각에 대한 삼각함수의 값을 구하면 다음 표와 같다.

| 육십분법 | 라디안 | $\sin\theta$ | $\cos\theta$ | $\tan\theta$ |
|---|---|---|---|---|
| $0°$ | $0$ | $0$ | $1$ | $0$ |
| $30°$ | $\frac{\pi}{6}$ | $\frac{1}{2}$ | $\frac{\sqrt{3}}{2}$ | $\frac{\sqrt{3}}{3}$ |
| $45°$ | $\frac{\pi}{4}$ | $\frac{\sqrt{2}}{2}$ | $\frac{\sqrt{2}}{2}$ | $1$ |
| $60°$ | $\frac{\pi}{3}$ | $\frac{\sqrt{3}}{2}$ | $\frac{1}{2}$ | $\sqrt{3}$ |

| 90° | $\frac{\pi}{2}$ | 1 | 0 | × |
|---|---|---|---|---|
| 120° | $\frac{2\pi}{3}$ | $\frac{\sqrt{3}}{2}$ | $-\frac{1}{2}$ | $-\sqrt{3}$ |
| 135° | $\frac{3\pi}{4}$ | $\frac{\sqrt{2}}{2}$ | $-\frac{\sqrt{2}}{2}$ | $-1$ |
| 150° | $\frac{5\pi}{6}$ | $\frac{1}{2}$ | $-\frac{\sqrt{3}}{2}$ | $-\frac{\sqrt{3}}{3}$ |
| 180° | $\pi$ | 0 | $-1$ | 0 |

삼각함수에 대하여 다음과 같은 사실이 성립한다.

**정리 1**

(a) $\sin^2\theta + \cos^2\theta = 1$

(b) $1 + \tan^2\theta = \sec^2\theta$

**증명** (a) 점 $P(x, y)$가 단위원상의 점이라는 사실에 의하여

$$\sin^2\theta + \cos^2\theta = y^2 + x^2 = 1$$

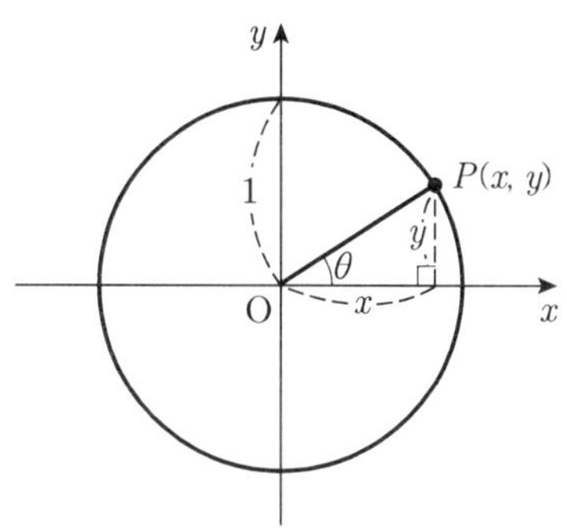


각 $\theta$에 해당하는 단위원상의 점

(b) $$1 + \tan^2\theta = 1 + \left(\frac{y}{x}\right)^2 = \frac{x^2 + y^2}{x^2} = \frac{1}{x^2} = \left[\frac{1}{\cos\theta}\right]^2 = \sec^2\theta$$

■

## Quiz

**1.** 닮은 삼각형이란 어떤 삼각형을 말하는지 간단히 기술하시오.

**2.** $x$축 $y$축을 갖는 좌표를 그리고 반지름의 길이가 1인 단위원을 그 좌표평면상에 그리시오.

**3.** 좌표평면에서 반지름의 길이가 1인 단위원상에 다음의 각에 해당하는 좌표를 쓰시오.

(1) $0\ (0°)$ (2) $\frac{\pi}{2}\ (90°)$ (3) $\pi\ (180°)$ (4) $\frac{3}{2}\pi\ (270°)$

(5) $2\pi$ (6) $-\frac{\pi}{2}$ (7) $-\pi$ (8) $-\frac{3}{2}\pi$ (9) $-2\pi$

**4.** 삼각함수는 각 $\theta$에 해당하는 단위원상의 좌표에 의하여 정의한다. 즉, $\sin\theta$는 각 $\theta$에 해당하는 단위원상의 점의 【 】좌표 값이고, $\cos\theta$는 【 】좌표 값으로 정의한다. 또한 $\tan\theta = \frac{[\quad]}{\cos\theta}$에 의하여 정의한다.

**5.** (a) $\theta = 0,\ \frac{\pi}{2},\ \pi,\ \frac{3}{2}\pi,\ 2\pi$일 때의 $\sin\theta$의 값을 구하시오.

(b) $\theta = -\frac{\pi}{2},\ -\pi,\ -\frac{3}{2}\pi,\ -2\pi$일 때의 $\sin\theta$의 값을 구하시오.

(힌트: 3번, 4번을 참고하시오)

(c) 좌표를 그리고 $x$축은 $\theta$의 값, $y$축은 $\sin\theta$의 값으로 하여 (a) (b)의 값들을 찍어서 $y = \sin x$의 그래프를 어림잡아 보시오.

(d) Geogebra로 $y = \sin x$를 입력하여 확인하시오.

**6.** (a) $\theta = 0,\ \frac{\pi}{2},\ \pi,\ \frac{3}{2}\pi,\ 2\pi$일 때의 $\cos\theta$의 값을 구하시오.

(b) $\theta = -\frac{\pi}{2},\ -\pi,\ -\frac{3}{2}\pi,\ -2\pi$일 때의 $\cos\theta$의 값을 구하시오.

(힌트: 3번, 4번을 참고하시오).

(c) 좌표를 그리고 $x$축은 $\theta$의 값이 $y$축은 $\cos\theta$의 값으로 하여 (a) (b)의 값들을 찍어서 $y=\cos x$의 그래프를 어림잡아 보시오.

(d) Geogebra로 $y=\cos x$을 그려 확인하시오.

**7.** $\theta=0,\ \frac{\pi}{2},\ \pi,\ \frac{3}{2}\pi,\ 2\pi,\ -\frac{\pi}{2},\ -\pi,\ -\frac{3}{2}\pi,\ -2\pi$ 일 때 $\tan\theta$의 값을 구하시오. Geogebra을 이용하여 $y=\tan x$의 그래프를 그려 보시오.

**8.** $\theta=\frac{\pi}{6},\ \frac{\pi}{4},\ \frac{\pi}{3}$에 대한 $\sin\theta$, $\cos\theta$, $\tan\theta$의 값을 각각 쓰세요.

**9.** $\operatorname{cosec}\theta$, $\sec\theta$, $\cot\theta$의 정의를 쓰시오.

**10.** $\theta=\frac{\pi}{6},\ \frac{\pi}{4},\ \frac{\pi}{3}$에 대한 $\operatorname{cosec}\theta$, $\sec\theta$, $\cot\theta$의 값을 각각 쓰시오.

**11.** 좌표평면에 각 사분면을 표시하고, 각 사분면에 있어서 $\sin\theta$, $\cos\theta$, $\tan\theta$의 부호를 조사하시오.

## 연습문제 5.2

**1.** $\theta = \frac{\pi}{6}, \frac{\pi}{4}, \frac{\pi}{3}$일 때 $\operatorname{cosec}\theta$, $\sec\theta$, $\cot\theta$의 값을 구하시오.

**2.** $\theta = \frac{\pi}{6}, \frac{\pi}{4}, \frac{\pi}{3}$일 때

(a) 각각의 $\theta$에 해당하는 단위원 상의 점의 좌표를 구하시오.

(b) (a)의 결과에 의하여 $\sin\theta, \cos\theta, \tan\theta$의 값을 구하시오.

**3.** 임의의 $\theta$에 대하여 $1+\cot^2\theta = \operatorname{cosec}^2\theta$ 임을 보이시오.

**4.** 다음 삼각형의 넓이를 구하시오.

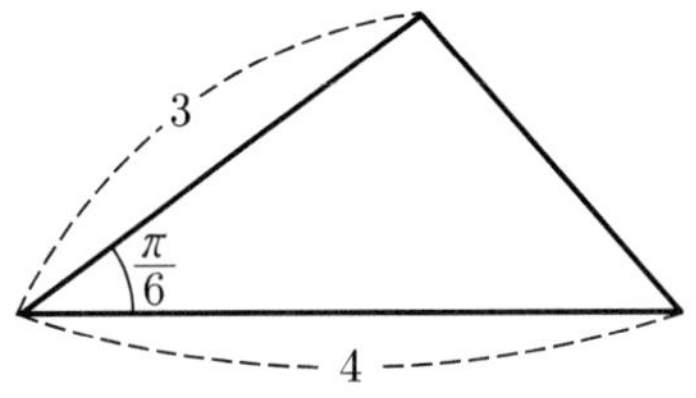


**5.** $0 \le x \le \frac{\pi}{2}$일 때, $2\sin(2x - \frac{\pi}{3}) = \sqrt{3}$ 을 만족하는 $x$을 구하시오.

**6.** $\sin^2(-\frac{\pi}{3}) + \cos^2(-\frac{\pi}{3})$의 값을 구하시오.

**7.** $\frac{\sin\theta + \cos\theta}{\sin\theta - \cos\theta} = \sqrt{5}$일 때, $\sin\theta\cos\theta$의 값을 구하시오.

**8.** 다음 그림은 $y = \frac{1}{2}x + 1$의 그래프이다. 삼각형 ABO에서 $\tan A$의 값을 구하시오.

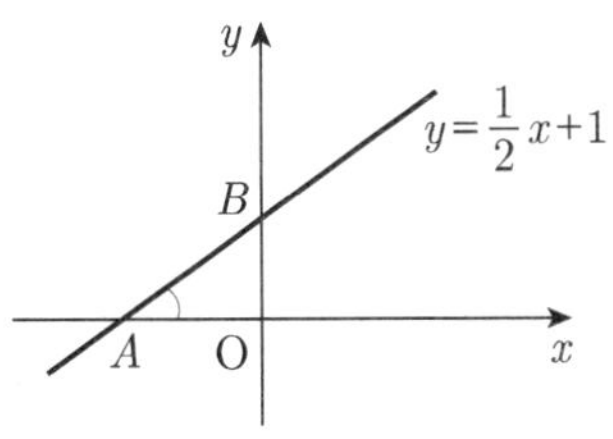

**9.** 좌표 평면에서 원점 O와 점 P$(-3,\ 4)$를 지나는 동경 OP가 나타내는 각의 크기를 $\theta$라 할 때 $\sin\theta+\tan\theta$의 값을 구하시오.

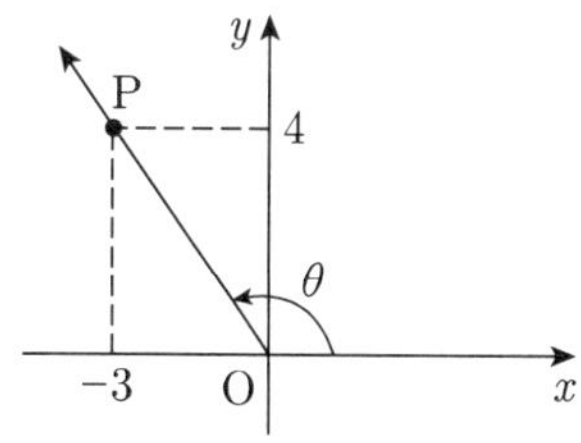

## AI, ChatGPT에게 물어보자.

* ChatGPT : 평면에서 두 점 사이의 거리 공식에 대하여 설명을 해줘
* ChatGPT : 삼각함수의 덧셈공식에 대하여 자세히 설명을 해줘
* ChatGPT : 삼각함수의 대칭성에 대하여 설명을 해줘
* ChatGPT : 삼각함수의 회전에 대하여 알려줘
* ChatGPT : 삼각함수의 덧셈 공식은 어떨 때 사용하는 거야?
* ChatGPT : 삼각함수를 이용하여 수학의 다른 어떤 문제들을 해결할 수 있나?
* ChatGPT : 삼각함수가 사용되는 자연과학이나 사회 과학의 분야가 있으면 구체적으로 제시를 해줘

## 5.3 삼각함수의 덧셈정리

이 절에서는 삼각함수의 덧셈정리를 유도하고 다양한 성질들을 소개하고자 한다.

**정리 1**

임의의 $\theta$에 대하여 다음이 성립한다.

$$\sin(-\theta) = -\sin\theta, \quad \cos(-\theta) = \cos\theta, \quad \tan(-\theta) = -\tan\theta$$

**증명** 아래 그림에서와 같이 $-\theta$에 해당하는 단위원상의 점 $P'(x', y')$을 잡자. 그리고 나면

$$\sin(-\theta) = y' = -y = -\sin\theta$$

$$\cos(-\theta) = x' = x = \cos\theta$$

$$\tan(-\theta)=\frac{\sin(-\theta)}{\cos(-\theta)}=-\frac{\sin\theta}{\cos\theta}=-\tan\theta$$

이다.

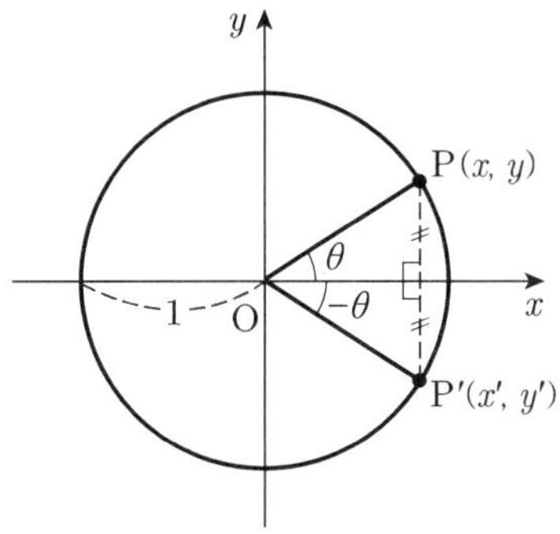


각 $\theta$와 $-\theta$에 해당하는 단위원상의 점

■

## 예제 1

다음의 값을 구하시오.

(a) $\sin\left(-\frac{\pi}{3}\right)$  (b) $\cos\left(-\frac{\pi}{4}\right)$  (c) $\tan\left(-\frac{\pi}{6}\right)$

**풀이** (a) $\sin\left(-\frac{\pi}{3}\right)=-\sin\frac{\pi}{3}=-\frac{\sqrt{3}}{2}$

(b) $\cos\left(-\frac{\pi}{4}\right)=\cos\frac{\pi}{4}=\frac{\sqrt{2}}{2}$

(c) $\tan\left(-\frac{\pi}{6}\right)=-\tan\frac{\pi}{6}=-\frac{1}{\sqrt{3}}$

■

### 정리 2 삼각함수의 덧셈정리

$$\sin(\alpha\pm\beta)=\sin\alpha\cos\beta\pm\cos\alpha\sin\beta$$

$$\cos(\alpha\pm\beta)=\cos\alpha\cos\beta\mp\sin\alpha\sin\beta$$

**증명** 다음 그림과 같이 두 각 $\alpha$, $\beta(\alpha\ge\beta)$에 해당하는 단위원상의 점을 각각 $A$, $B$라 하고, 각 $\alpha-\beta$에 해당하는 점을 $C$, 그리고 $D$는 점(1, 0)을 나타낸다고 하자.

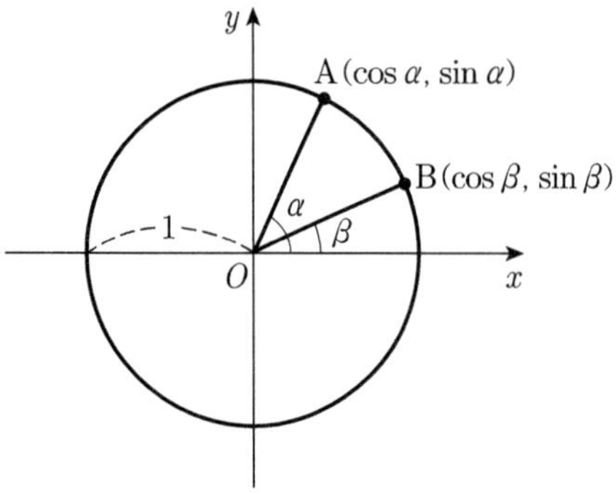

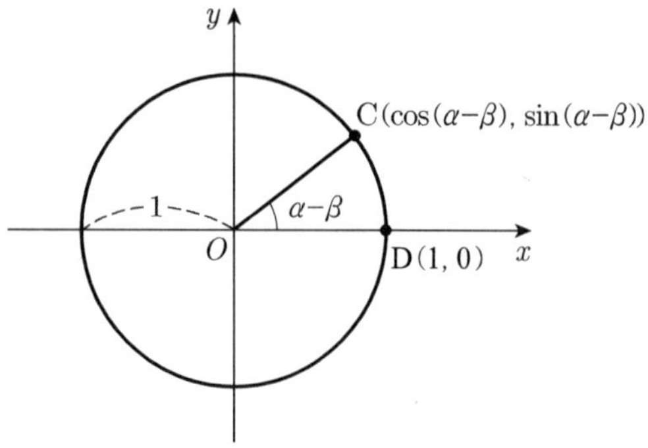


각 $\alpha, \beta, \alpha-\beta$에 해당하는 단위원상의 점

단위 원 상의 두 점 $A$, $B$와 $C$, $D$가 이루는 중심각의 크기가 같으므로 $\overline{AB}=\overline{CD}$이고, 따라서 $\overline{AB}^2=\overline{CD}^2$이다. 즉,

$$\overline{AB}^2=(\cos\alpha-\cos\beta)^2+(\sin\alpha-\sin\beta)^2$$

$$=2-2\{\cos\alpha\cos\beta+\sin\alpha\sin\beta\}$$

$$\overline{CD}^2=\{\cos(\alpha-\beta)-1\}^2+\sin^2(\alpha-\beta)$$

$$=2-2\cos(\alpha-\beta)$$

이고, 그러므로 우리는

$$\cos(\alpha-\beta)=\cos\alpha\cos\beta+\sin\alpha\sin\beta$$

을 얻을 수 있다. 위 등식은 임의의 각 $\alpha$, $\beta$에 대하여 성립하므로 여기서 $\beta$ 대신에 $-\beta$을 대입하는 것에 의하여

$$\cos(\alpha+\beta)=\cos\alpha\cos\beta-\sin\alpha\sin\beta$$

을 얻는다. 그리고 위 등식에서 $\alpha$ 대신에 $\frac{\pi}{2}+\alpha$를 대입하면

$$\cos\left(\frac{\pi}{2}+\alpha+\beta\right)=\cos\left(\frac{\pi}{2}+\alpha\right)\cos\beta-\sin\left(\frac{\pi}{2}+\alpha\right)\sin\beta$$

$$=-\sin\alpha\cos\beta-\cos\alpha\sin\beta$$

그러나 여기서 $\cos\left(\frac{\pi}{2}+\alpha+\beta\right)=-\sin(\alpha+\beta)$이므로

$$\sin(\alpha+\beta)=\sin\alpha\cos\beta+\cos\alpha\sin\beta$$

이다. 또한 위 공식에서 $\beta$ 대신에 $-\beta$를 대입하는 것에 의하여

$$\sin(\alpha-\beta)=\sin\alpha\cos\beta-\cos\alpha\sin\beta$$

을 얻는다.

사인과 코사인에 대한 덧셈공식을 이용하여 탄젠트에 대한 덧셈공식을 유도할 수 있다. 즉,

$$\tan(\alpha+\beta)=\frac{\sin(\alpha+\beta)}{\cos(\alpha+\beta)}=\frac{\sin\alpha\cos\beta+\cos\alpha\sin\beta}{\cos\alpha\cos\beta-\sin\alpha\sin\beta}$$

이며, 여기서 분모, 분자를 $\cos\alpha\cos\beta$로 나누면

$$\tan(\alpha+\beta)=\frac{\tan\alpha+\tan\beta}{1-\tan\alpha\cdot\tan\beta}$$

을 얻는다. 또한 $\beta$ 대신에 $-\beta$를 대입하는 것에 의하여

$$\tan(\alpha-\beta)=\frac{\tan\alpha-\tan\beta}{1+\tan\alpha\cdot\tan\beta}$$

을 얻을 수 있다.

### 예제 2

다음을 보이시오

$$\sin(x+2\pi)=\sin x$$

$$\cos(x+2\pi)=\cos x$$

$$\tan(x+\pi)=\tan x$$

**풀이** 삼각함수의 덧셈정리를 이용하자.

$$\begin{aligned}\sin(x+2\pi)&=\sin x\cos 2\pi+\cos x\sin 2\pi\\&=\sin x\cdot 1+\cos x\cdot 0\\&=\sin x\end{aligned}$$

다른 것도 쉽게 보일 수 있다. ■

위 예제에 의하여 $\sin x$와 $\cos x$는 주기가 $2\pi$인 **주기함수**(periodic function)이고, $\tan x$는 주기가 $\pi$인 주기함수라는 것을 알 수 있다. 다음은 $\sin x$, $\cos x$, $\tan x$의 그래프를 그려 놓은 것이다.

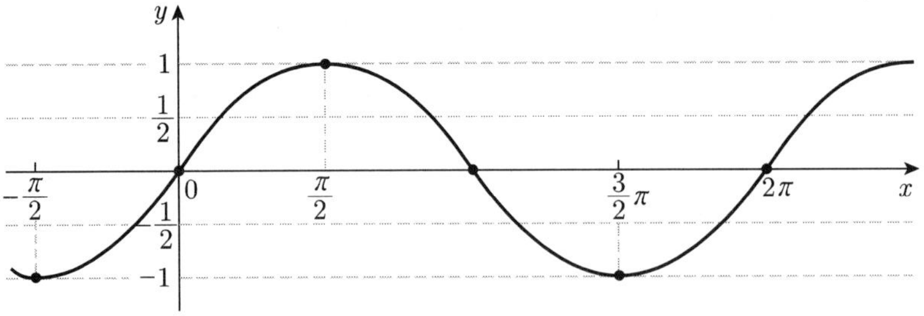


$y=\sin x$의 그래프

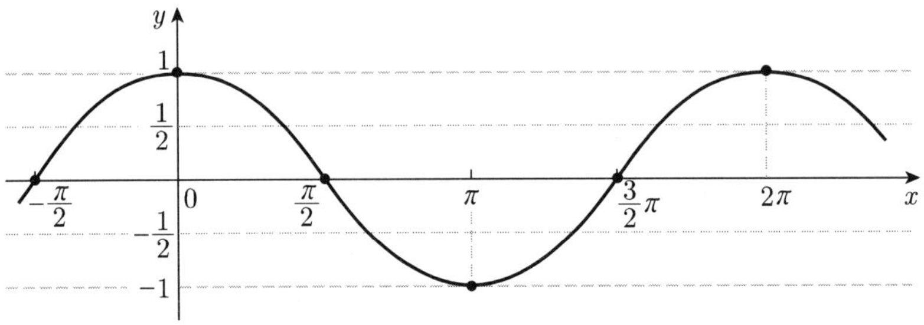


$y=\cos x$의 그래프

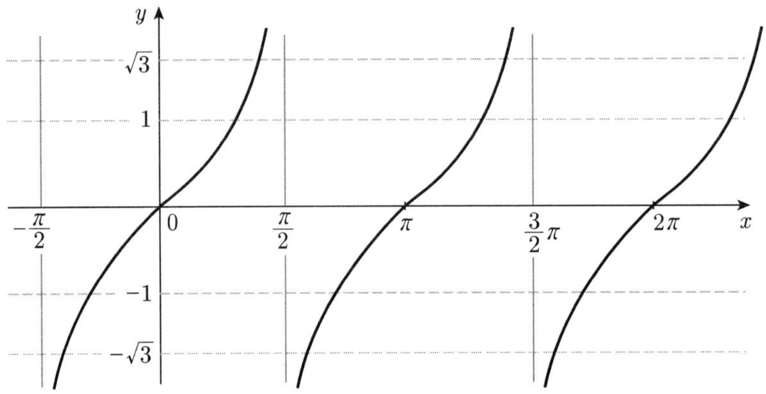


$y=\tan x$의 그래프

**예제 3**

삼각방정식 $2\sin^2 x - \cos x = 1$의 해를 구하시오. (단, $0 \le x \le \pi$)

**풀이** $\sin^2 x = 1 - \cos^2 x$을 방정식에 대입하면

$$2(1-\cos^2 x) - \cos x = 1$$

이고, 이것은 $2\cos^2 x + \cos x - 1 = 0$으로

$$\begin{aligned} 2\cos^2 x + \cos x - 1 &= (\cos x + 1)(2\cos x - 1) \\ &= 0 \end{aligned}$$

이다. 그리하여 $\cos x = -1$ 또는 $\cos x = \dfrac{1}{2}$이므로 $x = \pi$ 또는 $x = \dfrac{\pi}{3}$이다. ■

## Quiz

**1.** 평면상의 임의의 두 점 $P(x_1, y_1)$, $Q(x_2, y_2)$사이의 거리공식은 어떻게 주어지는가?

**2.** 다음은 삼각함수의 덧셈정리 공식이다.

(a) $\sin(\alpha+\beta)=$ 【　　　　　　】

$\sin(\alpha-\beta)=$ 【　　　　　　】

(b) $\cos(\alpha+\beta)=$ 【　　　　　　】

$\cos(\alpha-\beta)=$ 【　　　　　　】

**3.** Geogebra를 이용하는 것에 의하여 다음 삼각함수들의 그래프를 그려보시오.

(a) $y=\sin x$, $y=\sin 2x$, $y=\sin\frac{x}{2}$ ,

(힌트: 같은 좌표평면에 함께 그려보면 도움이 됩니다)

(b) $y=\cos x$, $y=\cos 2x$, $y=\cos\frac{x}{2}$,

(c) $y=\tan x$, $y=\tan 2x$, $y=\tan\frac{x}{2}$.

**4.** $\sin 2\theta = 2\sin\theta\cos\theta$임을 증명하시오.

(힌트 : 2번의 (a) 에서 $\alpha=\theta$, $\beta=\theta$라 놓음)

## 연습문제 5.3

**1.** 임의의 $\theta$에 대하여 다음이 성립함을 증명하시오.

(a) $\sin(\frac{\pi}{2}+\theta)=\cos\theta$, $\cos(\frac{\pi}{2}+\theta)=-\sin\theta$, $\tan(\frac{\pi}{2}+\theta)=-\cot\theta$

(b) $\sin(\pi+\theta)=-\sin\theta$, $\cos(\pi+\theta)=-\cos\theta$, $\tan(\pi+\theta)=\tan\theta$

**2.** 삼각방정식 $2\sin^2 x+\cos x-1=0,(\ 0\le x\le 2\pi)$을 만족하는 $x$를 구하시오.

**3.** 삼각함수의 덧셈정리를 이용하는 것에 의하여 다음의 값을 구하시오.

(a) $\sin\frac{3}{4}\pi$ (b) $\cos\frac{\pi}{12}$ (c) $\tan\frac{5}{12}\pi$

**4.** $\cos\alpha=\frac{4}{5}, \sin\beta=\frac{15}{17}$ 일 때, $\sin(\alpha+\beta)$의 값을 구하시오.

(단, $0<\alpha<\frac{\pi}{2}, \frac{\pi}{2}<\beta<\pi$ )

**5.** 다음 삼각함수의 배각공식을 유도하시오.

(a) $\sin 2\theta = 2\sin\theta\cos\theta$

(b) $\cos 2\theta=\cos^2\theta-\sin^2\theta=2\cos^2\theta-1=1-2\sin^2\theta$

(c) $\tan 2\theta=\dfrac{2\tan\theta}{1-\tan^2\theta}$

(힌트: 삼가감수의 덧셈공식 이용)

**6.** $\sin\theta=\dfrac{3}{\sqrt{10}}$일 때, $\sin 2\theta$, $\cos 2\theta$, $\tan 2\theta$의 값을 구하시오.

(단, $0<\theta<\frac{\pi}{2}$이다.)

**7.** 좌표평면에서 각 $\alpha, \beta, \gamma$에 대하여 $\alpha+\beta=\gamma$일 때 점 $P$의 $y$좌표 값을 구하시오.

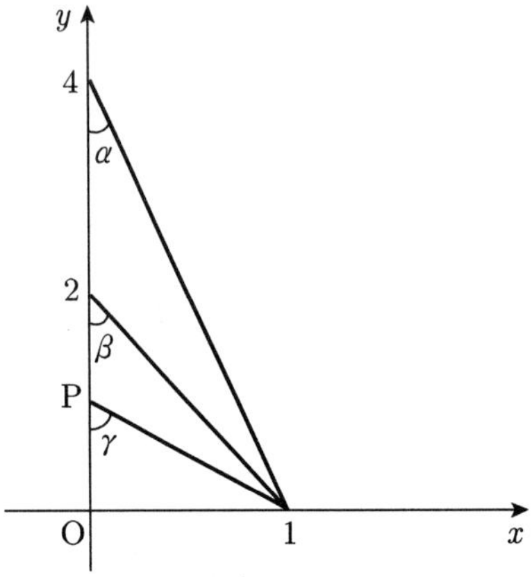

## AI, ChatGPT에게 물어보자.

* ChatGPT : 역함수가 뭔지 설명을 해줘
* ChatGPT : 역삼각함수를 왜 만들게 된 거야?
* ChatGPT : 역삼각함수의 기호 $\sin^{-1}x$는 누가 처음으로 사용하기 시작한 거야?
* ChatGPT : 역삼각함수를 이용하여 수학의 어떤 문제들을 해결할 수 있는지 구체적으로 예를 들어줘
* ChatGPT : 역삼각함수를 정의하기 위해서 삼각함수의 정의역을 제한 하는데 왜 그런지 설명을 해줘
* ChatGPT : $\sin^{-1}x$는 $\dfrac{1}{\sin x}$와 다른 건가?
* ChatGPT : $\sin^{-1}\left(-\dfrac{\sqrt{2}}{2}\right)$을 계산할 수 있어?

## 5.4 역삼각함수의 소개

역함수란 주어진 함수에 의하여 보내진 원소를 자기 자신으로 되돌려주는 함수를 말한다. 또한 역함수를 논의하기 위해서는 주어진 함수가 일대일 대응 함수이어야 한다.

이 절에서는 삼각함수의 역함수를 생각하고자 한다.

그러나 삼각함수는 주기함수로서 일대일 대응 함수가 아니다. 그리하여 각 삼각함수의 역함수를 생각하기 위해서는 각 삼각 함수의 정의역을 제한해야 한다.

### sine함수의 역함수($\sin^{-1}x$, arcsine)

함수 $f(x)=\sin x$라 하고 함수 $f$의 정의역을 $\left[-\dfrac{\pi}{2}, \dfrac{\pi}{2}\right]$로 제한하자. 그리고 나면

함수 $f$ 는 $\left[-\frac{\pi}{2}, \frac{\pi}{2}\right]$ 에서 $[-1, 1]$ 로의 일대일 대응함수가 된다. 그리하여 우리는 함수 $f$ 의 역함수를 생각할 수 있다.

**정의 1 sine의 역함수**

함수 $f(x) = \sin x,\ x \in \left[-\frac{\pi}{2}, \frac{\pi}{2}\right]$ 에 대하여 함수 $f$ 의 역함수는

$$f^{-1}(x) = \sin^{-1} x$$

에 의하여 정의한다.

역함수 성질에 의하여

$$y = \sin^{-1} x \quad \Leftrightarrow \quad x = \sin y$$

다음 그림은 $y = \sin^{-1} x$ 의 그래프를 그려놓은 것으로서 역함수 성질에 의하여 $y = \sin x$ 의 그래프와 직선 $y = x$ 에 대하여 대칭이다.

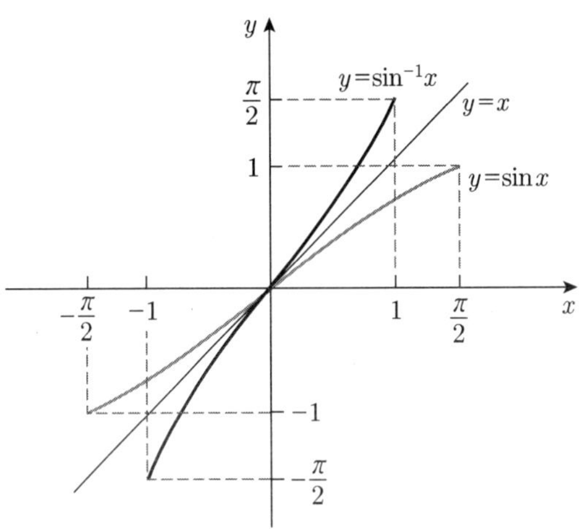


$y = \sin^{-1} x$ 의 그래프

## 예제 1

다음의 값을 계산하시오.

(a) $\sin^{-1}\frac{1}{2}$ (b) $\sin^{-1}\frac{\sqrt{3}}{2}$ (c) $\sin^{-1}\left(-\frac{\sqrt{2}}{2}\right)$

**풀이** (a) $\theta=\sin^{-1}\frac{1}{2}$이라 하자. 그리고 나면 역함수 성질에 의하여 $\frac{1}{2}=\sin\theta$이다. $\theta\in\left[-\frac{\pi}{2},\frac{\pi}{2}\right]$에 대하여 $\sin\theta=\frac{1}{2}$을 만족하는 $\theta=\frac{\pi}{6}$이므로 $\sin^{-1}\frac{1}{2}=\frac{\pi}{6}$이다

(b) $\theta=\sin^{-1}\frac{\sqrt{3}}{2}$이라 하면 $\sin\theta=\frac{\sqrt{3}}{2}$이므로 $\theta=\frac{\pi}{3}$이다.

즉, $\sin^{-1}\frac{\sqrt{3}}{2}=\frac{\pi}{3}$

(c) $\sin^{-1}\left(-\frac{\sqrt{2}}{2}\right)=\theta$라 하자. 그리고 나면 역함수 성질에 의하여 $\sin\theta=-\frac{\sqrt{2}}{2}$으로서 $\theta=-\frac{\pi}{4}$이다. 따라서 $\sin^{-1}\left(-\frac{\sqrt{2}}{2}\right)=-\frac{\pi}{4}$이다. ■

### cosine함수의 역함수($\cos^{-1}x$, arccosine)

함수 $f(x)=\cos x$라 하고, 함수 $f$가 일대일대응함수가 되도록 함수 $f$의 정의역을 $[0,\pi]$로 제한하자. 그리고 나면 함수

$$f(x)=\cos x : [0,\pi] \quad\rightarrow\quad [-1,1]$$

로의 일대일 대응함수가 된다. 그리하여 함수 $f$의 역함수가 존재하고 다음 정의에서와 같이 $\cos x$의 역함수 $\cos^{-1}x$를 정의하고자 한다.

**정의 2 cosine의 역함수**

함수 $f(x)=\cos x$, $x\in[0,\pi]$에 대하여 함수 $f$의 역함수 $f^{-1}(x)$는 다음과 같이 정의한다.

$$f^{-1}(x)=\cos^{-1}x$$

그리고 나면 역함수 성질에 의하여

$$y = \cos^{-1}x \quad \Leftrightarrow \quad x = \cos y$$

다음 그림은 $y = \cos^{-1}x$의 그래프를 그려놓은 것으로 $y = \cos x$의 그래프와 $y = x$에 대하여 대칭이게 위치한다.

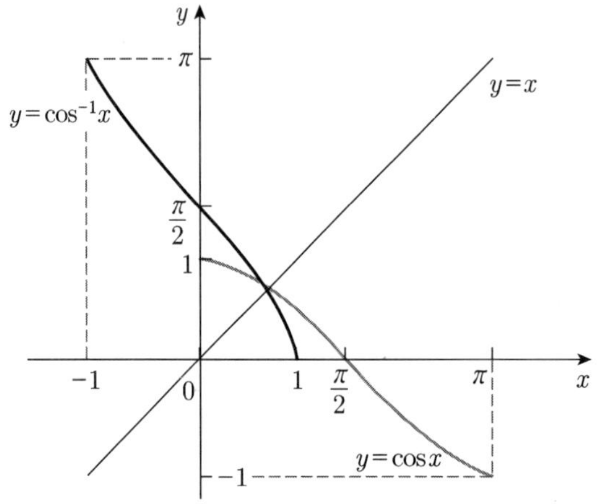


$y = \cos^{-1}(x)$의 그래프

## 예제 2

$\cos^{-1}\left(\dfrac{\sqrt{2}}{2}\right)$의 값을 구하시오.

**풀이** $\cos^{-1}\left(\dfrac{\sqrt{2}}{2}\right) = x$라 하면 역함수 성질에 의하여

$$\frac{\sqrt{2}}{2} = \cos x$$

이고, $x \in [0, \pi]$이므로 $x = \dfrac{\pi}{4}$이다. 즉, $\cos^{-1}\left(\dfrac{\sqrt{2}}{2}\right) = \dfrac{\pi}{4}$이다. ■

### 예제 3

다음의 값을 구하시오.

(a) $\cos^{-1} 0$ (b) $\cos^{-1}\dfrac{\sqrt{3}}{2}$ (c) $\cos^{-1}\left(-\dfrac{\sqrt{2}}{2}\right)$

**풀이** (a) $\cos^{-1} 0 = \theta$라 하자. 그리고 나면 $\cos\theta = 0$이고, 이것을 만족하는 $\theta \in [0, \pi]$는 $\theta = \dfrac{\pi}{2}$이다. 즉, $\cos^{-1}\theta = \dfrac{\pi}{2}$이다.

(b) $\cos^{-1}\dfrac{\sqrt{3}}{2} = \theta \Leftrightarrow \cos\theta = \dfrac{\sqrt{3}}{2}$, $\theta \in [0, \pi]$. 따라서 $\theta = \dfrac{\pi}{6}$이다.

(c) $\cos^{-1}\left(-\dfrac{\sqrt{2}}{2}\right) = \theta \Leftrightarrow \cos\theta = -\dfrac{\sqrt{2}}{2}$, $\theta \in [0, \pi]$. 따라서 $\theta = \dfrac{3}{4}\pi$이다.

$\cos\dfrac{3}{4}\pi$의 값을 구해보시오. ■

## tangent함수의 역함수($\tan^{-1}x$, arctangent)

**정의 3 tangent의 역함수**

함수 $f(x) = \tan x$ $x \in \left(-\dfrac{\pi}{2}, \dfrac{\pi}{2}\right)$에 대하여 역함수는

$$f^{-1}(x) = \tan^{-1}x$$

으로 정의한다.

그리고 나면 역함수 성질에 의하여

$$y = \tan^{-1}x \quad \Leftrightarrow \quad x = \tan y$$

이 성립한다. 다음은 $y = \tan^{-1}x$ 의 그래프를 그려놓은 것이다.

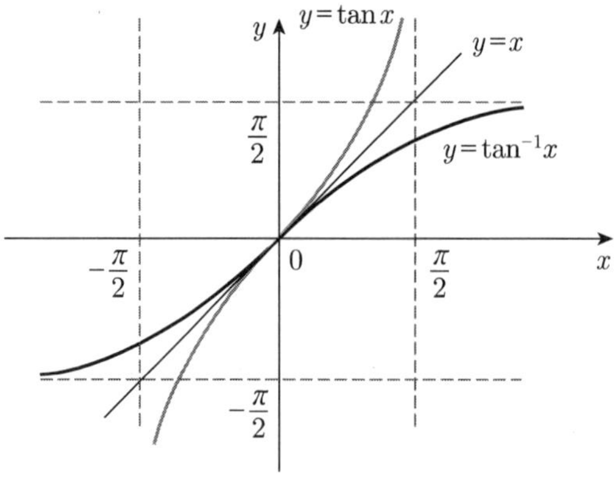


$y = \tan^{-1}x$ 의 그래프

## 예제 4

$\tan^{-1}\sqrt{3}$ 의 값을 구하시오.

**풀이** $\theta = \tan^{-1}\sqrt{3}$ 이라 하면 역함수 성질에 의하여 $\tan\theta = \sqrt{3}$ 이다. 여기서 $\theta \in \left(-\frac{\pi}{2}, \frac{\pi}{2}\right)$ 이므로 $\theta = \frac{\pi}{3}$ 이다. 따라서 $\tan^{-1}\sqrt{3} = \frac{\pi}{3}$ 이다. ■

## 예제 5

$\tan\left(\cos^{-1}\frac{1}{3}\right)$ 의 값을 구하시오.

**풀이** $\cos^{-1}\frac{1}{3} = \theta$ 라 하자. 그리고 나면 $\cos\theta = \frac{1}{3}$ 이고 각 $\theta$ 를 예각으로 하는 다음 직각삼각형에서 $\tan\theta$ 의 값을 구하면 된다.

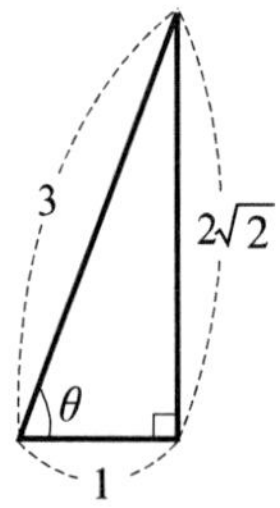


$\tan\theta = 2\sqrt{2}$ 므로 $\tan\left(\cos^{-1}\frac{1}{3}\right) = 2\sqrt{2}$ 이다. ■

## Quiz

**1.** (a) $\sin^{-1}x$의 정의역을 구하시오.

(b) $\cos^{-1}x$의 정의역을 구하시오.

(c) $\tan^{-1}x$의 정의역을 구하시오.

**2.** 역함수는 주어진 함수에 의하여 보내진 원소를 다시【　　】으로 되돌려 주는 함수이다.

**3.** 역삼각함수에 대하여 다음이 성립한다.

(a) $y=\sin^{-1}x$ ⇔ $x=\sin$【　】

(b) $y=\cos^{-1}x$ ⇔ 【　】$=\cos y$

(c) $y=\tan^{-1}x$ ⇔ $x=\tan$【　】

**4.** 다음의 값을 구하시오.

(a) $\sin^{-1}\frac{1}{2}$, (b) $\sin^{-1}\frac{\sqrt{3}}{2}$, (c) $\sin^{-1}1$

**5.** 다음의 값을 구하시오.

(a) $\cos^{-1}\frac{1}{2}$, (b) $\cos^{-1}0$, (c) $\cos^{-1}(-1)$

**6.** 다음의 값을 구하시오.

(a) $\tan^{-1}\frac{1}{\sqrt{3}}$, (b) $\tan^{-1}1$ (c) $\tan^{-1}0$

**7.** Geogebra를 이용하여 $y=\sin^{-1}x$, $y=\cos^{-1}x$, $y=\tan^{-1}x$의 그래프를 그리시오.

## 연습문제 5.4

**1.** 다음의 값을 구하시오.

(a) $\sin^{-1}(-1)$

(b) $\cos^{-1}\dfrac{1}{2}$

(c) $\tan^{-1}1$

(d) $\sin^{-1}(0)$

(e) $\cos^{-1}\left(-\dfrac{\sqrt{2}}{2}\right)$

(f) $\tan^{-1}\left(-\dfrac{1}{\sqrt{3}}\right)$

**2.** 다음의 값을 구하시오.

(a) $\cos^{-1}\left(\sin\dfrac{\pi}{4}\right)$

(b) $\sin\left(\cos^{-1}\dfrac{\sqrt{3}}{2}\right)$

(c) $\tan\left(\sin^{-1}\dfrac{\sqrt{3}}{2}\right)$

(d) $\sin\left(\tan^{-1}\dfrac{4}{3}\right)$

(e) $\cos\left(\tan^{-1}\dfrac{4}{3}\right)$

(f) $\sec(\tan^{-1}2)$

**3.** 다음의 값을 구하시오.

(a) $\sin^{-1}\left(\sin\dfrac{\pi}{3}\right)$

(b) $\cos^{-1}\left(\cos\dfrac{\pi}{6}\right)$

(c) $\tan^{-1}\left(\tan\dfrac{\pi}{4}\right)$

(d) $\sin\left(\sin^{-1}\dfrac{1}{2}\right)$

(e) $\tan(\tan^{-1}1)$

**4.** $\alpha=\sin^{-1}\left(\dfrac{5}{13}\right)$일 때, $\sin\alpha$, $\cos\alpha$, $\tan\alpha$의 값을 구하시오.

**5.** 다음을 증명하시오.

(a) $\sin^{-1}(\sin x)=x,\ x\in\left[-\dfrac{\pi}{2},\ \dfrac{\pi}{2}\right]$

(b) $\cos^{-1}(\cos x)=x,\ x\in[0,\ \pi]$

(c) $\tan^{-1}(\tan x) = x, \ x \in \left(-\frac{\pi}{2}, \ \frac{\pi}{2}\right)$

**6.** $\sin^{-1}x = \cos^{-1}x$를 만족하는 $x$값을 구하시오.

**7.** 다음 등식이 성립함을 증명하시오.

(a) $\sin^{-1}x + \cos^{-1}x = \frac{\pi}{2}$

(b) $\tan^{-1}x + \tan^{-1}\frac{1}{x} = \frac{\pi}{2}$

6장

# 지수, 로그 및 쌍곡선삼각함수

## AI, ChatGPT에게 물어보자.

* ChatGPT : 초월수가 뭔지 설명을 해줘
* ChatGPT : 초월수에는 어떤 수들이 있는지 말해줘
* ChatGPT : 수학에서 사용하는 문자 $e$는 누가 처음으로 사용하기 시작한 거야?
* ChatGPT : 제곱근에 대하여 자세히 설명을 해줘
* ChatGPT : $\sqrt{2}$에서와 같이 $\sqrt{\ }$라는 기호는 누가 처음 사용하기 시작한 거야?
* ChatGPT : $\sqrt[5]{3}$과 $3^{\frac{1}{5}}$은 왜 같은 거야?
* ChatGPT : 어떤 수를 왜 0으로 나눌 수 없는 거야?

# 6.1 지수법칙과 제곱근에 대하여

이 절에서는 지수법칙과 제곱근에 대하여 소개하고자 한다.

먼저 실수 $a$에 대하여 $a$를 $n$번 곱한 것을 $a$의 **$n$제곱**(n square)이라 하며 $a^n$으로 나타낸다.

$$\underbrace{a \cdot a \cdot \quad \cdot a}_{n\text{개}} = \underset{a\text{의 } n\text{제곱}}{a^n}$$

특히, $a$의 제곱, $a$의 세제곱, …등을 통틀어 $a$의 **거듭제곱**(power)이라 하며 $a^n$에서 $a$를 거듭제곱의 **밑**(base), $n$을 거듭제곱의 **지수**(exponent)라 부른다.

지수에 대하여 다음과 같은 지수법칙이 성립한다.

**정리 1 지수법칙**

실수 $a, b$와 양의 정수 $m, n$에 대하여 다음이 성립한다.

(1) $a^m a^n = a^{m+n}$ (2) $(a^m)^n = a^{mn}$ (3) $(ab)^n = a^n b^n$

## 예제 1

다음 등식을 만족시키는 $x$값을 구하시오.

(a) $3^2 \cdot 3^x = 3^8$

(b) $(2^3)^x = 2^{15}$

(c) $(2^x \cdot 3^2)^3 = 2^9 \cdot 3^6$

**풀이** (a) 지수 법칙에 의하여

$$3^2 \cdot 3^x = 3^{2+x} = 3^8$$

이므로 $2+x=8$에 의하여 $x=6$을 얻는다..

(b) $(2^3)^x = 2^{3x} = 2^{15}$으로 $3x=15$이고 $x=5$이다.

(a) $(2^x \cdot 3^2)^3 = (2^x)^3 \cdot (3^2)^3 = 2^{3x} \cdot 3^6 = 2^9 \cdot 3^6$

이므로 $3x=9$에 의하여 $x=3$이다. ■

양의 정수에 대한 지수법칙의 (3)에 의하여 $\left(\frac{a}{b}\right)^n = \frac{a^n}{b^n}$이 또한 성립한다.

우리는 1장에서 실수를 소개함에 있어 $\sqrt{2}$에 대하여 언급하였다.

$\sqrt{2}$는 제곱하였을 때 2가 되는 수 $x$를 나타내는 것이다. 즉,

$$x^2 = 2 \quad \Leftrightarrow \quad x = \sqrt{2}$$

다음에는 이것을 일반화한 **제곱근**에 대하여 소개하고자 한다.

임의의 실수 $a$에 대하여 $n$이 2 이상의 자연수일 때 $n$제곱하여 $a$가 되는 수, 즉 방정식 $x^n = a$를 만족하는 $x$를 $a$의 **$n$제곱근**(n square root)이라 하며, 기호로 $\sqrt[n]{a}$에 의하여 나타낸다. $a$의 제곱근, 세제곱근, …을 통틀어 $a$의 **거듭제곱근**(radical root)이라 한다.

$$x^n = a \quad \Leftrightarrow \quad x = \sqrt[n]{a}$$

방정식 $x^n = a$를 만족하는 실수 $x$를 $\sqrt[n]{a}$ 으로 나타내며 이것은 $n$이 홀수일 때와 짝수일 때로 나누어 생각해야 한다 .

### (i) n이 홀수인 경우

다음 그림에서 알 수 있듯이 방정식 $x^n = a$의 근은 곡선 $y = x^n$과 직선 $y = a$이 만나는 교점의 $x$좌표로서 오직 하나만 존재하고 이것이 $\sqrt[n]{a}$ ($a$의 $n$제곱근)이다.

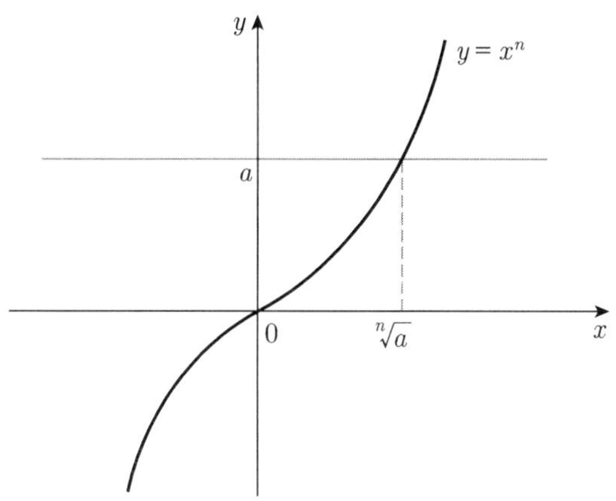


$n$이 홀수일 때 곡선 $y = x^n$의 그래프와 직선 $y = a$

### (ii) n이 짝수인 경우

$n$이 짝수이면 $x^n \geq 0$이므로 $a \geq 0$일 때만 방정식 $x^n = a$의 근을 생각할 수 있다.

이 경우 곡선 $y = x^n$의 그래프는 포물선의 형태로 $n$이 커질수록 $y$축에 더 가까워진다. 예를 들어 $y = x^2$와 $y = x^4$의 그래프를 생각하여 보아라.

다음 그림에서 알 수 있듯이 방정식 $x^n = a$의 근은 양수, 음수 두 개가 존재하며 양인 것을 $\sqrt[n]{a}$ 으로 음인 것은 $-\sqrt[n]{a}$ 으로 나타낸다.

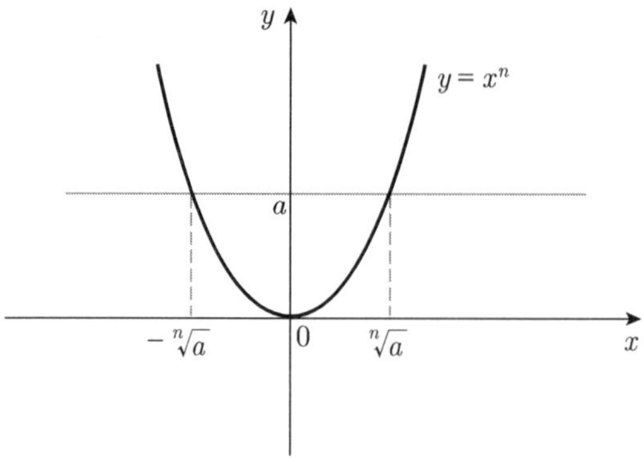


$n$이 짝수일 때 곡선 $y=x^n$의 그래프와 직선 $y=a$

**참고** $x^n=a$에서 $n=2$인 경우 $a$의 2제곱근에 대해서는 $\sqrt[2]{a}$으로 쓰지 않고 2를 생략하여 $\sqrt{a}$으로 나타낸다.

## 예제 2

다음의 값을 구하시오.

(a) $\sqrt[3]{0.008}$　　　(b) $\sqrt[5]{-32}$

**풀이** (a) $\sqrt[3]{0.008}=x$라 하자. 그리고 나면 $x^3=0.008$이다. 그러나 $(0.2)^3=0.008$이므로 $x=0.2$ 즉 $\sqrt[3]{0.008}=0.2$이다.

(b) $\sqrt[5]{-32}=x$라 하면 $x^5=-32$이다. 그러나 $(-2)^5=-32$이므로 $\sqrt[5]{-32}=-2$이다. ■

거듭제곱근에 대하여 다음과 같은 사실이 성립한다.

### 정리 2 거듭제곱근의 성질

두 양의 실수 $a, b$와 양의 정수 $m, n$에 대하여 다음이 성립한다.

(1) $\sqrt[n]{a}\sqrt[n]{b}=\sqrt[n]{ab}$　　　(2) $\dfrac{\sqrt[n]{a}}{\sqrt[n]{b}}=\sqrt[n]{\dfrac{a}{b}}$

(3) $\sqrt[m]{a^n}=(\sqrt[m]{a})^n$　　　(4) $\sqrt[m]{\sqrt[n]{a}}=\sqrt[mn]{a}$

**증명** (1) $\sqrt[n]{a}=x$, $\sqrt[n]{b}=y$라 하자. 그리고 나면 $x^n=a$, $y^n=b$이다.

그리하여 $(xy)^n=x^n \cdot y^n=a \cdot b$이며 제곱근의 정의에 의하여 $xy=\sqrt[n]{ab}$이다.

따라서 $\sqrt[n]{a} \cdot \sqrt[n]{b} = \sqrt[n]{ab}$이다.

(2) (1)과 비슷하게 증명할 수 있다.

(3) $\sqrt[m]{a}=x$라 하자. 그리고 나면 $x^m=a$이며 양변을 $n$제곱 하면

$$(x^m)^n=a^n$$

이다. 그러나

$$(x^m)^n=x^{mn}=(x^n)^m$$

이고, 따라서

$$(x^n)^m=a^n$$

으로 제곱근의 정의에 의하여

$$x^n=\sqrt[m]{a^n}$$

이다. $x$는 $\sqrt[m]{a}$이므로 대입하면

$$(\sqrt[m]{a})^n=\sqrt[m]{a^n}$$

을 얻을 수 있다.

(4) $\sqrt[n]{a}=x$, $\sqrt[m]{x}=y$라 하면 $x^n=a$, $x=y^m$이다. 따라서

$$y^{mn}=(y^m)^n=x^n=a$$

이므로 $y=\sqrt[mn]{a}$이고 $y=\sqrt[m]{x}$이고 $x=\sqrt[n]{a}$에 의하여 $\sqrt[m]{\sqrt[n]{a}}=\sqrt[mn]{a}$이다. ■

## 예제 3

다음의 값을 구하시오.

(a) $\sqrt[3]{9} \cdot \sqrt[3]{81}$ (b) $\dfrac{\sqrt[5]{64}}{\sqrt[5]{2}}$ (c) $\sqrt{\sqrt[3]{64}}$

**풀이** (a) $\sqrt[3]{9} \cdot \sqrt[3]{81} = \sqrt[3]{9 \cdot 81} = \sqrt[3]{9^3} = 9$

(b) $\dfrac{\sqrt[5]{64}}{\sqrt[5]{2}} = \sqrt[5]{\dfrac{64}{2}} = \sqrt[5]{32} = \sqrt[5]{2^5} = 2$

(c) $\sqrt{\sqrt[3]{64}} = \sqrt[6]{64} = \sqrt[6]{2^6} = 2$ ■

지금까지는 지수가 양의 정수인 경우만을 고려하였다. 그러나 지수를 음의 정수, 유리수, 실수일 때까지 지수법칙을 만족시키면서 자연스럽게 확장하고자 한다.

먼저 $a^n$에 있어서 지수 $n$이 0 또는 음의 정수일 때의 $a^n$을 정의하자.

$m, n$이 양의 정수이고, $m > n$일 때 성립하는 지수법칙

$$a^m \div a^n = a^{m-n}$$

이 $m = n, m < n$일 때도 성립한다고 하면, 즉

(1) $m = n$일 때

$$\begin{aligned} a^m \div a^n &= a^{m-n} \\ &= a^{m-m} \\ &= a^0 \end{aligned}$$

이다. 그러나 $m = n$이므로 $a^m \div a^n = 1$이므로 $a^0 = 1$이다.

$$a^0 = 1$$

(2) $m = 0$일 때

(1)에 의하여 $a^0 = 1$이므로

$$\begin{aligned} 1 \div a^n &= a^0 \div a^n \\ &= a^{0-n} \\ &= a^{-n} \end{aligned}$$

여기서 $1 \div a^n = \dfrac{1}{a^n}$이므로 $a^{-n} = \dfrac{1}{a^n}$이다.

$$a^{-n} = \frac{1}{a^n}$$

(1)과 (2)에 의하여 지수가 0 일 때 그리고 음의 정수인 경우를 정의하였다.

## 예제 4

다음을 간단히 하시오.

(a) $(-3)^0$　　(b) $2^{-3}$　　(c) $\left(\frac{1}{2}\right)^{-3}$

**풀이** (a) $(-3)^0 = 1$

(b) $2^{-3} = \frac{1}{2^3} = \frac{1}{8}$

(c) $\left(\frac{1}{2}\right)^{-3} = \frac{1}{\left(\frac{1}{2}\right)^3} = \frac{1}{\frac{1}{8}} = 8$

■

다음에는 지수가 유리수일 때로 확장하고자 한다.

$a > 0$일 때 정수 $m, n$에 대하여 성립하는 지수법칙

$$(a^m)^n = a^{mn}$$

이 지수가 유리수일 때에도 성립한다면 임의의 정수 $m$과 양의 정수 $n$에 대하여

$$\left(a^{\frac{m}{n}}\right)^n = a^{\frac{m}{n} \times n} = a^m$$

이다. 이때, $a^m > 0$이므로 $a^{\frac{m}{n}}$은 $a^m$의 $n$제곱근이다. 즉,

$$a^{\frac{m}{n}} = \sqrt[n]{a^m}$$

따라서 지수가 유리수인 경우 다음과 같이 정의한다.

$a > 0$이고 $m$이 정수, $n$이 양의 정수일 때

$$a^{\frac{m}{n}} = \sqrt[n]{a^m}$$

특별히, $m = 1$인 경우

$$a^{\frac{1}{n}} = \sqrt[n]{a}$$

## 예제 5

다음을 간단히 하시오.

(a) $8^{\frac{2}{3}}$ (b) $3^{-0.5}$ (c) $\sqrt{81^3} \div \sqrt[3]{27^2}$

**풀이** (a) $8^{\frac{2}{3}} = \sqrt[3]{8^2} = \sqrt[3]{64} = \sqrt[3]{4^3} = 4^{\frac{3}{3}} = 4$

(b) $3^{-0.5} = 3^{-\frac{1}{2}} = (3^{-1})^{\frac{1}{2}} = \sqrt{3^{-1}} = \sqrt{\frac{1}{3}} = \frac{1}{\sqrt{3}} = \frac{\sqrt{3}}{3}$

(c) $\sqrt{81^3} \div \sqrt[3]{27^2} = 81^{\frac{3}{2}} \div 27^{\frac{2}{3}} = (3^4)^{\frac{3}{2}} \times (3^3)^{-\frac{2}{3}} = 3^6 \times 3^{-2} = 3^{6-2} = 3^4 = 81$ ■

$x$가 유리수일 때, 즉 $x = \frac{m}{n}$ ($m, n$은 정수, $n > 0$)에 대하여 $2^x$는

$$2^x = 2^{\frac{m}{n}} = \sqrt[n]{2^m}$$

와 같이 정의하였다.

$x$가 무리수일 때 $2^x$는 어떻게 정의해야 할까?

예를 들어, $2^{\sqrt{2}}$를 생각해보자. 여기서

$$\sqrt{2} = 1.41421356\cdots$$

이므로 $\sqrt{2}$는 1, 1.4, 1.41, 1.414, 1.4142, 1.41421, ⋯과 같은 유리수의 극한으로 볼 수 있다. 그리하여 $2^{\sqrt{2}}$는 $2^1, 2^{1.4}, 2^{1.41}, 2^{1.414}, 2^{1.4142}, 2^{1.41421}, \cdots$의 극한으로 정의할 수 있다.

## 예제 6

다음을 간단히 하시오.

(a) $2^{\sqrt{3}}2^{\sqrt{12}}$ (b) $(2^{\sqrt{2}})^{\sqrt{8}}$ (c) $(2^{\sqrt{8}} \div 2^{\sqrt{2}})^{\frac{1}{\sqrt{2}}}$

**풀이** (a) $2^{\sqrt{3}}2^{\sqrt{12}} = 2^{\sqrt{3}}2^{2\sqrt{3}} = 2^{\sqrt{3}+2\sqrt{3}} = 2^{3\sqrt{3}}$

(b) $(2^{\sqrt{2}})^{\sqrt{8}} = 2^{\sqrt{2}\times 2\sqrt{2}} = 2^4 = 16$

(c) $(2^{\sqrt{8}} \div 2^{\sqrt{2}})^{\frac{1}{\sqrt{2}}} = (2^{2\sqrt{2}-\sqrt{2}})^{\frac{1}{\sqrt{2}}} = 2$ ■

### 예제 7

두 실수 $x$, $y$에 대하여 $2^x = 3^y = 36$을 만족시킬 때 $\frac{1}{x}+\frac{1}{y}$의 값을 구하시오.

**풀이** $2^x = 3^y = 36$에서 $2 = 36^{\frac{1}{x}}$, $3 = 36^{\frac{1}{y}}$이다. 그리고 나면

$$36^{\frac{1}{x}} \times 36^{\frac{1}{y}} = 36^{\frac{1}{x}+\frac{1}{y}} = 2 \times 3$$

그러나 $36^{\frac{1}{x}+\frac{1}{y}} = 6^{2(\frac{1}{x}+\frac{1}{y})}$이고, 이 값이 6이므로 $2(\frac{1}{x}+\frac{1}{y}) = 1$이다.

따라서 $\frac{1}{x}+\frac{1}{y} = \frac{1}{2}$이다. ■

## Quiz

※ 다음 【 】안에 알맞은 것을 구하시오.

**1.** (a) $2\times2\times2\times2\times2=2^{[\ \ ]}$, (b) $2^2\times2^3=2^{[\ \ ]}$,

(c) $(2^2)^3=2^{[\ \ ]}$, (d) $(2\times3)^3=2^{[\ \ ]}\times3^{[\ \ ]}$

**2.** 1번에 의하여 알 수 있듯이 다음과 같은 지수 법칙이 성립한다.

(1) $a^m\times a^n=a^{[\ \ ]}$ (2) $(a^m)^n=a^{[\ \ ]}$

(3) $(a\times b)^n=a^{[\ \ ]}\times b^{[\ \ ]}$

**3.** $a$의 $n$제곱 $a^n$은 실수 $a$을 【 】번 곱한 것을 의미한다. 여기서 $a$을 거듭제곱의 【 】, $n$을 거듭제곱의 【 】라고 부른다. 예를 들어 $2^5$은 2을 【 】번 곱한 것이다.

**4.** 방정식 $x^n=a$을 만족하는 $x$을 $a$의 $n$제곱근이라 하며 기호로 $\sqrt[n]{a}$에 의하여 나타낸다. 즉, 다음과 같은 관계가 성립한다.

$$x^n=a \quad \Leftrightarrow \quad x = 【\ \ 】$$

**5.** 4번에서 제곱근의 정의에 의하여 $x^2=2$이면 $x=$【 】으로 나타낸다. 여기서 2제곱근의 경우 2는 생략하여 간단히 【 】라고 쓴다.

**6.** Geogebra를 이용하여 다음을 하시오.

$x^2=2$는 $x^2-2=0$과 같으며 $\sqrt{2}$는 결국 방정식 $x^2-2=0$의 해가 된다. 기하적으로 살펴보면 $x^2=2$는 곡선 $y=x^2$과 직선 【 】가 만나는 교점으로 그 교점의 값은 【 】이다. 또한 계산기를 이용하여 $x^2-2=0$의 근(해)을 찾아보시오.

**7.** $x^3=5$을 만족하는 $x$을 $x=$【 】과 같이 정의한다. Geogebra 또는 계산기를 이용하여 다음을 하고 비교하시오.

(1) 곡선 $y=x^3$과 직선 $y=5$의 교점 (만나는 점) 은 ?

(2) 방정식 $x^3-5=0$의 해는 ?

(3) $\sqrt[3]{5}$ 의 값은 ?

(4) $5^{\frac{1}{3}}$의 값은 ?

**8.** (a) $\sqrt[3]{2}\times\sqrt[3]{3} = \sqrt[3]{[\quad]}$ (b) $\dfrac{\sqrt[3]{2}}{\sqrt[3]{3}} = \sqrt[[\,]]{\dfrac{2}{3}}$

(c) $\sqrt[7]{2^3} = (\sqrt[7]{2})^{[\,]}$ (d) $\sqrt[7]{\sqrt[3]{2}} = \sqrt[[\,]]{2}$

(Geogebra 또는 계산기로 등호가 성립하는지 확인해 보세요)

**9.** 제곱근에 대하여 다음이 성립한다.【 】안에 알맞은 것을 구하시오.

(1) $\sqrt[n]{a}\times\sqrt[n]{b} = \sqrt[n]{[\quad]}$

(2) $\dfrac{\sqrt[n]{a}}{\sqrt[n]{b}} = \sqrt[[\,]]{\dfrac{a}{b}}$

(3) $\sqrt[m]{a^n} = (\sqrt[m]{a})^{[\quad]}$

(4) $\sqrt[m]{\sqrt[n]{a}} = \sqrt[[\,]]{a}$

**10.** 임의의 실수 $a$에 대하여 다음을 정의한다. 즉,

(i) $a^0 =$ 【 】, 예를 들어 $5^0=1$, $(-3)^0 =$【 】, $(\sqrt{3})^0 =$ 【 】이다.

(ii) $a^{-n} =$ 【 】, 예를 들어 $3^{-2} = \dfrac{1}{[\,]} = \dfrac{1}{9}$이다.

(iii) $a^{\frac{m}{n}} =$ 【 】. 예를 들어 $3^{\frac{2}{5}} = \sqrt[5]{[\,]}$이다.

특별히 $m=1$인 경우 즉, $a^{\frac{1}{n}} = \sqrt[n]{a}$으로 정의한다. 예를 들어 $\sqrt[5]{3} = 3^{\frac{1}{[\,]}}$이다.

**11.** 다음의 값을 구하시오.

(1) $\sqrt{\dfrac{1}{9}}$ (2) $-\sqrt{0.04}$ (3) $\sqrt{\dfrac{9}{2}}\times\sqrt{\dfrac{4}{3}}$

(4) $\dfrac{2}{\sqrt{3}} \times \dfrac{1}{\sqrt{8}} \div \dfrac{\sqrt{2}}{\sqrt{5}}$ (5) $\dfrac{\sqrt[5]{64}}{\sqrt[5]{2}}$

(6) $\sqrt{\sqrt[3]{64}}$ (7) $(-\sqrt{7})^0$ (8) $\left(\dfrac{1}{2}\right)^{-3}$

(9) $2^{\sqrt{2}}2^{\sqrt{8}}$ (10) $8^{\frac{2}{3}}$

(본인이 구한 값이 맞는지 계산기로 확인해 보세요)

## 연습문제 6.1

**1.** 다음의 값을 구하시오.

(a) $\left(\dfrac{\sqrt{3}}{2}\right)^0$　　(b) $2^4 \times 2^3 \div 2^{-1}$　　(c) $\sqrt[3]{4} \times \sqrt[3]{16}$

**2.** 다음을 간단히 하시오.

(a) $\sqrt[3]{3} \times 3^{\frac{1}{2}}$　　(b) $4^{\frac{1}{4}} \times 2^{-\frac{1}{2}} \times \sqrt{2}$　　(c) $\sqrt{9^{\frac{1}{3}}} \times 3^{-\frac{1}{2}}$

**3.** $a > 0,\ b > 0$일 때 다음을 간단히 하시오.

(a) $\sqrt{a^3 b} \div \sqrt[3]{a^4 b^2} \times \sqrt[6]{a^5 b}$　　(b) $a \times \sqrt[3]{a^{-1}} \div a^{-\frac{2}{3}}$

**4.** 다음의 값을 구하시오

(a) $(\log_3 27) \times 8^{\frac{1}{3}}$　　(b) $3^{\frac{2}{3}} \times 9^{\frac{3}{2}} \div 27^{\frac{8}{9}}$

(c) $\sqrt[3]{(8 \times 27)^2}$　　(d) $\sqrt[3]{2\sqrt{2}} \times \sqrt[6]{8}$

(e) $(3\sqrt[3]{2} - \sqrt[6]{4})^3$

**5.** $a = 2^{\frac{1}{3}} - 2^{-\frac{1}{3}}$일 때 $2a^3 + 6a$의 값을 구하시오.

**6.** $(2^{a+b} + 2^{a-b})^2 - (2^{a+b} - 2^{a-b})^2$을 간단히 하시오.

**7.** 실수 $a$가 $\dfrac{2^a + 2^{-a}}{2^a - 2^{-a}} = -2$를 만족시킬 때, $4^a + 4^{-a}$의 값을 구하시오.

**8.** 2이상의 자연수 $n$에 대하여 $3^{24} \times 12^{12}$의 $n$제곱근 중에서 양수인 것이 자연수가 되도록 $n$의 최댓값을 구하시오.

**9.** $a > 0,\ a \neq 1$에 대하여 $\left[\dfrac{\sqrt{a^3}}{\sqrt{\sqrt[3]{a^4}}} \times \sqrt{\left(\dfrac{1}{a}\right)^{-4}}\right]^6 = a^k$일 때, 상수 $k$의 값을 구하시오.

## AI, ChatGPT에게 물어보자.

* ChatGPT : 로그는 언제부터 인류가 사용하기 시작한 거야?
* ChatGPT : 로그를 처음으로 만든 사람은 누구야?
* ChatGPT : 로그는 우리의 실생활에서 어디에 적용하여 사용할 수 있나?
* ChatGPT : 상용로그에 대하여 알려줘
* ChatGPT : 자연로그가 왜 중요한 거야?
* ChatGPT : 지수와 로그의 관계에 대하여 자세히 설명을 해줘

## 6.2 로그에 대하여

이 절에서는 로그에 대하여 정의해보고자 한다.

방정식 $3^x = 9$을 만족하는 $x$값은 2임을 쉽게 알 수 있다.

그러나 $3^x = 10$을 만족하는 $x$는 어떤 수일까?

이 값은 유리수 범위에서는 구할 수 없다. 따라서 이러한 방정식을 만족하는 $x$값을 나타내기 위하여 다음과 같이 '**로그**'라고 하는 것을 정의하고자 한다.

**정의 1 로그**

$a^x = b$를 만족하는 $x$을

$$x = \log_a b \ (a > 0,\ a \neq 1,\ b > 0)$$

와 같이 나타낸다. 여기서 $\log_a b$는 $a$를 **밑**(base)으로 하는 **로그**(logarithm)라 하고, $b$를 $\log_a b$의 **진수**(anti-logarithm)라고 말한다.

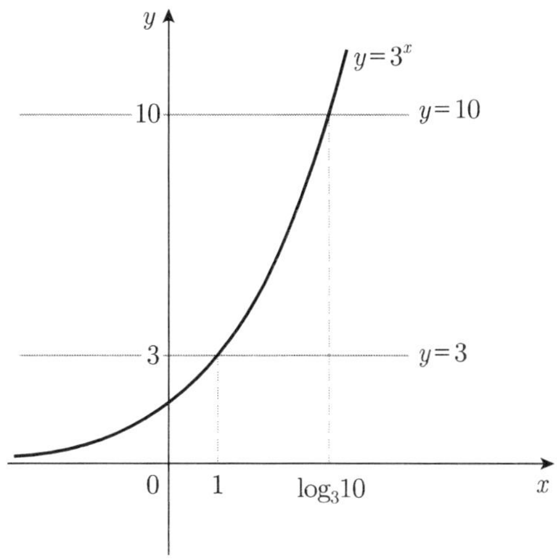


곡선 $y=3^x$와 직선 $y=10$의 그래프

위 정의에서 알 수 있듯이 지수와 로그에는 다음과 같은 관계가 성립한다.

$$a^x = b \quad \Leftrightarrow \quad x = \log_a b \qquad \cdots \quad (\bigstar)$$

($\bigstar$)식에 있어서 우변에 $b = a^x$를 대입하면

$$x = \log_a b = \log_a a^x$$

즉, $\log_a a^x = x$이다.

또한 ($\bigstar$)식의 좌변에 $x = \log_a b$을 대입하면

$$b = a^x = a^{\log_a b}$$

즉, $a^{\log_a b} = b$ 을 얻는다. 따라서 로그에 대하여 다음이 성립한다.

$$\log_a a^x = x, \qquad a^{\log_a b} = b$$

예를 들어, $\log_2 2^3 = 3$이고 $2^{\log_2^3} = 3$이다.

### 예제 1

다음 등식을 로그를 사용하여 나타내시오.

(a) $5^3 = 125$ (b) $4^{-2} = \frac{1}{16}$ (c) $8^{\frac{2}{3}} = 4$

**풀이** 지수와 로그의 관계에 의하여

(a) $\log_5 125 = 3$

(b) $\log_4 \frac{1}{16} = -2$

(c) $\log_8 4 = \frac{2}{3}$ ■

### 예제 2

다음 등식을 $a^x = b$의 꼴로 나타내시오.

(a) $\log_2 32 = 5$ (b) $\log_{\sqrt{3}} 9 = 4$ (c) $\log_{10} 0.01 = -2$

**풀이** 지수와 로그의 관계에 의하여

(a) $2^5 = 32$

(b) $(\sqrt{3})^4 = 9$

(c) $10^{-2} = 0.01$ ■

**정리 1**

$a > 0,\ a \neq 1$일 때

$$\log_a 1 = 0, \qquad \log_a a = 1$$

**증명** $\log_a 1 = x,\ \log_a a = y$라 하자. 그리고 나면 로그의 정의에 의하여

$$a^x = 1, \qquad a^y = a$$

이다. 이것을 만족하는 $x$와 $y$는 $x = 0,\ y = 1$이므로 $\log_a 1 = 0,\ \log_a a = 1$이다.

■

## 예제 3

다음 등식을 만족하는 $x$의 값을 구하시오.

(a) $\log_4 x = 3$　　　　　　(b) $\log_x 25 = -2\ (x > 0)$

**풀이**

(a) $\log_4 x = 3 \iff x = 4^3 = 64$

(b) $\log_x 25 = -2 \iff x^{-2} = 25 \iff x^2 = \frac{1}{25} \iff x = \frac{1}{5}$ ■

로그의 정의와 지수법칙에 의하여 다음과 같은 로그의 성질들을 얻을 수 있다.

**정리 2 로그의 성질**

(1) $\log_a (xy) = \log_a x + \log_a y$

(2) $\log_a \frac{x}{y} = \log_a x - \log_a y$

(3) $\log_a x^k = k \log_a x$,　단 $a > 0, a \neq 1$이고 $x > 0, y > 0$

**증명** (1) $\log_a x = r_1, \log_a y = r_2$라 하자. 그리고 나면 로그의 정의에 의하여

$$x = a^{r_1}, \quad y = a^{r_2}$$

이다. 그리하여

$$xy = a^{r_1} \cdot a^{r_2}$$
$$= a^{r_1 + r_2}$$

즉, $r_1 + r_2 = \log_a (xy)$이고, 따라서

$$\log_a x + \log_a y = \log_a (xy)$$

(2) $\log_a x = r_1, \log_a y = r_2$라 하면

$$x = a^{r_1}, \quad y = a^{r_2}$$

이고,

$$\frac{x}{y} = \frac{a^{r_1}}{a^{r_2}}$$

$$= a^{r_1 - r_2}$$

즉, $r_1 - r_2 = \log_a(\frac{x}{y})$, 따라서

$$\log_a x - \log_a y = \log_a(\frac{x}{y})$$

(3) $\log_a x = p$라 하면 $x = a^p$이고, 양변 $k$제곱하면

$$x^k = (a^p)^k$$

$$= a^{kp}$$

즉, $kp = \log_a x^k$이며 $p = \log_a x$를 대입하면

$$k\log_a x = \log_a x^k$$

■

## 예제 4

다음 식을 간단히 하시오.

(a) $\log_2 10 + \log_2 \frac{4}{5}$  (b) $\log_5 45 + 2\log_5 \frac{5}{3}$  (c) $\frac{1}{2}\log_3 \frac{9}{7} + \log_3 \sqrt{7}$

**풀이** (a) $\log_2 10 + \log_2 \frac{4}{5} = \log_2(10 \times \frac{4}{5}) = \log_2 8 = \log_2 2^3 = 3\log_2 2 = 3$

(b) $\log_5 45 + 2\log_5 \frac{5}{3} = \log_5(5 \times 3^2) + 2(\log_5 5 - \log_5 3)$

$= 1 + 2\log_5 3 + 2 - 2\log_5 3 = 3$

(c) $\frac{1}{2}\log_3 \frac{9}{7} + \log_3 \sqrt{7} = \log_3\left(\frac{9}{7}\right)^{\frac{1}{2}} + \log_3 \sqrt{7} = \log_3\left[\frac{3}{\sqrt{7}} \times \sqrt{7}\right] = \log_3 3 = 1$

■

**정리 3 밑변환공식**

$$\log_a b = \frac{\log_c b}{\log_c a} \ (a > 0,\ b > 0,\ c > 0,\ a \neq 1,\ c \neq 1)$$

**증명** $\log_a b = x$, $\log_c a = y$라 하면 로그의 정의에 의하여

$$b = a^x, \quad a = c^y$$

이다. 지수법칙에 의하여

$$b = a^x = (c^y)^x = c^{xy}$$

이다. 따라서 $xy = \log_c b$이고,

$$\log_a b \cdot \log_c a = \log_c b$$

즉,

$$\log_a b = \frac{\log_c b}{\log_c a}$$

■

위 정리로부터 $c = b$라 놓는 것에 의하여 다음을 얻을 수 있다.
1이 아닌 임의의 양수 $a$, $b$에 대하여

$$\log_a b = \frac{1}{\log_b a}$$

## 예제 5

다음의 값을 구하시오.

(a) $\log_2 12 - 4\log_4\sqrt{3}$ (b) $\log_3 4 \times \log_4 7 \times \log_7 9$

(c) $\log_3 4 \times \log_4 3\sqrt{3}$

**풀이** (a) $\log_2 12 - 4\log_4\sqrt{3} = \log_2(3\times 4) - 4\dfrac{\log_2\sqrt{3}}{\log_2 4}$

$$= \log_2 3 + \log_2 4 - \frac{4}{2}\log_2\sqrt{3}$$

$$= \log_2 3 + 2 - 2\times\frac{1}{2}\log_2 3$$

$$= 2$$

(b) $\log_3 4 \times \log_4 7 \times \log_7 9 = \dfrac{\log_2 4}{\log_2 3}\times\dfrac{\log_2 7}{\log_2 4}\times\dfrac{\log_2 9}{\log_2 7} = \dfrac{\log_2 9}{\log_2 3} = \log_3 9 = 2$

(c) $\log_3 4 \times \log_3 3\sqrt{3} = \log_3 4 \times \dfrac{\log_3 3\sqrt{3}}{\log_4 4} = \log_3 3\sqrt{3} = \dfrac{3}{2}$

■

우리가 일상생활에서 사용하는 수는 십진법에 의하여 주어진 수이므로 로그를 활용할 때 10을 밑으로 하는 로그를 이용하면 편리하다. 그리하여 우리는 특히 밑이 10인 $\log_{10} p$를 **상용로그**(common logarithm)라 부르고, 보통 밑 10을 생략하여 $\log p$로 나타낸다.

### 예제 6

다음의 값을 구하시오.

(a) $\log 100$

(b) $\log 0.0001$

**풀이** (a) $\log 100 = \log_{10} 10^2 = 2$

(b) $\log 0.0001 = \log_{10} 10^{-4} = -4$

■

# Quiz

**1.** (a) 방정식 $3^x = 9$을 만족하는 해 $x$의 값은?

(b) 이 값 $x$는 곡선 $y = 3^x$와 직선 【　】와의 교점이다.

(c) (b)가 맞는 지 Geogebra로 확인하시오.

**2.** 1번에서 방정식 $3^x = 9$을 만족하는 $x$을 $x = \log_3 9$라고 쓰고 이런 방법으로 log를 정의하고자 한다. 그리하여 $x = \log_3 9 =$【　】임을 안다.

일반적으로 방정식 $3^x = 10$을 만족하는 $x$는 $x = \log_3 10$이라고 정의한다. 즉,

$$3^x = 10 \quad \Leftrightarrow \quad x = \log_3 10$$

**3.** Geogebra 또는 계산기를 이용하여 다음을 하시오.

(1) $y = 3^x$ 와 $y = 10$의 교점을 구하시오.

(2) $\log_3 10$의 값을 구하시오.

(3) (1)과 (2)의 결과는 일치하는가?

(4) 그리하여 $3^x = 10$을 만족하는 $x$는 $x =$ 【　　】라고 정의한다.

**4.** 일반적으로 다음과 같이 로그 log를 정의 한다.

$a > 0$, $a \neq 1$ 인 실수일 때, $a^x = b$을 만족하는 실수 $x$값을 $x =$【　】라고 나타낸다. 즉,

$$a^x = b \quad \Leftrightarrow \quad x = 【\quad】 \qquad \cdots ①$$

인 관계가 성립한다. 또한 여기서 $a$을 【　】, $b$을 【　】라고 부른다.

**5.** 4번의 ①식에 있어서

우측의 $x = \log_a b$을 $a^x = b$의 $x$자리에 대입하는 것에 의하여

$$a^{\log_a b} = 【\quad】 \qquad \cdots ②$$

을 얻고, ①식의 좌측 $b=a^x$을 $x=\log_a b$의 $b$자리에 대입하는 것에 의하여

$$\log_a a^x = 【\quad】 \qquad \cdots ③$$

을 얻는다.

**6.** 4번 로그의 정의에 의하여 다음을 얻을 수 있다.

(i) $a^0=1$이므로 $\log_a 1=$【 】이고

(ii) $a^1=a$ 이므로 $\log_a a=$【 】이다.

예를 들어, $\log_3 1=$【 】, $\log_3 3=$【 】이다.

**7.** 위 내용들을 이용하여 다음을 구하시오.

(1) $\log_3 9 = \log_3 3^2 =$【 】

(2) $3^{\log_3 10}=$【 】,

**8.** 다음은 로그의 성질이다.

(a) $\log_a(xy)=\log_a x+$【 】

(b) $\log_a \dfrac{x}{y}=\log_a x-$【 】

(c) $\log_a x^k=$【 】$\log_a x$

**9.** (a) $\log_2 3+\log_2 7=\log_2$【 】

(b) $\log_2 3-\log_2 7=\log_2$【 】

(c) $\log_2 3^7=$【 】$\log_2 3$

**10.** 로그 $\log_a b$에서 밑 $a=10$인 경우를 【 】로그 라고 하며 보통 밑 10을 생략하여 $\log b$ 로 나타낸다.

**11.** 로그는 제3의 밑을 사용하여 다음과 같이 표현할 수 있다. 즉,

$$\log_a b = \frac{\log_c [\quad]}{\log_c a}$$

특별히 $\log_a b = \dfrac{1}{\log_b [\quad]}$ 이다.

**12.** 로그에 대하여 다음을 구하시오.

(a) $\log_3 1$ (b) $\log_2 2$ (c) $\log 10^3$ (d) $3^{\log_3 5}$

(e) $\log_2 10 + \log_2 \dfrac{4}{5}$ (f) $\dfrac{1}{2}\log_3 \dfrac{9}{7} + \log_3 \sqrt{7}$

## 연습문제 6.2

**1.** 다음 식을 간단히 하시오.

(a) $\log_3 2 + \log_3 54 - \log_3 4$

(b) $\dfrac{1}{2}\log_2 3 + 3\log_2\sqrt{2} - \log_2\sqrt{6}$

(c) $\log 2 + \log\sqrt{15} - \dfrac{1}{2}\log 0.6$

**2.** 실수 $x$, $y$에 대하여 $27^x = 5$, $125^y = 9$일 때, $xy$의 값을 구하시오.

**3.** 양수 $a, b, c$에 대하여 $\log_3 a + 2\log_9 b + 2\log_3\sqrt{c} = 1$일 때 $\{(2^a)^b\}^c$의 값은?

**4.** $a = \dfrac{\log_5 9}{\log_5 4}$일 때 $8^a$의 값을 구하시오.

**5.** $b > a > 1$인 두 실수 $a, b$에 대하여

$$\frac{3a}{\log_a b} = \frac{b}{2\log_b a} = \frac{3a+b}{3}$$

가 성립할 때 $\log_a b$의 값을 구하시오.

**6.** 세 양수 $a, b, c$에 대하여 $a^6 = 3,\ b^5 = 7,\ c^2 = 11$일 때 $(abc)^n$이 자연수가 되도록 하는 자연수 $n$의 최솟값을 구하시오.

**7.** $\dfrac{1}{\log_3 2} + \dfrac{1}{\log_5 2} + \dfrac{1}{\log_6 2} = \dfrac{1}{\log_m 2}$을 만족하는 $m$의 값을 구하시오.

**8.** $1$이 아닌 양수 $x$에 대하여 $\dfrac{3}{\log_2 x} + \dfrac{2}{\log_3 x} = \dfrac{1}{\log_a x}$을 만족시키는 상수 $a$의 값을 구하시오. (단 $a > 0, a \neq 1$)

**9.** 이차방정식 $x^2 - 6x + 4 = 0$의 두 근을 $\log_3\alpha$, $\log_3\beta$일 때, $\log_\alpha\beta^2 + \log_\beta\alpha^2$의 값을 구하시오.

**10.** 1이 아닌 두 양수 $a$, $b$에 대하여 $\log_a 2 = 4$, $\log_b 8 = 36$일 때 $\log_b a$의 값을 구하시오.

**11.** 세 양수 $a$, $b$, $c$가 $a^x = b^{2y} = c^{3z} = 7$, $abc = 49$을 만족시킬 때, $\frac{6}{x} + \frac{3}{y} + \frac{2}{z}$의 값을 구하시오.

**12.** 두 양수 $a$, $b$에 대하여 $ab = 27$, $\log_3 \frac{b}{a} = 5$가 성립할 때, $4\log_3 a + 9\log_3 b$의 값을 구하시오.

**13.** 1보다 큰 세 실수 $a$, $b$, $c$에 대하여

$$\log_a 2 = \log_b 5 = \log_c 10 = \log_{abc} x$$

가 성립할 때 실수 $x$의 값을 구하시오.

**14.** 어느 지역에서 1년 동안 발생하는 규모 $M$ 이상인 지진의 평균 발생 횟수 $N$은 다음 식을 만족시킨다.

$$\log N = a - 0.9M \ (a\text{는 양의 상수})$$

이 지역에서 규모 4 이상인 지진이 1년에 평균 64번 발생한다고 한다. 규모 $x$ 이상인 지진이 1년에 평균 한 번 발생한다고 할 때, $x$의 값을 구하시오. (단, $\log 2 = 0.3$으로 계산한다)

## AI, ChatGPT에게 물어보자.

* ChatGPT : 지수함수에 대하여 설명을 해줘
* ChatGPT : 인류는 왜 지수함수라는 것을 만들었을까?
* ChatGPT : 지수함수가 우리의 실생활에서 사용되고 있는 예를 구체적으로 들어줘봐
* ChatGPT : 로그함수는 어떤 특징이 있는지 자세히 설명을 해줘
* ChatGPT : 로그함수를 처음으로 만든 사람은 누구야
* ChatGPT : 지수함수와 로그함수는 어떻게 관련이 되는 거야?
* ChatGPT : 로그함수는 우리의 실생활 어디에서 사용되는 거지?

# 6.3 지수 및 로그함수

앞 절에서 우리는 모든 실수 $x$에 대하여 지수 $a^x$가 의미가 있도록 정의하였다. 이 절에서는 지수함수 및 로그함수를 정의하고 지수함수 및 로그함수의 성질 등에 대하여 논의하고자 한다.

### 지수함수

**정의 1 $a$를 밑으로 하는 지수함수**

함수 $f(x)=a^x$를 **$a$를 밑으로 하는 지수함수**(exponential function with base $a$)라 부른다. (단, $a>0$, $a\neq 1$)

다음은 $a=2$, $a=\frac{1}{2}$일 때 지수함수 $y=2^x$, $y=\left(\frac{1}{2}\right)^x$의 그래프를 그린 것이다.

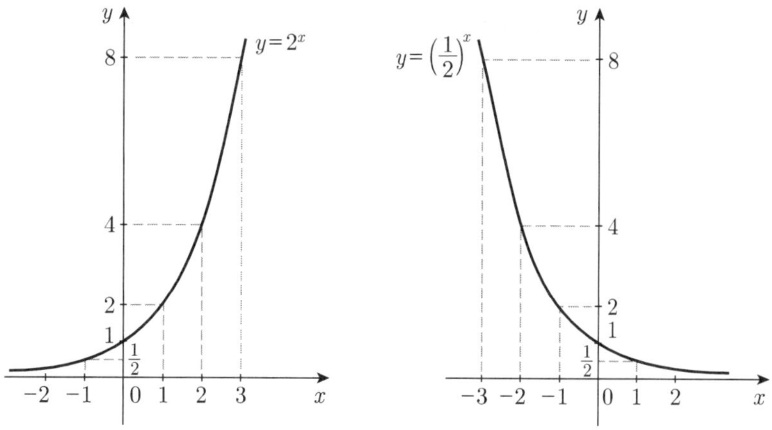


$y=2^x$와 $y=\left(\dfrac{1}{2}\right)^x$의 그래프

앞으로 우리가 자주 사용하게 되는 지수함수는 다음과 같이 정의되는 밑이 $e$일 때이다.

**정의 2 $e$의 정의**

$e$는 극한

$$e=\lim_{n\to\infty}\left(1+\frac{1}{n}\right)^n$$

으로 정의하며 $e$값은 대략 2.718281⋯ 정도의 무리수이다.

**참고** $e=\lim_{n\to\infty}\left(1+\dfrac{1}{n}\right)^n$의 값을 어림잡기 위하여 계산기를 사용하여 $n$의 값을 키워가면서 $\left(1+\dfrac{1}{n}\right)^n$의 값을 조사해보기 바란다.

위 정의에서 $\dfrac{1}{n}=t$라 놓으면 $n\to\infty$은 $t\to 0$과 같다. 그리하여 $e$는 또한

$$e=\lim_{t\to 0}(1+t)^{\frac{1}{t}}$$

으로도 정의된다.

다음에는 $e$를 밑으로 하는 지수함수에 대하여 정의하자.

**정의 3 지수함수**

$e$를 밑으로 하는 지수함수

$$y = e^x$$

을 **자연지수함수**(natural exponential function) 또는 간단히 **지수함수**(exponential function)라 부른다.

$e$가 2와 3 사이에 위치한 수이므로 지수함수 $y=e^x$의 그래프는 $y=2^x$와 $y=3^x$ 사이에 위치한다.

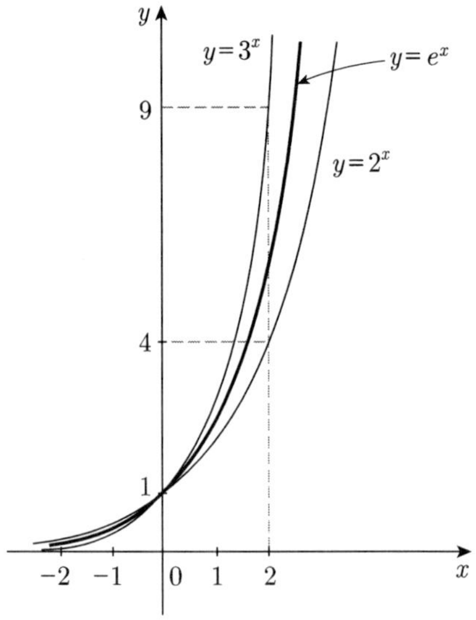


지수함수 $y=e^x$의 그래프

**정리 1 지수함수의 성질**

지수함수 $y=a^x\,(a>0,\ a\neq 1)$에 대하여 다음이 성립한다.

(1) 정의역은 실수 전체의 집합, 즉 $R=(-\infty,\ \infty)$이다.

(2) 치역은 양의 실수 전체의 집합이다.

(3) 모든 지수함수의 그래프는 점 (0, 1)를 지나고 $x$축을 점근선으로 갖는다.

(4) $a>1$일 때 지수함수 $y=a^x$는 증가함수이고 $0<a<1$일 때는 감소함수이다.

### 예제 1

방정식 $4^x - 2^{x+1} = 8$을 만족하는 $x$을 구하시오.

**풀이** $2^x = t$라 하면 주어진 방정식은

$$t^2 - 2t - 8 = 0$$

즉, $(t+2)(t-4) = 0$이다. 따라서 $t = -2$ 또는 $t = 4$이다. 그러나 $t > 0$이어야 하므로 $t = 4$, 즉 $x = 2$이다. ■

## 로그함수

$a$를 밑으로 하는 지수함수 $f(x) = a^x$의 역함수를 로그함수라 부르며 다음과 같이 정의한다.

**정의 4 로그함수**

$a$를 밑으로 하는 지수함수 $f(x) = a^x$의 역함수 $f^{-1}(x)$를 $a$를 밑으로 하는 **로그함수** (logarithm function)라 부르며, 기호

$$f^{-1}(x) = \log_a x$$

에 의하여 나타낸다.(단, $a > 0$, $a \neq 1$)

지수함수와 로그함수는 역함수 관계로서 역함수 성질, 즉

$$y = f^{-1}(x) \quad \Leftrightarrow \quad x = f(y)$$

을 만족해야 한다. 즉

$$y = \log_a x \quad \Leftrightarrow \quad x = a^y$$

여기서 함수 $f^{-1}(x) = \log_a x$의 정의역은 함수 $f(x) = a^x$의 치역 $(0, \infty)$이고, 함수 $f^{-1}(x) = \log_a x$의 치역은 함수 $f(x) = a^x$의 정의역 $(-\infty, \infty)$이다.

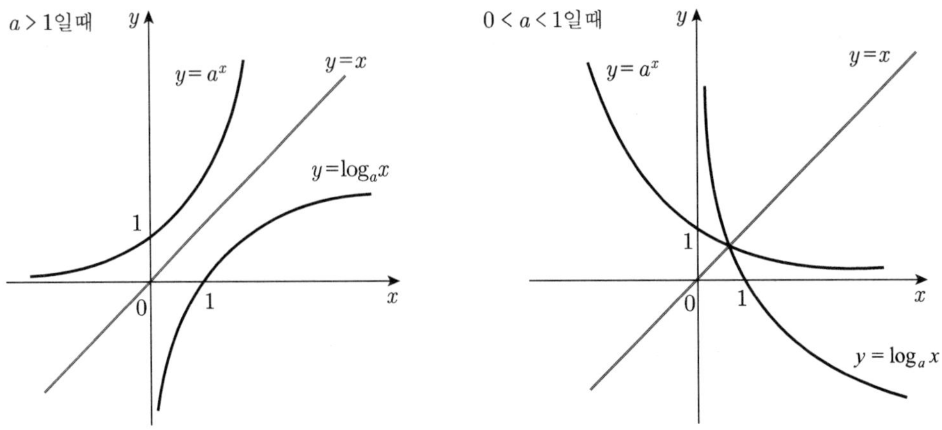


**로그함수 $y=\log_a x$ 의 그래프**

또한 $f^{-1}(x)=\log_a x$ 의 그래프는 $f(x)=a^x$ 의 그래프와 직선 $y=x$ 에 대하여 대칭이다.

**정리 2 로그함수의 성질**

(a) 모든 실수 $x$ 에 대하여 $\log_a(a^x)=x$

(b) 모든 $x>0$ 에 대하여 $a^{\log_a x}=x$

**예제 2**

다음 방정식의 근을 구하시오.

(a) $\log_2(x+1)=\log_2 x+1$  (b) $(\log_3 x)^2-\log_3 x^3-10=0$

**풀이** (a) 주어진 방정식은 $\log_2(x+1)=\log_2(2x)$ 이므로 $x+1=2x$, 즉 $x=1$ 이다.

(b) $\log_3 x=t$ 라 하면 주어진 방정식은 $t^2-3t-10=(t+2)(t-5)=0$ 이다.

따라서 $t=-2$ 또는 $t=5$ 이므로 $\log_3 x=-2$ 또는 $\log_3 x=5$ 에 의하여 $x=\frac{1}{9}$ 또는 $x=243$ 을 얻는다. ■

다음에는 자연로그함수를 정의하고자 한다.

**정의 5 자연로그함수**

로그함수 $f(x)=\log_a x$에서 $a=e$ 인 경우, 즉 $f(x)=\log_e x$를 $\ln x$ 라 쓰고 **자연로그함수**(natural logarithm function)라 부른다. 즉,

$$f(x)=\ln x$$

다음은 정리 2의 로그함수의 성질에 의하여 쉽게 얻을 수 있다.

**정리 3 자연로그함수의 성질**

(a) 모든 실수 $x$에 대하여 $\ln(e^x)=x$ 이다.
특별히 $x=1$인 경우 $\ln e=1$이다.

(b) 모든 양의 실수 $x$에 대하여 $e^{\ln x}=x$ 이다.

## 예제 3

(a) $\ln x=3$을 만족하는 $x$를 구하시오.

(b) $e^{4-3x}=4$을 만족하는 $x$를 구하시오.

**풀이** (a) 로그함수의 성질에 의하여 $x=e^3$이다.

(b) 양변에 자연로그를 취하면

$$\ln e^{4-3x}=\ln 4$$

이고, $\ln e^{4-3x}=(4-3x)\ln e=4-3x$ 이다. 따라서

$$4-3x=\ln 4=\ln 2^2=2\ln 2$$

이고,

$$x=\frac{2}{3}(2-\ln 2)$$

을 얻을 수 있다. ■

다음 정리는 로그함수는 자연로그함수에 의하여 표현될 수 있음을 보여준다. 이것은

로그함수에 대하여 자연로그만을 다루어도 충분하다는 것을 말해준다.

**정리 4**

모든 로그는 다음과 같이 자연로그에 의하여 주어진다.

$$\log_a x = \frac{\ln x}{\ln a}$$

**증명** $y = \log_a x$ 라 하면 $x = a^y$ 이고 양변에 자연로그를 취하면

$$\ln x = \ln a^y = y \ln a$$

이다. 따라서

$$y = \frac{\ln x}{\ln a}$$

즉,

$$\log_a x = \frac{\ln x}{\ln a}$$

■

## Quiz

**1.** 함수 $f(x)=a^x$ 와 같은 함수를 $a$을 밑으로 하는【　　】함수 라고 말하며, 예를 들어 $f(x)=2^x$는 2을 밑으로 하는【　　】함수이다.

**2.** 극한 $\lim_{n\to\infty}(1+\frac{1}{n})^n$을【　　】으로 정의한다. 즉, $\lim_{n\to\infty}(1+\frac{1}{n})^n=$【　　】

**3.** 계산기를 사용하는 것에 의하여 다음의 값을 조사하여 보시오.

(i) $n=1{,}000$일 때, $\left(1+\frac{1}{n}\right)^n=?$

(ii) $n=100{,}000$일 때, $\left(1+\frac{1}{n}\right)^n=?$

(iii) $n=1{,}000{,}000{,}000{,}000$일 때, $\left(1+\frac{1}{n}\right)^n=?$

(i), (ii), (iii) 중 $e$의 값으로 적당한 것은 ? (그 이유를 설명하시오.)

[참고] 계산기에서 $e$을 입력해 보고 위의 값과 비교하세요.)

**4.** $e=\lim_{n\to\infty}(1+\frac{1}{n})^n$으로 정의하였다. 여기서 $\frac{1}{n}=t$라 하면 $n\to\infty$이면 $t\to$【 】이고 반대도 마찬가지이다. 그리고 나면 $n=\frac{1}{[\ \ ]}$이고 이러한 것을 $e=\lim_{n\to\infty}(1+\frac{1}{n})^n$에 대입하면 $e=\lim_{t\to[\ \ ]}(1+t)^{[\ \ ]}$이다. 따라서 $e$에 대한 정의는 $e=\lim_{n\to\infty}(1+\frac{1}{n})^n$이나 $e=\lim_{t\to[\ \ ]}(1+t)^{[\ \ ]}$ 등 어느 것을 사용해도 무방하다.

(a) 계산기를 이용하여 $t=0.000000000001$일 때 $(1+t)^{\frac{1}{t}}$의 값을 구하시오.

(b) 3번의 결과 값과 비교하시오.

**5.** 함수 $f(x)=e^x$을【　　】함수라고 하며 이 함수의 정의역은【　　】이고 치역은【　　】이다.

[참고] Geogebra로 함수를 그려보세요

※ Geogebra를 이용하여 다음 함수들의 그래프를 좌표평면상에 그려보고 비교하시오[6,7,8번]

**6.** $y=2^x$,  $y=3^x$,  $y=e^x$

**7.** (a) $y=2^x$,  $y=\log_2 x$

(b) $y=3^x$,  $y=\log_3 x$

**8.** (a) $y=(\frac{1}{2})^x$,  $y=\log_{\frac{1}{2}} x$

(b) $y=(\frac{1}{3})^x$,  $y=\log_{\frac{1}{3}} x$

**9.** $y=\log_2 x$의 그래프는 $y=2^x$의 그래프를 직선 $y=x$에 대하여 【  】이다.

[참고] 6번, 7번의 함수들도 직선 $y=x$에 대하여 대칭이다.

**10.** 로그 $\log_a b$에서 밑 $a=e$인 경우를 【 】로그라 하며 간단히 $\ln b$에 의하여 나타낸다. 즉, $\ln b=\log_e b$ 인 것이다.

**11.** Geogebra을 이용하여 좌표평면상에 $y=\ln x$, $y=e^x$의 그래프를 그리시오. 또한 이 함수들의 그래프는 직선 【  】에 대하여 대칭이다.

**12.** 다음 방정식을 만족하는 $x$값을 구하시오.(풀이과정을 자세히 쓰세요)

(a) $(\log_3 x)^2-\log_3 x^3-10=0$

(b) $4^x-2^{x+1}=8$

**13.** $y=\ln x$을 자연로그함수 간단히 로그함수라고 부르며 모든 로그는 자연로그에 의하여 다음과 같이 표현될 수 있다.

$$\log_a x=\frac{[\quad]}{\ln a}$$

이러한 사실은 로그에 대한 조사는 자연로그에 대해서만 해도 충분하다는 것을 말한다.

**14.** 모든 실수 $x$에 대하여

(a) $\ln e^x =$ 【 】, 특별히 $\ln e =$ 【 】이다.

(b) $e^{\ln x} =$ 【 】

**15.** 다음을 구하시오.

(a) $\ln e^x$

(b) $e^{\ln 5}$

## 연습문제 6.3

**1.** 다음 지수함수의 그래프를 그리시오.

(a) $f(x) = 5^x$ (b) $g(x) = 2^{-x+1} - 3$

(c) $h(x) = 3^{x+2} - 1$

**2.** 다음 로그함수의 그래프를 그리시오.

(a) $f(x) = \log_{\frac{1}{2}}\left(\frac{x}{2}\right)$ (b) $g(x) = \log_{\frac{1}{3}}\left(\frac{1}{9}(x-2)\right)$

**3.** 다음 지수방정식의 근을 구하시오.

(a) $9^x - 3^{x+1} = 54$ (b) $2^{2x} - 3 \cdot 2^x + 2 = 0$

**4.** 곡선 $y = \log_2(x+5)$의 점근선이 직선 $x = k$일때 $k$의 값을 구하시오.

**5.** 다음을 간단히 하시오.

(a) $e^{2\ln x}$ (b) $e^{\ln 2 + 3\ln x}$

**6.** 다음 방정식을 만족하는 근을 구하시오.

(a) $(\log_2 x)^2 - \log_2 x^4 = 12$ (b) $x^{\ln x} = \frac{1}{e}\left(\frac{1}{x}\right)^2$

(c) $\log_3(2x-1) - \log_{\frac{1}{3}}(x+2) = 1$

**7.** 함수 $f(x) = e^x$, $g(x) = \text{In}\,x$ 에 대하여

(a) $f(0)$, $f(1)$, $f(2)$의 값을 구하시오.

(b) $g(1)$, $g(e)$, $g(e^2)$의 값을 구하시오.

(c) Geogebra을 이용하여 $f(x) = e^x$, $g(x) = \text{In}x$ 및 $y = x$의 그래프를 그리시오.

(d) 두 함수 $f$와 $g$는 직선 $y = x$에 대하여 대칭인가?

(e) 앞의 결과로부터 두 함수 $f$와 $g$의 관계는?

## AI, ChatGPT에게 물어보자.

* ChatGPT : 쌍곡선삼각함수가 무엇인지 설명을 해줘

* ChatGPT : 쌍곡선 삼각함수가 우리의 생활에서 사용되어지는 예제를 들어줘봐

* ChatGPT : $\dfrac{e^x - e^{-x}}{2}$을 왜 쌍곡선 사인함수라고 말하는 거야?

* ChatGPT : 쌍곡선삼각함수에는 쌍곡선사인함수 왜에 어떤 함수가 또 있어?

* ChatGPT : 쌍곡선삼각함수를 꼭 알아야 하나?

# 6.4 쌍곡선삼각함수

이 절에서는 지수함수 $e^x$와 $e^{-x}$의 조합에 의하여 만들어지는 **쌍곡선삼각**(hyperbolic triangle) 함수에 대하여 다루고자 한다. 쌍곡선삼각함수는 삼각함수와 비슷한 성질들을 갖고 있어 삼각함수의 기호와 이름을 사용하고 있다.

**정의 1 쌍곡선삼각함수**

다음의 함수들을 **쌍곡선 삼각함수**(hyperbolic triangle function)라고 말한다.

- **쌍곡선사인함수**(hyperbolic sine function)

$$\sinh x = \frac{e^x - e^{-x}}{2}$$

- **쌍곡선코사인함수**(hyperbolic cosine function)

$$\cosh x = \frac{e^x + e^{-x}}{2}$$

- **쌍곡선탄젠트함수**(hyperbolic tangent function)

$$\tanh x = \frac{\sinh x}{\cosh x} = \frac{e^{x} - e^{-x}}{e^{x} + e^{-x}}$$

다음은 쌍곡선 sine 함수와 쌍곡선 cosine 함수의 그래프를 그려놓은 것으로써 지수함수 $e^{x}$와 $e^{-x}$의 그래프에 의하여 얻어 질 수 있다.

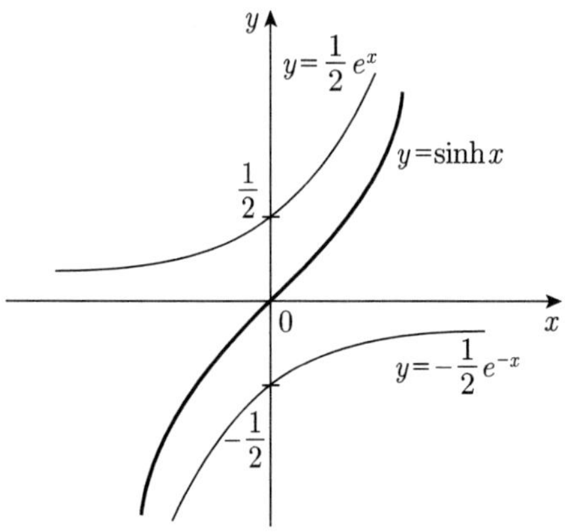


$y=\sinh x$ 의 그래프

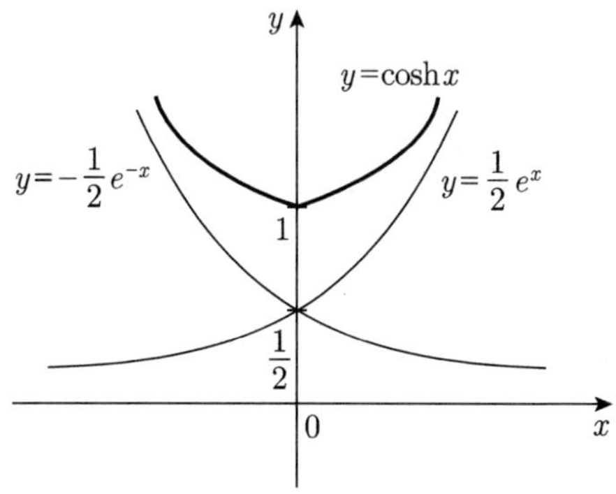


$y=\cosh x$ 의 그래프

다음은 쌍곡선 tangent 함수의 그래프이다.

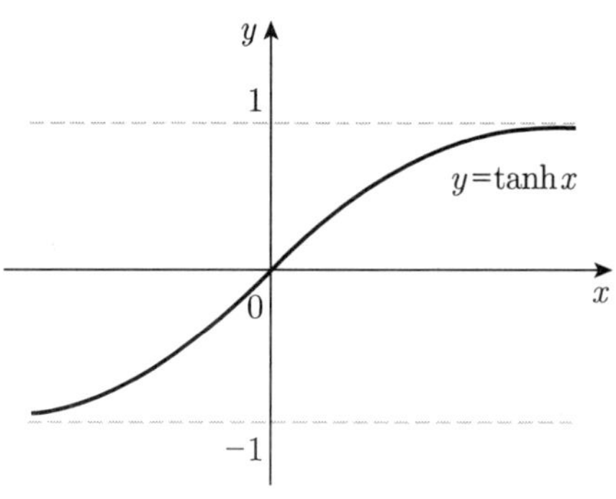


$y=\tanh x$ 의 그래프

다음 정리에서 우리는 쌍곡선삼각함수들의 성질을 얻을 수 있으며 삼각함수의 항등식과 매우 유사하다.

**정리 1 쌍곡선삼각함수의 성질**

(a) $\sinh(-x) = -\sinh x$

(b) $\cosh(-x) = \cosh x$

(c) $\cosh^2 x - \sinh^2 x = 1$

(d) $1 - \tanh^2 x = \operatorname{sech}^2 x$

(e) $\sinh(x \pm y) = \sinh x \cosh y \pm \cosh x \sinh y$

(f) $\cosh(x \pm y) = \cosh x \cosh y \pm \sinh x \sinh y$

**증명** (a) $\sinh(-x) = \dfrac{e^{-x} - e^{-(-x)}}{2} = \dfrac{e^{-x} - e^{x}}{2} = -\dfrac{e^{x} - e^{-x}}{2} = -\sinh x$

(c) $\cosh^2 x - \sinh^2 x = \left(\dfrac{e^{x} + e^{-x}}{2}\right)^2 - \left(\dfrac{e^{x} - e^{-x}}{2}\right)^2 = 1$

나머지 성질들의 증명은 연습문제로 남겨둔다. ■

쌍곡선삼각함수들의 성질이 삼각함수의 성질과 매우 유사하기 때문에 삼각함수의 기호를 사용하고 있으며, 또한 정리 1의 성질 (c) $\cosh^2 x - \sinh^2 x = 1$이 쌍곡선 $x^2 - y^2 = 1$의 형태와 비슷하기 때문에 "쌍곡선"이라는 단어가 붙었다.

## 예제 1

$\sinh x = \dfrac{1}{3}$일 때, $\cosh x$와 $\tanh x$의 값을 구하시오.

**풀이** $\cosh^2 x - \sinh^2 x = 1$에 의하여

$\cosh^2 x = 1 + \sinh^2 x = 1 + \left(\dfrac{1}{3}\right)^2 = \dfrac{10}{9}$이고, $\cosh x > 0$에 의하여

$\cosh x = \dfrac{\sqrt{10}}{3}$이다. 그리고

$$\tanh x = \frac{\sinh x}{\cosh x} = \frac{\frac{1}{3}}{\frac{\sqrt{10}}{3}} = \frac{1}{\sqrt{10}}$$

■

## Quiz

**1.** 다음 함수의 정의를 쓰시오.

(a) $y = \sinh x$,

(b) $y = \cosh x$,

(c) $y = \tanh x$

[참고] 쌍곡선 삼각함수는 많은 성질이 삼각함수의 성질과 유사하여 삼각함수의 기호를 쓰고 있는 것이다.

**2.** Geogebra를 이용하여 다음 함수의 그래프를 그려보시오.

(a) $y = \sinh x$, $\quad y = \dfrac{e^x - e^{-x}}{2}$

(b) $y = \cosh x$, $\quad y = \dfrac{e^x + e^{-x}}{2}$

(c) $y = \tanh x$, $\quad y = \dfrac{e^x - e^{-x}}{e^x + e^{-x}}$

**3.** Geogebra 또는 (공업용) 계산기 이용하여 다음을 계산하시오.

(a) $\sinh(-3)$, $\quad \sinh 3$

(b) $\cosh(-3)$, $\quad \cosh 3$

(c) $\cosh^2(-3) - \sinh^2(-3)$

(d) 정리 1의 (a)(b)(c) 내용이 맞는지 위 결과로 확인하시오.

**4.** Geogebra을 이용하여 다음 함수의 그래프를 그려보시오.

(a) $x^2 + y^2 = 5^2$, 이런 형태의 도형을 【 】이라 부른다.

(b) $\dfrac{x^2}{2^2} + \dfrac{y^2}{3^2} = 1$, 이런 형태의 도형을 【 】이라 부른다.

(c) $x^2 - y^2 = 1$, 이런 형태의 도형을 【　　】이라 부른다.

[참고] 쌍곡선이라는 용어는 성질 $\cosh^2 x - \sinh^2 x = 1$에 따른다.

## 연습문제 6.4

다음을 유도하시오.

**1.** $\cosh(-x) = \cosh x$

**2.** $1 - \tanh^2 x = \mathrm{sech}^2 x$

**3.** $\sinh(x \pm y) = \sinh x \cosh y \pm \cosh x \sinh y$

**4.** $\cosh(x \pm y) = \cosh x \cosh y \pm \sinh x \sinh y$

**5.** $\tanh(x \pm y) = \dfrac{\tanh x \pm \tanh y}{1 \pm \tanh x \tanh y}$

**6.** $\coth^2 x - 1 = \mathrm{csch}^2 x$

**7.** $\sinh 2x = 2\sinh x \cosh x$

**8.** $\cosh 2x = \cosh^2 x + \sinh^2 x$

**9.** $\tanh 2x = \dfrac{2\tanh x}{1 + \tanh^2 x}$

**10.** $x > 0$에 대하여 $\sinh x = -\dfrac{2}{3}$일 때, $\cosh x$, $\tanh x$의 값을 구하시오.

**11.** $\sinh x = \dfrac{2}{3}$, $\sinh y = \dfrac{2}{5}$일 때 다음의 값을 구하시오.

(a) $\sinh(x+y)$ (b) $\cosh(x+y)$ (c) $\tanh(x+y)$

# 7장

# 함수의 미분

## AI, ChatGPT에게 물어보자.

* ChatGPT : 미분이 다양한 분야에 적용된다고 하는데 구체적인 예를 들어줘
* ChatGPT : 미분과 경제는 어떻게 연관이 되어 있나?
* ChatGPT : 혹시 미본과 지리학은 어떤 연관성이 있나?
* ChatGPT : 최대 최솟값을 구하는데 미분이 어떻게 쓰이는가?
* ChatGPT : 혹시 음함수에 대해서 아나?
* ChatGPT : 음함수로 주어진 함수의 예를 들어줘봐
* ChatGPT : 음함수는 어떨 때 쓰는 거야?

## 7.1 연쇄법칙 및 음함수 미분

이 절에서는 좀 더 복잡한 함수들의 미분을 다루기 위하여 연쇄법칙과 음함수미분을 소개하고자 한다. 다음의 함수들을 보자.

$$\cos(x^2), \quad (\ln x)^2, \quad e^{\sin x}$$

와 같은 함수들의 미분은 어떻게 할까?

먼저 함수 $f(x) = (x^3+1)^2$의 도함수를 구하는 경우를 생각하여 보자.

앞서 배운 미분 공식들을 이용하여 미분을 시도하여 보아라. 아마도 여러분은 함수 $f(x)$를 전개하여 풀려고 할 것이다. 이 절에서는 좀 더 쉽게 풀수 있는 방법을 제시해 보고자 한다.

먼저 다음 예제를 통하여 살펴보자.

## 예제 1

$f(x)=(x^3+1)^2$일 때 도함수 $f'(x)$을 구하시오.

**풀이** (i) $f(x)=(x^3+1)^2$에서 $u=x^3+1$이라 하면 $y=f(x)=u^2$, $u=x^3+1$이다. 그리고 나면

$$\begin{aligned} f'(x) &= \frac{dy}{dx} = \frac{dy}{du}\frac{du}{dx} \\ &= 2u \cdot 3x^2 \\ &= 2(x^3+1) \cdot 3x^2 \\ &= 6x^2(x^3+1) \end{aligned}$$

이다.

(ii) $f(x)=(x^3+1)^2$를 전개하면

$$f(x)=(x^3+1)^2 = x^6+2x^3+1$$

이고 미분하면

$$\begin{aligned} f'(x) &= 6x^5+6x^2 \\ &= 6x^2(x^3+1) \end{aligned}$$

으로 (i)의 결과와 같음을 확인할 수 있다. ■

**정리 1 연쇄법칙**

$y=f(x)$의 미분에서

$$f'(x) = \frac{dy}{dx} = \frac{dy}{du}\frac{du}{dx}$$

이 성립한다.

연쇄법칙을 쉽게 이해하기 위한 방법을 소개하고자 한다.

미분을 하고자 할 때는 항상 **전체**(겉)를 먼저 미분하고 **안**(속)의 내용물을 미분하여 곱해주면 된다. 앞의 예제에서 $f(x)=(x^3+1)^2$의 도함수는

$$f'(x)=2(x^3+1)^{2-1}\frac{d}{dx}(x^3+1)$$

와 같이 하면 된다.

### 예제 2

$y = (2x+1)^3(x^2+x)^2$ 을 미분하시오.

**풀이** $y$ 는 두 함수 $(2x+1)^3$ 과 $(x^2+x)^2$ 의 곱이므로 곱에 대한 미분공식과 연쇄법칙을 적용하여 계산하면 된다. 먼저

$$\begin{aligned}\frac{d}{dx}(2x+1)^3 &= 3(2x+1)^2 \cdot \frac{d}{dx}(2x+1) \\ &= 3(2x+1)^2 \cdot 2 \\ &= 6(2x+1)^2\end{aligned}$$

이고

$$\begin{aligned}\frac{d}{dx}(x^2+x)^2 &= 2(x^2+x)^1 \cdot \frac{d}{dx}(x^2+x) \\ &= 2(x^2+x) \cdot (2x+1)\end{aligned}$$

이다. 그리하여 곱의 미분을 이용하면

$$\begin{aligned}\frac{dy}{dx} &= \frac{d}{dx}(2x+1)^3 \cdot (x^2+x)^2 + (2x+1)^3 \cdot \frac{d}{dx}(x^2+x)^2 \\ &= 6(2x+1)^2 \cdot (x^2+x)^2 + (2x+1)^3 \cdot 2(x^2+x) \cdot (2x+1) \\ &= 2(2x+1)(x^2+x)(7x^2+7x+1)\end{aligned}$$

이다. ■

## 음함수 미분

$y = x^2+3$과 같이 지금까지 다루어 왔던 함수의 표현은 $y = f(x)$의 형태로 종속변수 $y$을 독립변수 $x$ 의 함수로 명확하게 표현할 수 있었다. 여기서 함수

$$y = \sqrt{4-x^2} \qquad \cdots \ (1)$$

을 생각하여 보자. 이것은 기존의 함수 표현에 의하여 주어진 것이다. 여기서 양변 제곱하여 정리하면

$$x^2+y^2 = 4, \quad y \geq 0 \qquad \cdots \ (2)$$

와 같이 나타낼 수 있으며 이것은 다음 그림과 같이

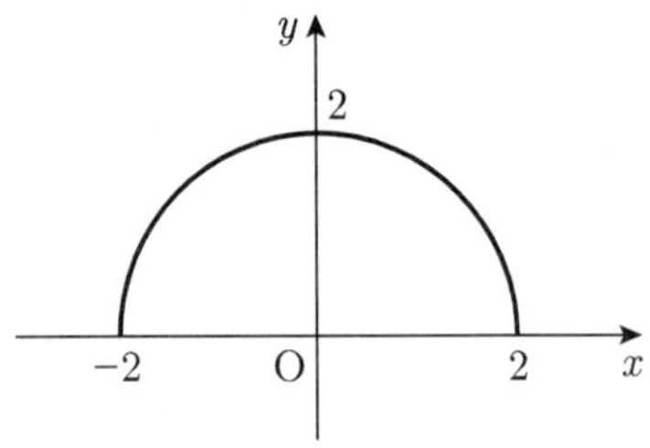


반원을 나타낸다.

식 (1)과 (2) 중 어느 것이 보기 좋은가?

이와 같이 $y=f(x)$ 형태로 표현하기에는 식의 모양이 다소 복잡한 경우 단지 $x$와 $y$의 관계식에 의하여 함수를 표현하는 것이 더 편리할 때가 있다. (2)와 같이 $x$, $y$의 관계식에 의하여 표현하는 것을 **음함수**(implicit function) 표현이라 한다.

음함수로 표현된 식에서 도함수 $\dfrac{dy}{dx}$을 구하기 위해서는 양변을 $x$에 관하여 미분하고, $y$는 $x$의 함수이므로 연쇄법칙을 적용하여 풀면 된다.

음함수로 표현된 상태에서의 미분을 **음함수 미분**(implicit differentiation)이라 한다.

다음 예제를 통하여 구체적으로 살펴보자.

## 예제 3

원 $x^2+y^2=4$상의 점 $(1, -\sqrt{3})$에서의 접선의 기울기를 구하시오.

**풀이** 다음 2가지의 다른 방법에 의하여 접선의 기울기를 유도하고자 한다.

(i) 점 $(1, -\sqrt{3})$은 $x$축 아래에 위치하고 있으므로 $x$축 아래에 위치한 반원의 함수식은 $y=-\sqrt{4-x^2}$ 이다.

연쇄법칙을 적용하는 것에 의하여

$$\begin{aligned} y' &= -\frac{d}{dx}(4-x^2)^{\frac{1}{2}} \\ &= -\frac{1}{2}(4-x^2)^{-\frac{1}{2}}(-2x) \\ &= \frac{x}{\sqrt{4-x^2}} \end{aligned}$$

따라서 $x=1$에서 접선의 기울기는 $\frac{1}{\sqrt{3}}$이다.

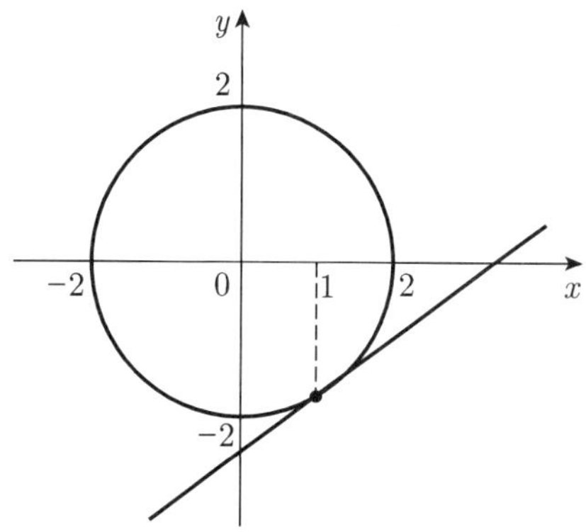


(ii) $x^2+y^2=4$에서 양변 $x$에 의하여 미분하자. 그리고 나면

$$2x+2y\cdot y'=0$$

따라서 $y'=-\frac{x}{y}$이고 점 $(1,-\sqrt{3})$에서의 접선의 기울기는

$$y'=-\left.\frac{x}{y}\right|_{x=1,\, y=-\sqrt{3}}=\frac{1}{\sqrt{3}}$$

이다. ■

예제 3에서 (ii)와 같은 미분을 음함수 미분이라 한다.

## 예제 4

곡선 $x^3+y^3-9xy=0$상의 점$(2, 4)$에서의 접선의 방정식을 구하시오.

**풀이** $x^3+y^3-9xy=0$을 $x$에 의하여 미분하자. 곱의 미분 및 연쇄법칙에 의하여

$$3x^2+3y^2\frac{dy}{dx}-9y-9x\frac{dy}{dx}=0$$

즉

$$3(y^2-3x)\frac{dy}{dx}=9y-3x^2$$

이다. 그리하여

$$\frac{dy}{dx} = \frac{3y - x^2}{y^2 - 3x}$$

이고, 점 $(2, 4)$에서 접선의 기울기는

$$\left.\frac{dy}{dx}\right|_{x=2,\, y=4} = \frac{3 \cdot 4 - 2^2}{4^2 - 3 \cdot 2} = \frac{4}{5}$$

이다. 그러므로 접선의 방정식은

$$y - 4 = \frac{4}{5}(x - 2)$$

즉, $y = \frac{4}{5}x + \frac{12}{5}$에 의하여 주어진다. ■

## 예제 5

**원의 방정식 $x^2 + y^2 = 5^2$에 대하여 2계도함수 $\frac{d^2y}{dx^2}$을 계산하시오.**

**풀이** $x^2 + y^2 = 5^2$에서 $x$로 양변 미분하면

$$2x + 2y\frac{dy}{dx} = 0$$

또는

$$x + y\frac{dy}{dx} = 0$$

이다. 그러므로 $\frac{dy}{dx} = -\frac{x}{y}$이다. 위 관계식을 $x$로 한번 더 미분하면

$$1 + \frac{dy}{dx}\frac{dy}{dx} + y\frac{d}{dx}\left(\frac{dy}{dx}\right) = 0$$

이다. 그리하여

$$\begin{aligned}\frac{d^2y}{dx^2} &= \frac{d}{dx}\left(\frac{dy}{dx}\right)\\ &= -\frac{1 + \left(\frac{dy}{dx}\right)^2}{y}\end{aligned}$$

$$= -\frac{1+\left(-\frac{x}{y}\right)^2}{y}$$

$$=-\frac{x^2+y^2}{y^3}$$

이고, $x^2+y^2=25$ 이므로 $\frac{d^2y}{dx^2}=-\frac{25}{y^3}$ 이다. ■

## Quiz

**1.** 함수 $f(x)=x^n$ 의 도함수는 $f'(x)=$ 【 】에 의하여 주어진다.
예를 들어

(i) $f(x)=x^5 \quad \rightarrow \quad f'(x)=$ 【 】

(ii) $f(x)=\dfrac{1}{x} \quad \rightarrow \quad f'(x)=$ 【 】 (힌트 : $f(x)=\dfrac{1}{x}=x^{-1}$ )

(iii) $f(x)=\sqrt{x} \quad \rightarrow \quad f'(x)=$ 【 】

**2.** 두 함수의 곱에 대한 도함수는 다음과 같이 주어진다.

$$\frac{d}{dx}[f(x)g(x)]=[\quad]\times g(x)+f(x)\times[\quad]$$

**3.** 두 함수의 몫 (나눗셈)에 대한 도함수 공식은 다음과 같이 주어진다.

$$\frac{d}{dx}[\frac{f(x)}{g(x)}]=\frac{[\quad]\times g(x)-f(x)\times[\quad]}{[g(x)]^2}$$

**4.** 다음은 함수 $f(x)=(x^3+1)^2$을 2가지 다른 방법에 의하여 미분한 것으로【 】에 알맞은 것을 적으시오.

(i) $f(x)=(x^3+1)^2=(x^3+1)(x^3+1)$

$$=x^6+2x^3+1$$

$$\frac{d}{dx}f(x)=6x^5+【\ 】x^2$$

$$=6x^2【\quad】$$

(ii) $y=f(x)=(x^3+1)^2$에서 $u=x^3+1$이라 놓자. 그리고 나면

$$y=u^2,\quad u=x^3+1$$

$$\frac{d}{dx}f(x)=\frac{dy}{dx}=\frac{dy}{du}\times\frac{du}{dx}$$

$$=2u\times【\quad】$$

$$= 2(x^3+1)\ \times 【\quad】$$

$$= 6x^2\ \times 【\qquad】$$

이것은 (i)의 결과와 일치한다.

**5.** 모든 미분에 적용되는 것으로 미분을 직관적으로 푸는 방법인 연쇄법칙은 다음과 같이 기억하면 많은 도움이 된다. 즉 모든 미분은【 】을 미분하고,【 】을 미분하여 곱하면 된다. 예를 들어, 함수 $f(x) = (x^3+1)^2$에서 전체[겉]은 $f(x) = x^2$의 형태이고, 안[속]은 $x$자리에 $x^3+1$이 들어간 것이다. 그리하여

$$f'(x) = 2(x^3+1)^{2-1}\frac{d}{dx}(x^3+1)$$

$$= 2(x^3+1)\times【\quad】$$

으로 4번의 결과와 일치한다.

**6.** 함수 표현 $y = \sqrt{9-x^2}$ $\cdots$① 과 $x^2+y^2 = 3^2$, $y \geq 0$ $\cdots$②

은 모두 같은 도형【 】을 나타내는 함수식이다. 여기서 ②와 같이 $x$와 $y$의 관계식에 의하여 함수를 표현하는 방법을【 】표현이라 하고, 이 상태에서 미분하는 것을【 】미분이라 한다. 다음은 양함수 및 음함수로 주어졌을 때의 두 방법에 의하여 미분을 한 것으로 괄호 안에 알맞은 것을 구하시오.

(i) $y = \sqrt{9-x^2} = (9-x^2)^{\frac{1}{2}}$

$$y' = \frac{dy}{dx} = \frac{1}{2}(9-x^2)^{\frac{1}{2}-1} \times \frac{d}{dx}【\qquad】$$

$$= \frac{1}{2}(9-x^2)^{-\frac{1}{2}} \times 【\qquad】$$

$$= -\frac{x}{\sqrt{9-x^2}}$$

$$= -\frac{x}{y}$$

(ii) 식 ② $x^2+y^2 = 3^2$의 양변을 $x$에 의하여 미분하고, 연쇄법칙, 전체(겉) 미분하고 안(속)을 미분하여 곱하자. 즉,

$$\frac{d}{dx}x^2 + \frac{d}{dx}y^2 = \frac{d}{dx}3^2$$

$$\Leftrightarrow \quad 2x^{2-1}\frac{d}{dx}x + 2y^{2-1}\frac{d}{dx}【\quad】 = 0$$

$$\Leftrightarrow \quad 2x + 2y \times y' = 0$$

$$\Leftrightarrow \quad y' = -\frac{x}{y}$$

(i)과 (ii)은 같은 결과를 얻었다. (ii)와 같이 $x$와 $y$의 관계식에서 양변 $x$에 의하여 미분하는 것을 【　　】 미분이라 한다.

**7.** 다음은 곡선 $x^3 + y^3 - 9xy = 0$상의 점 $(2, 4)$에서의 접선의 방정식을 구하는 과정이다.

[풀이] 곡선 $x^3 + y^3 - 9xy = 0$의 양변을 $x$에 의하여 미분하자. 그리고 나면

$$3x^{3-1}\frac{d}{dx}【\quad】 + 3y^{3-1}\frac{d}{dx}【\quad】 - 9[\frac{d}{dx}x \times y + x \times \frac{d}{dx}【\quad】] = 0$$

즉,

$$3x^2 + 3y^2\frac{dy}{dx} - 9[y + x\frac{dy}{dx}] = 0$$

위 식을 정리하면

$$[y^2 - 3x]\frac{dy}{dx} = 3y - 【\quad】$$

따라서

$$\frac{dy}{dx} = \frac{3y - x^2}{y^2 - 3x}$$

을 얻고 $x = 2$, $y = 4$을 대입하는 것에 의하여 기울기 【　　】을 얻는다.
그리하여 접선이 방정식은

$$\frac{y-4}{x-2} = \frac{4}{5}$$

에 의하여 $y = \frac{4}{5}x + 【\quad】$을 얻을 수 있다.

**8.** Geogebra을 이용하여 7번의 곡선 $x^3 + y^3 - 9xy = 0$와 접선을 같은 좌표평면상에 그리고 곡선과 접선이 점 $(2, 4)$에서 접하는지를 확인하시오.

**9.** 연쇄법칙을 이용하여 다음을 미분하시오.

(1) $y=(x^3+3)^3$

(2) $y=(x^2+x+1)^7$

(3) $y=\sqrt{x^2+1}$

(4) $y=\sqrt{x^3+x^2+5}$

(5) $y=(x^3+x+7)^{\frac{3}{2}}$

(6) $y=\dfrac{1}{\sqrt{x^2+3}}$

(7) $y=\sqrt[5]{(x^2+7)^3}$

**10.** 원 $x^2+y^2=5^2$상의 점$(3, 4)$에서의

(1) 접선의 방정식을 구하시오.

(2) Geogebra를 이용하여 원과 접선을 그리고, 점$(3, 4)$에서 접하는지 확인하시오.

## 연습문제 7.1

**1.** 다음 함수들의 도함수 $(y')$를 구하시오.

(a) $y = x^{\sqrt{2}}$　　(b) $y = x^{\pi}$

**2.** 다음 주어진 함수의 도함수를 구하시오.

(a) $f(x) = (x^2 + 5x + 5)^3$　　(b) $y = \sqrt{x^2 + 1}$

(c) $f(x) = \sqrt{x^3 + 4x^2 + 5}$　　(d) $f(x) = (x^2 + 2x + 5)^5 (2x + 3)^7$

**3.** 음함수 표현에 의하여 주어진 다음의 함수들에 대하여 미분 $\dfrac{dy}{dx}$을 구하시오.

(a) $x^2 + y^2 = 25$　　(b) $y^2 = x$　　(c) $2xy + 5 = 0$

(d) $x^2 + 2xy = 3y^2$　　(e) $x^3 y + y^3 x - 9 = 0$　　(f) $\dfrac{x^2}{4} + \dfrac{y^2}{9} = 1$

**4.** 곡선 $x^3 + xy + y^3 - 8 = 0$과 $x$축이 만나는 점에서의 접선의 기울기를 구하시오.

**5.** 곡선 $x^2 y^2 - 2x + 4y - 4 = 0$ 위의 점 $(2, -2)$에서의 접선의 방정식을 구하시오.

**6.** 함수 $y = f(x)$ 위의 점 $(2, f(2))$에서의 접선의 기울기가 2이다. 함수 $y = f(\sqrt{x})$의 $x = 4$에서의 미분계수를 구하시오.

**7.** 곡선 $x^3 + y^3 = 54$ 에 대하여 점 $(3, 3)$에서 $\dfrac{d^2 y}{dx^2}$의 값을 구하시오.

**8.** 곡선 $y = \left(\dfrac{7}{3x+1}\right)^2, x \neq -\dfrac{1}{3}$에 대하여 곡선상의 점 $(2, 1)$에서 접선의 방정식을 구하시오.

**9.** 용수철에 매달려 있는 물체의 수직 변위는 시간에 따른 함수

$$y(t) = a\cos(\omega t) + b\sin(\omega t)$$

에 의하여 주어진다고 한다. 여기서 $\omega$는 진동수이고 $a$, $b$는 상수이다. 이 때 함수 $y(t)$에 대하여

$$\frac{d^2}{dt^2}y(t) + \omega^2 y(t) = 0$$

임을 보이시오.

**10.** 매개변수 $t$에 의하여 주어진 함수 $x = t - \frac{2}{t}$, $y = t^2 + \frac{2}{t^2}$에서 $t = 1$일 때 $\frac{dy}{dx}$의 값을 구하시오. $(t > 0)$

(힌트 : 함수가 매개변수 $t$에 의하여 주어진 경우, 즉 $x = f(t)$, $y = g(t)$일 때 미분 $\frac{dy}{dx} = \frac{\frac{dy}{dt}}{\frac{dx}{dt}} = \frac{g'(t)}{f'(t)}$에 의하여 주어진다. 단 $f'(t) \neq 0$)

## AI, ChatGPT에게 물어보자.

* ChatGPT : 삼각함수에는 어떤 것이 있는지 설명을 해줘
* ChatGPT : 삼각함수의 미분은 어디에 사용되는 거야?
* ChatGPT : 역삼각함수가 뭔지 간단히 설명 해줘
* ChatGPT : $\sin^{-1}x$는 $\dfrac{1}{\sin x}$와 같은 거야?
* ChatGPT : 삼각함수의 도함수를 이용해서 어떤 문제들을 해결할 수 있나?
* ChatGPT : 역삼각함수의 도함수는 구체적으로 우리의 실생활에서 어디에 사용되는 거야?
* ChatGPT : 삼각함수와 역삼각함수의 도함수를  왜 공부해야 되지

## 7.2 삼각함수 및 역삼각함수의 도함수

이 절에서는 진동 또는 파동과 같은 주기적인 변화를 갖는 현상을 수학적으로 분석하기 위하여 이용되는 삼각함수 및 역삼각함수들의 도함수에 대하여 알아보고자 한다.

### 삼각함수의 도함수

다음 정리는 삼각함수들의 도함수를 유도하기 위하여 사용된다.

**정리 1**

(i) $\lim\limits_{h\to 0}\dfrac{\sin h}{h}=1$ (ii) $\lim\limits_{h\to 0}\dfrac{\cos h-1}{h}=0$

**증명** 위 정리의 증명은 Quiz를 참고하기 바란다.

**정리 2 사인함수의 도함수**

$$\frac{d}{dx}\sin x = \cos x$$

**증명** $f(x) = \sin x$ 라 하자. 그리고 나면 삼각함수의 덧셈 정리를 이용하는 것에 의하여

$$\begin{aligned}
f'(x) &= \lim_{h\to 0}\frac{f(x+h)-f(x)}{h}\\
&= \lim_{h\to 0}\frac{\sin(x+h)-\sin x}{h}\\
&= \lim_{h\to 0}\frac{\sin x\cos h+\cos x\sin h-\sin x}{h}\\
&= \lim_{h\to 0}\frac{\sin x(\cos h-1)}{h}+\lim_{h\to 0}\frac{\cos x\sin h}{h}\\
&= \sin x\cdot\lim_{h\to 0}\frac{(\cos h-1)}{h}+\cos x\cdot\lim_{h\to 0}\frac{\sin h}{h}\\
&= \sin x\cdot 0+\cos x\cdot 1=\cos x
\end{aligned}$$

이다. ■

다음은 cosine함수의 도함수이다.

**정리 3 코사인함수의 도함수**

$$\frac{d}{dx}\cos x = -\sin x$$

다음에는 tangent함수의 도함수를 유도해보자.

**정리 4 탄젠트 함수의 도함수**

$$\frac{d}{dx}\tan x = \sec^2 x$$

**증명** 몫에 대한 도함수 공식에 의하여

$$\frac{d}{dx}\tan x = \frac{d}{dx}\left(\frac{\sin x}{\cos x}\right)$$

$$= \frac{\frac{d}{dx}\sin x \cdot \cos x - \sin x \cdot \frac{d}{dx}\cos x}{\cos^2 x}$$

$$= \frac{\cos x \cdot \cos x - \sin x \cdot (-\sin x)}{\cos^2 x}$$

$$= \frac{\cos^2 x + \sin^2 x}{\cos^2 x}$$

$$= \frac{1}{\cos^2 x} = \sec^2 x$$

그 밖의 삼각함수의 도함수는 다음 정리에 주어진다.

**정리 5**

$$\frac{d}{dx}(\operatorname{cosec} x) = -\operatorname{cosec} x \cot x, \quad \frac{d}{dx}(\sec x) = \sec x \tan x,$$

$$\frac{d}{dx}(\cot x) = -\operatorname{cosec}^2 x$$

## 예제 1

$y = \sin(x^2)$을 미분하시오.

**풀이** $y = \sin u,\ u = x^2$이라 하면 연쇄법칙에 의하여

$$\frac{dy}{dx} = \frac{dy}{du}\frac{du}{dx} = \cos u\,(2x) = 2x\cos(x^2)$$

이며, 이것은 또한 전체 미분하고 안을 미분하여 곱한다는 것에 의하여

$$\frac{dy}{dx} = \cos(x^2)\frac{d}{dx}(x^2) = 2x\cos(x^2)$$

같은 결과를 얻는다. ■

### 예제 2

$y = \sin^2 x$을 미분하시오.

**풀이** $y = \sin^2 x = (\sin x)^2$이다. $u = \sin x$로 치환하면 $y = u^2$, $u = \sin x$이다. 그리하여 연쇄법칙에 의하여

$$\frac{dy}{dx} = \frac{dy}{du} \cdot \frac{du}{dx} = 2u \cdot \cos x = 2\sin x \cos x = \sin 2x$$

이다. 또한 $y = [\sin x]^2$에서 $y' = 2[\sin x]^{2-1} \frac{d}{dx} \sin x$에 의하여 $y' = 2\sin x \cos x = \sin 2x$을 얻을 수 있다. ■

예제 1과 예제 2를 비교하여 보아라. 두 결과가 같지 않음을 확인할 수 있을 것이다.

### 예제 3

함수 $f(x) = \sin 2x$ 상의 점 $\left(\frac{\pi}{2}, 0\right)$에서의 접선의 방정식을 구하시오.

**풀이**

$$f'(x) = \cos(2x) \frac{d}{dx} 2x = 2\cos(2x)$$

$x = \frac{\pi}{2}$에서 접선의 기울기는 $f'\left(\frac{\pi}{2}\right) = -2$이다. 그러므로 접선의 방정식은 $y = -2\left(x - \frac{\pi}{2}\right)$, 즉 $y = -2x + \pi$이다.

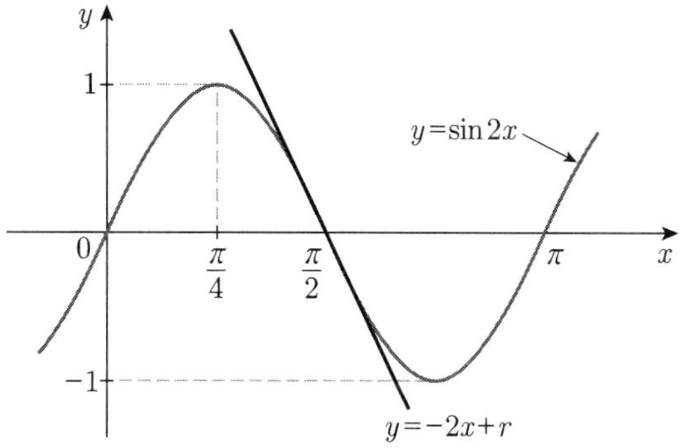


■

Geogebra을 이용하여 곡선 $y = \sin 2x$ 와 $y = -2x + \pi$ 가 접하는지 확인하시오.

## 역삼각함수의 도함수

우리는 5장에서 역삼각함수에 대하여 소개하였다. 다음에는 음함수 미분을 이용하여 역삼각함수의 도함수를 유도하고자 한다.

먼저 **역사인함수**(arcsine function)의 도함수를 유도하자.

**정리 6 $\sin^{-1}x$의 도함수**

$$\frac{d}{dx}(\sin^{-1}x) = \frac{1}{\sqrt{1-x^2}}$$

**증명** $y = \sin^{-1}x$ 라 하자. 그리고 나면

$$x = \sin y\,,\ \ y \in \left[-\frac{\pi}{2},\ \frac{\pi}{2}\right]$$

$x$에 의하여 미분하면

$$1 = \cos y \cdot \frac{dy}{dx}$$

즉

$$\frac{dy}{dx} = \frac{1}{\cos y} = \frac{1}{\sqrt{1-\sin^2 y}} = \frac{1}{\sqrt{1-x^2}}$$

이므로 $\dfrac{d}{dx}\sin^{1}x = \dfrac{1}{\sqrt{1-x^2}}$ 이다. ■

다음은 $\cos x$의 역함수인 $\cos^{-1}x$의 도함수이다.

**정리 7 $\cos^{-1}x$의 도함수**

$$\frac{d}{dx}(\cos^{-1}x) = -\frac{1}{\sqrt{1-x^2}}$$

다음 정리는 $\tan^{-1}x$ 의 도함수를 구한 것이다.

**정리 8 $\tan^{-1}x$의 도함수**

$$\frac{d}{dx}(\tan^{-1}x) = \frac{1}{1+x^2}$$

**증명** $y = \tan^{-1}x$ 이라 하자. 그리고 나면

$$x = \tan y,\ y \in \left(-\frac{\pi}{2},\ \frac{\pi}{2}\right)$$

$$1 = \sec^2 y \cdot y'$$

$$y' = \frac{1}{\sec^2 y} = \frac{1}{1+\tan^2 y} = \frac{1}{1+x^2}$$

따라서 $\frac{d}{dx}\tan^{-1}x = \frac{1}{1+x^2}$ 이다.

■

다음에는 기본함수들의 도함수를 알고 있는 상태에서 좀 더 복잡한 함수들의 도함수를 유도해보자.

## 예제 4

다음 함수의 도함수를 유도하시오.

(a) $y = \sin^{-1}\left(\frac{x}{3}\right)$　　(b) $y = \cos^{-1}(2x)$　　(c) $y = \tan^{-1}(x^3)$

**풀이** (a) $y = \sin^{-1}\left(\frac{x}{3}\right)$에서 $u = \frac{x}{3}$로 치환하면 $y = \sin^{-1}u$, $u = \frac{x}{3}$이다.

그리하여 연쇄법칙을 사용하면

$$\frac{d}{dx}\sin^{-1}\left(\frac{x}{3}\right) = \frac{dy}{dx} = \frac{dy}{du}\frac{du}{dx}$$

$$= \frac{1}{\sqrt{1-u^2}} \cdot \frac{1}{3}$$

$$= \frac{1}{\sqrt{1-\left(\frac{x}{3}\right)^2}} \cdot \frac{1}{3}$$

$$= \frac{1}{\sqrt{3^2 - x^2}}$$

(b) $u = 2x$로 치환하면 $y = \cos^{-1}u$, $u = 2x$이다.

$$\frac{d}{dx}\cos^{-1}(2x) = \frac{dy}{dx} = \frac{dy}{du}\frac{du}{dx}$$

$$= -\frac{1}{\sqrt{1-u^2}} \cdot 2$$

$$= -\frac{2}{\sqrt{1-4x^2}}$$

(c) $y = \tan^{-1}(x^3)$에서 $u = x^3$이라 하면 $y = \tan^{-1}u$, $u = x^3$이다. 따라서

$$\frac{d}{dx}\tan^{-1}(x^3) = \frac{dy}{dx} = \frac{dy}{du}\frac{du}{dx}$$

$$= \frac{1}{1+u^2} \cdot 3x^2$$

$$= \frac{3x^2}{1+x^6}$$

■

## 예제 5

미분을 이용하는 것에 의하여 임의의 $x \in [-1, 1]$에 대하여

$$\sin^{-1}x + \cos^{-1}x = \frac{\pi}{2}$$

임을 증명하시오.

**풀이** 함수 $f(x) = \sin^{-1}x + \cos^{-1}x$라 하자. 그리고 나면

$$f'(x) = \frac{1}{\sqrt{1-x^2}} - \frac{1}{\sqrt{1-x^2}} = 0$$

이다. 따라서 함수 $f(x)$는 상수함수이다. 즉 $f(x) = C$이다. 다시 말해

$$\sin^{-1}x + \cos^{-1}x = C$$

이므로 $x = 0$을 대입하면

$$C = \sin^{-1}0 + \cos^{-1} = 0 = \frac{\pi}{2}$$

이다. 그리하여 임의의 $C = \frac{\pi}{2}$을 대입하면 $x \in [-1, 1]$에 대하여

$$\sin^{-1}x + \cos^{-1}x = \frac{\pi}{2}$$

## Quiz

**1.** (1) $h=0.01$, $0.00001$, $0.000000001$ $\cdots$ 일 때 $\dfrac{\sin h}{h}$의 값은 ?

(2) (1)에서 $h$는 어디로 보내고 있는가?

(3) (1)과 (2)에 의하여 $h\rightarrow$【 】일 때, $\dfrac{\sin h}{h}\rightarrow$【 】이다.

(4) $\lim_{h\rightarrow 0}\dfrac{\sinh}{h}=$【 】

**2.** $h=0.01$, $0.00001$, $0.000000001$ $\cdots$ 일 때, $\dfrac{\cos h-1}{h}$의 값은 어디로 다가가는가?

따라서 $\lim_{h\rightarrow 0}\dfrac{\cos h-1}{h}=$【 】이다.

**3.** 다음은 $f(x)=\sin x$의 도함수를 구하는 과정이다. 【 】에 알맞은 것을 적으시오.

$$
\begin{aligned}
f'(x) &= \lim_{h\rightarrow 0}\frac{f(x+h)-f(x)}{h} \\
&= \lim_{h\rightarrow 0}\frac{\sin(x+h)-\sin x}{h} \\
&= \lim_{h\rightarrow 0}\frac{\sin x[\text{가 }]+\cos x[\text{나 }]-\sin x}{h} \\
&= \lim_{h\rightarrow 0}\frac{\sin x[\text{다}]-\sin x}{h}+\lim_{h\rightarrow 0}\frac{\cos x[\text{라}]}{h} \\
&= \sin x\times\lim_{h\rightarrow 0}\frac{[\text{마}]-1}{h}+\cos x\times\lim_{h\rightarrow 0}\frac{[\text{바}]}{h} \\
&= \sin x\times[\text{ 사 }]\ +\cos x\times[\text{ 아 }] \\
&= [\text{ 자 }]
\end{aligned}
$$

(힌트: $\sin(x+h)=\sin x\cos h+\cos x\sin h$과 1번 2번 이용)

**4.** 다음은 $f(x)=\cos x$의 도함수를 구하는 과정이다.

$$
\begin{aligned}
f'(x) &= \lim_{h\to 0}\frac{f(x+h)-f(x)}{h}\\
&= \lim_{h\to 0}\frac{\cos(x+h)-\cos x}{h}\\
&= \lim_{h\to 0}\frac{\cos x[\text{가}\ ]-\sin x[\text{나}\ ]-\cos x}{h}\\
&= \lim_{h\to 0}\frac{\cos x[\text{다}]-\cos x}{h}-\lim_{h\to 0}\frac{\sin x[\text{라}]}{h}\\
&= \cos x\times\lim_{h\to 0}\frac{[\text{마}]-1}{h}-\sin x\times\lim_{h\to 0}\frac{[\text{바}]}{h}\\
&= \cos x\times[\ \text{사}\ ]\ \ -\sin x\times[\ \text{아}\ ]\\
&= [\ \text{자}\ ]
\end{aligned}
$$

(힌트 : $\cos(x+h)=\cos x\cosh-\sin x\sinh$)

**5.** (i) $\dfrac{d}{dx}\sin x=$【　　　】,　　　　　(ii) $\dfrac{d}{dx}\cos x=$【　　　】

**6.** 다음 【　】에 알맞은 것을 구하시오.

$\tan x=\dfrac{[\quad]}{\cos x}$,　$\text{cosec}x=\dfrac{1}{[\quad]}$,　$\sec x=\dfrac{1}{[\quad]}$,　$\cot x=\dfrac{1}{\tan x}=\dfrac{[\quad]}{[\quad]}$

**7.** 다음 함수들의 도함수를 구하시오.

(a) $y=\tan x$,　(b) $y=\text{cosec}x$,　(c) $y=\sec x$,　(d) $y=\cot x$

(힌트 : $\dfrac{d}{dx}\dfrac{f(x)}{g(x)}=\dfrac{f'(x)g(x)-f(x)g'(x)}{[g(x)]^2}$ 이용)

**8.** 다음은 $y=\sin(x^2)$과 $y=\sin^2x$의 도함수를 구하는 과정이다.

(i) $y=\sin(x^2)$에서 전체(겉) 미분하고 안(속)을 미분하여 곱하는 것에 의하여 $y'=\cos(x^2)\times$【　】이다.

(ii) $y=\sin^2x=$【　】$^2$으로 전체(겉) 미분하고 안(속)을 미분하여 곱하는 것에 의하여

$y' = 2 \times [\sin x]^{2-1} \times \frac{d}{dx}$【　　】으로 $y' = 2\sin x \cos x$이다.

**9.** 곡선 $y = \sin 2x$상의 점 $(\frac{\pi}{2}, 0)$에서의 접선의 방정식을 구하시오.

**10.** Geogebra을 이용하여 곡선 $y = \sin 2x$와 9번의 접선을 같이 그려보시오.

## 연습문제 7.2

**1.** 다음을 보이시오.

(a) $\dfrac{d}{dx}(\mathrm{cosec}x) = -\mathrm{cosec}x\cot x$

(b) $\dfrac{d}{dx}(\sec x) = \sec x\tan x$

(c) $\dfrac{d}{dx}(\cot x) = -\mathrm{cosec}^2 x$

**2.** 다음을 미분하여라.

(a) $y = 2\sin x + 3x^2\cos x$

(b) $y = \dfrac{\tan x}{x}$

(d) $y = x^2 - \sec x$

(e) $y = 3\tan x - 2\mathrm{cosec}x$

**3.** 함수 $f(x) = x + \sin x$에 대하여 수평인($x$축과 평행인) 접선을 갖는 $x$좌표의 값을 구하시오.

**4.** 어떤 물체의 위치를 나타내는 위치함수 $f(t)$가 $f(t) = t^2 - 2\sin t$에 의하여 주어질 때 시각 $t = 0$에서의 (순간)속도를 구하시오.

**5.** 다음의 도함수를 구하시오.

(a) $\dfrac{d^4}{dx^4}(\sin x)$

(b) $\dfrac{d^4}{dx^4}(\cos x)$

**6.** 연쇄법칙을 이용하는 것에 의하여 다음 주어진 함수의 도함수를 계산하시오.

(a) $y = (1 + \cos^2 x)^5$

(b) $y = \cos^3 x$

(c) $y = \cos x^3$

(d) $y = \cos^2(\sin x)$

**7.** 함수 $f(x) = \dfrac{\sin x}{1 + \cos x}$에 대하여 함수 $f'\left(\dfrac{\pi}{3}\right)$의 값을 구하여라.

**8.** 양의 상수 $a$에 대하여 다음 역삼각함수들의 도함수를 유도하시오.

(a) $f(x)=\sin^{-1}\left(\frac{x}{a}\right)$

(b) $g(x)=\cos^{-1}\left(\frac{x}{a}\right)$

(c) $h(x)=\tan^{-1}\left(\frac{x}{a}\right)$

**9.** 다음 함수들의 도함수를 유도하시오.

(a) $y=x^2\sin^{-1}x$

(b) $y=\frac{\cos^{-1}x}{x}$

(c) $y=(x^2+3x+5)\tan^{-1}x$

## AI, ChatGPT에게 물어보자.

* ChatGPT : 지수함수가 무엇인지 간단히 설명을 해줘
* ChatGPT : 로그함수가 뭔지 간단히 설명을 해줘
* ChatGPT : 지수함수의 미분은 어디에 사용되는지 구체적인 예를 들어 줘
* ChatGPT : 로그함수의 미분은 우리의 실생활 어디에서 사용할 수 있는지 간단히 설명을 해줘
* ChatGPT : 쌍곡선삼각함수의 미분을 왜 배워야 되는 거지
* ChatGPT : 쌍곡선삼각함수 형태의 실생활 예가 있으면 들어 줘봐
* ChatGPT : 쌍곡선삼각함수의 미분을 이용하여 해결할 수 있는 실생활의 문제가 있는지 예를 들어 줘봐

## 7.3 지수, 로그 및 쌍곡선삼각함수의 도함수

이 절에서는 지수 및 로그함수 그리고 쌍곡선삼각함수의 도함수를 유도하고자 한다. 먼저 함수 $f(x) = e^x$인 지수함수의 도함수를 유도해보자.

### 지수함수의 도함수

**정리 1 지수함수의 도함수**

지수함수 $f(x) = e^x$ 의 도함수는 다음과 같이 주어진다.

$$f'(x) = e^x$$

**증명** 도함수의 정의에 의하여

$$f'(x) = \lim_{h \to 0} \frac{f(x+h) - f(x)}{h}$$
$$= \lim_{h \to 0} \frac{e^{x+h} - e^x}{h}$$
$$= e^x \cdot \lim_{h \to 0} \frac{e^h - 1}{h}$$

이다. 여기서 $e^h - 1 = t$라 하면 $h = \ln(1+t)$이고, $h \to 0$일 때 $t \to 0$이다. 그리하여

$$\lim_{h \to 0} \frac{e^h - 1}{h} = \lim_{t \to 0} \frac{t}{\ln(1+t)}$$
$$= \lim_{t \to 0} \frac{1}{\ln(1+t)^{\frac{1}{t}}}$$
$$= \frac{1}{\ln e}$$
$$= 1$$

결국 $f'(x) = e^x$이다. 우리는 위 등식에서 $\lim_{t \to 0}(1+t)^{\frac{1}{t}} = e$라는 사실을 사용하였다. ■

지수함수에 대한 미분은 계속하여 반복 되어질 수 있고, 같은 도함수 $e^x$를 얻는다. 따라서 다음의 정리를 얻을 수 있다.

**정리 2 지수함수의 $n$계 도함수**

지수함수 $f(x) = e^x$의 $n$계 도함수, $f^{(n)}(x)$는 다음과 같이 주어진다.

$$f^{(n)}(x) = e^x, \quad (n \geq 2)$$

**예제 1**

다음 함수들의 도함수를 구하시오.

(a) $f(x) = e^{3x}$　　　　(b) $g(x) = e^{\sin x}$

**풀이** (a) $f'(x) = \dfrac{d}{dx}[e^{3x}] = e^{3x}\dfrac{d}{dx}[3x] = 3e^{3x}$

(b) $g'(x) = \dfrac{d}{dx}[e^{\sin x}] = e^{\sin x}\dfrac{d}{dx}[\sin x] = \cos x\, e^{\sin x}$ ■

## 로그함수의 도함수

다음에는 로그함수의 도함수를 유도하고자 한다.

**정리 3 자연로그함수의 도함수**

$$\frac{d}{dx}(\ln x) = \frac{1}{x}$$

**증명** $y = \ln x$ 라 하면 $x = e^y$ 이고 양변 $x$ 에 의하여 미분하면

$$1 = \frac{d}{dx}(e^y) = e^y\frac{dy}{dx}$$

즉,

$$\frac{d}{dx}(\ln x) = \frac{dy}{dx} = \frac{1}{e^y} = \frac{1}{x}$$

■

### 예제 2

$y = \log_a x$ 의 도함수를 구하시오.(단, $a$는 상수이다.)

**풀이** $\log_a x = \dfrac{\ln x}{\ln a}$ 이므로

$$y' = \frac{d}{dx}(\log_a x) = \frac{d}{dx}\frac{\ln x}{\ln a} = \frac{1}{\ln a}\cdot\frac{1}{x}$$

즉,

$$\frac{d}{dx}\log_a x = \frac{1}{x\ln a}$$

■

## 예제 3

다음 미분을 하시오.

(a) $\frac{d}{dx}\ln(x^2+2x)$　　　　(b) $\frac{d}{dx}\ln(\cos x)$

**풀이**

(a) $\frac{d}{dx}\ln(x^2+2x) = \frac{1}{x^2+2x}\frac{d}{dx}(x^2+2x) = \frac{2}{x^2+2x}(x+1)$

(b) $\frac{d}{dx}\ln(\cos x) = \frac{1}{\cos x}\frac{d}{dx}(\cos x) = \frac{1}{\cos x}(-\sin x) = -\tan x$ ■

예제3으로부터 우리는 다음을 알 수 있다.

$$\frac{d}{dx}\ln g(x) = \frac{g'(x)}{g(x)}$$

다음에는 $a$를 밑으로 하는 지수함수의 도함수를 유도하고자 한다.

**정리 4 $a$을 밑으로 하는 지수함수의 도함수**

$$\frac{d}{dx}a^x = a^x \cdot \ln a \text{ (단, } a\text{는 상수)}$$

**증명** 두 가지 다른 방법에 의하여 도함수를 유도하고자 한다.

(i) $a = e^{\ln a}$ 이므로 $a^x = (e^{\ln a})^x = e^{x\ln a}$이다. 그리하여

$$\begin{aligned}\frac{d}{dx}(a^x) &= \frac{d}{dx}(e^{x\ln a})\\ &= e^{x\ln a}\frac{d}{dx}(x\ln a)\\ &= e^{x\ln a}\ln a\\ &= a^x\ln a\end{aligned}$$

(ii) $y = a^x$의 양변에 자연로그를 취하면

$$\ln y = x \cdot \ln a$$

이고, 양변 $x$로 미분하자.

$$\frac{1}{y}y' = \ln a$$

이다. 따라서 $y' = y \cdot \ln a = a^x \ln a$이다. ■

앞선 정리의 증명에서 방법 (ii)는 함수의 모양이 복잡한 경우 양변에 자연로그를 취하고, 음함수 미분을 적용하여 도함수를 구하는 것이다.

**예제 4**

$\dfrac{d}{dx}\ln|x| = \dfrac{1}{x}$임을 보이시오.

**풀이** $\ln|x| = \begin{cases} \ln x & x > 0 \\ \ln(-x) & x < 0 \end{cases}$

(i) $x > 0$인 경우

$$\frac{d}{dx}\ln|x| = \frac{d}{dx}\ln x = \frac{1}{x}$$

(ii) $x < 0$인 경우

연쇄법칙을 사용하는 것에 의하여

$$\frac{d}{dx}\ln|x| = \frac{d}{dx}\ln(-x) = \frac{1}{-x}\frac{d}{dx}(-x)$$
$$= \frac{1}{-x}(-1) = \frac{1}{x}$$

이다.

(i)과 (ii)에 의하여 $\dfrac{d}{dx}\ln|x| = \dfrac{1}{x}$이다. ■

### 쌍곡선삼각함수의 도함수

다음에는 쌍곡선삼각함수 $\sinh x = \dfrac{e^x - e^{-x}}{2}$, $\cosh s = \dfrac{e^x + e^{-x}}{2}$의 도함수를 유도하고자 한다.

**정리 5 상곡선삼각함수의 도함수**

(a) $\dfrac{d}{dx}\sinh x = \cosh x$ (b) $\dfrac{d}{dx}\cosh x = \sinh x$

**증명** (a) 쌍곡선 sine함수의 정의에 의하여

$$\begin{aligned}\frac{d}{dx}(\sinh x) &= \frac{d}{dx}\frac{e^{x}-e^{-x}}{2}\\ &= \frac{1}{2}\left\{\frac{d}{dx}(e^{x})-\frac{d}{dx}(e^{-x})\right\}\\ &= \frac{e^{x}+e^{-x}}{2}\\ &= \cosh x\end{aligned}$$

(b)의 증명은 연습문제로 남겨둔다. ■

## Quiz

**1.** 함수 $f(x)=e^x$ 을 【 】함수라고 부른다.

**2.** $e=\lim_{t\to 0}(1+t)^{\frac{1}{t}}$ 으로 정의하였다. 이것은 $t\to 0$일 때 $(1+t)^{\frac{1}{t}}$ → 【 】으로 수렴한다는 것을 의미한다.

**3.** $\log_e x=$ 【 】라고 쓰고, $f(x)=$ 【 】를 자연로그함수라고 부른다.

**4.** $\frac{d}{dx}e^x=$ 【 】이다.

**5.** 함수 $f(x)=e^x$라 하면 함수 $f(x)=e^x$의 2계 도함수 $f''(x)=$【 】이고, 일반적으로 $n$계 도함수 $f^{(n)}(x)=$【 】이다.

**6.** 다음은 (i) $y=e^{3x}$, (ii) $y=e^{\tan x}$ 의 도함수(미분)을 구하는 과정이다.

[풀이] 전체(겉) 미분하고 안(속)을 미분하여 곱한다는 사실에 의하여

(i) $y=e^{3x}$에서 $\frac{d}{dx}e^x=e^x$에 의하여

$$y' = e^{3x}\frac{d}{dx}【\quad】= 3e^{3x}$$

(ii) $y=e^{\tan x}$에서

$$y' = e^{\tan x}\frac{d}{dx}【\quad】= \sec^2 x\, e^{\tan x}$$

**7.** 일반적인 로그는 자연로그에 의하여 표현되어질 수 있다. 즉, $\log_a x=\frac{[\ ]}{\ln a}$이다. 즉, $a$를 밑으로 하는 로그는 자연로그에 의하여 표현이 가능하며 이것은 우리의 관심을 자연로그함수에 한정해도 된다는 말이다.

**8.** 지수와 로그의 관계에 의하여 다음의 관계가 성립한다.

$$y = e^x \quad \Leftrightarrow \quad x = 【 \quad 】$$

**9.** 다음은 자연로그 $\ln x$의 도함수를 구하는 과정이다.

[풀이] $y = \ln x\,(= \log_e x)$라 하자. 그리고 나면

$$x = e^y$$

이고, 양변 $x$에 의하여 미분하자. 전체미분하고 안을 미분하여 곱한다는 연쇄법칙에 의하여

$$\frac{d}{dx}x = \frac{d}{dx}e^y$$

$$1 = [\quad]\frac{d}{dx}y$$

따라서 $\dfrac{dy}{dx} = \dfrac{1}{e^y}$ 이고 $e^y = x$이므로 $\dfrac{dy}{dx} = \dfrac{1}{x}$이다. 즉,

$$\frac{d}{dx}\ln x = \frac{1}{x}$$

이다.

**10.** 다음은 (i) $y = \ln(x^2 + 2x)$, (ii) $y = \ln(\cos x)$의 도함수를 구하는 과정이다.

[풀이] 전체(겉) 미분하고 안(속)을 미분하여 곱한다는 사실에 의하여

(i) $\dfrac{d}{dx}lnx = \dfrac{1}{x}$에 의하여 $y = \ln(x^2 + 2x)$의 미분

$$y' = \frac{1}{x^2 + 2x}\frac{d}{dx}[\quad] = \frac{1}{x^2 + 2x}[2x + 2]$$

(ii) $\dfrac{d}{dx}lnx = \dfrac{1}{x}$와 $\dfrac{d}{dx}cosx = -\sin x$에 의하여

$y = \ln(\cos x)$에서

$$y' = \frac{1}{\cos x}\frac{d}{dx}[\quad] = \frac{1}{\cos x}[-\sin x] = -\tan x$$

**11.** 다음의 도함수 (미분)을 구하시오

(1) $y = e^{\cos x}$ (2) $y = 5^x$ (3) $y = \log_3 x$

## 연습문제 7.3

**1.** 다음 함수들의 도함수를 구하시오.

(a) $y=2^x$ (b) $y=\log_5 x$

**2.** 함수 $y=x^2e^x$의 3계 도함수 $y^{(3)}$을 계산하시오.

**3.** 함수 $f(x)=x^2+e^x$에 대하여 곡선상의 점 $(0,\ 1)$에서의 접선의 방정식을 구하시오.

**4.** 연쇄법칙 등을 사용하는 것에 의하여 다음 함수들의 도함수를 구하시오.

(a) $y=\sqrt{x}\cdot e^{3x}$ (b) $y=e^{x^2+\sin x}$

(c) $y=x^2\cdot e^{\cos x}$ (d) $y=(e^x)^3$

(e) $y=e^{\tan^{-1}x}$ (f) $y=3^{\tan x}$

**5.** 다음 함수를 미분하시오.

(a) $y=\log_a x^3$ (b) $y=\log_a(x^2+3)$

(c) $y=\ln(\sin x)$ (d) $y=e^{\ln x+x^3}$

(e) $y=(\ln x)^4$ (f) $y=\ln(\ln x)$

(g) $y=\sin(\ln x)$ (h) $y=\sin^{-1}(\ln x)$

**6.** 양변에 자연로그를 취하고 음함수미분을 적용하는 것에 의하여 다음 함수들의 도함수를 구하시오.

(a) $y=x^{\sqrt{x}}$ (b) $y=(\ln x)^x$

(c) $y=x^{\ln x}$ (d) $y=x^{\cos x}$

**7.** 곡선 $y=e^x$ 위의 점 $(1,\ e)$에서의 접선이 곡선 $y=2\sqrt{x-k}$에 접할 때, $k$의 값을 구하시오.

**8.** $\dfrac{d}{dx}\cosh x=\sinh x$ 임을 증명하시오.

**9.** 좌표평면에서 곡선 $y^3 = \ln(5-x^2)+xy+4$위의 점 $(2, 2)$ 에서의 접선의 기울기를 구하시오.

**10.** 곡선 $e^x \ln y = 1$ 위의 점 $(0, e)$에서의 접선의 방정식을 구하시오.

# 8장

# 함수의 적분

## AI, ChatGPT에게 물어보자.

* ChatGPT : 부정적분이 무엇인지 간단히 설명 좀 해줘
* ChatGPT : 부정적분을 이용해서 어떠한 문제들을 해결할 수 있는 거야?
* ChatGPT : 부정적분의 역사에 대하여 간단히 설명을 해줘
* ChatGPT : 넓이와 정적분은 어떻게 연관이 되지?
* ChatGPT : 정적분의 정의가 어떻게 되?
* ChatGPT : 적분이 어려운데 쉽게 이해할 수 있는 방법이 있으면 알려줘
* ChatGPT : 적분과 미분이 관계가 있다는 것은 누가 처음으로 알아낸 거야?

# 8.1 함수의 부정적분 및 정적분

우리는 앞서 4장에서 적분에 대하여 논의하였다. 이절에서는 다시 한번 더 부정적분 및 정적분에 대하여 정의하고 다양한 함수들의 부정적분과 정적분에 대하여 논의하고자 한다.

### 부정적분

**정의 1 부정적분**

$\frac{d}{dx}F(x) = f(x)$일때 함수 $f(x)$의 **부정적분**(indefinite integral)은 다음과 같이 정의한다.

$$\int f(x)dx = F(x) + C$$

먼저 $\frac{d}{dx}\frac{1}{n+1}x^{n+1} = x^n$ 이므로

$$\int x^n\,dx = \frac{1}{n+1}x^{n+1},\ (n \neq -1)$$

임을 기억하자.

### 예제 1

다음 부정적분을 구하시오.

(a) $\int \cos x\,dx$　　(b) $\int e^x dx$　　(c) $\int \frac{1}{x}dx$

**풀이** (a) $\frac{d}{dx}[\sin x] = \cos x$ 이므로

$$\int \cos x\,dx = \sin x + C$$

이다.

(b) $\frac{d}{dx}e^x = e^x$ 이므로

$$\int e^x dx = e^x + C$$

(c) $\frac{d}{dx}\ln x = \frac{1}{x}$ 이므로

$$\int \frac{1}{x}dx = \ln x + C$$

■

### 예제 2

부정적분 $\int e^{6x}\,dx$ 을 구하시오.

**풀이** $\frac{d}{dx}e^{6x} = 6e^{6x}$ 이므로

$$\int e^{6x}\,dx = \frac{1}{6}e^{6x} + C$$

이다. ■

$\int \frac{2x}{x^2+1}dx$와 같이 피적분 함수가 분모를 미분한 것이 분자에 있는 경우 이러한 형태의 적분은 다음과 같이 주어진다.

**정리 1**

$$\int \frac{g'(x)}{g(x)}dx = \ln|g(x)| + C$$

**증명** 부정적분의 정의에 의하여 위 정리가 성립함을 보이기 위해서는

$$\frac{d}{dx}\ln|g(x)| = \frac{g'(x)}{g(x)}$$

임을 보이면 된다. $y = \ln|g(x)|$라 하자. $u = g(x)$라 놓으면 $y = \ln|u|$, $u = g(x)$이다. 따라서 연쇄법칙을 적용하면

$$\begin{aligned}\frac{d}{dx}\ln|g(x)| &= \frac{dy}{dx} = \frac{dy}{du}\frac{du}{dx}\\ &= \frac{1}{u}g'(x) = \frac{g'(x)}{g(x)}\end{aligned}$$

이다. 따라서 부정적분의 정의에 의하여

$$\int \frac{g'(x)}{g(x)}dx = \ln|g(x)| + C$$

이다. ■

## 예제 3

부정적분 $\int \frac{2x}{x^2+1}dx$ 을 계산하시오.

**풀이** $\frac{d}{dx}(x^2+1) = 2x$ 이므로 앞선 정리에 의하여

$$\begin{aligned}&\int \frac{2x}{x^2+1}dx\\ &= \ln|x^2+1| + C\\ &= \ln(x^2+1) + C\end{aligned}$$

이다. 여기서 $x^2+1 > 0$에 의하여 세 번째 등식이 성립한다. ■

### 예제 4

부정적분 $\int \frac{\cos x}{\sin x} dx$를 구하시오.

**풀이** $\frac{d}{dx}\sin s = \cos x$이므로

$$\int \frac{\cos x}{\sin x} dx = \ln|\sin x| + C$$

이다. ■

## 정적분

이번에는 적분의 또 다른 한 축인 정적분에 대하여 논의하고자 한다.

부정적분과 정적분의 차이는 부정적분은 역도함수라는 한 함수에 의하여 주어지고, 정적분은 하나의 값에 의하여 주어진다는 것이다. 특히 정적분에서 피적분함수가 양인 경우 정적분의 값은 해당 곡선 아래 영역의 넓이를 의미한다.

다시한번 더 정적분의 정의를 언급하자.

**정의 1 정적분**

$\frac{d}{dx}F(x) = f(x)$일 때, 구간 $[a, b]$상의 함수 $f(x)$의 정적분 $\int_a^b f(x)dx$는 다음과 같이 정의한다.

$$\int_a^b f(x)dx = F(x)\Big|_a^b = F(b) - F(a)$$

## 예제 1

$\int_0^{\pi} \sin x \, dx$ 을 계산하시오.

**풀이** $\frac{d}{dx}[-\cos x] = \sin x$ 이므로

$$\int_0^{\pi} \sin x \, dx = -\cos x \Big|_0^{\pi} = -\cos \pi - (-\cos 0) = 2$$

주어진 정적분 $\int_0^{x} \sin x \, dx$ 의 값 2는 다음 그림의 음영된 부분의 넓이를 의미한다.

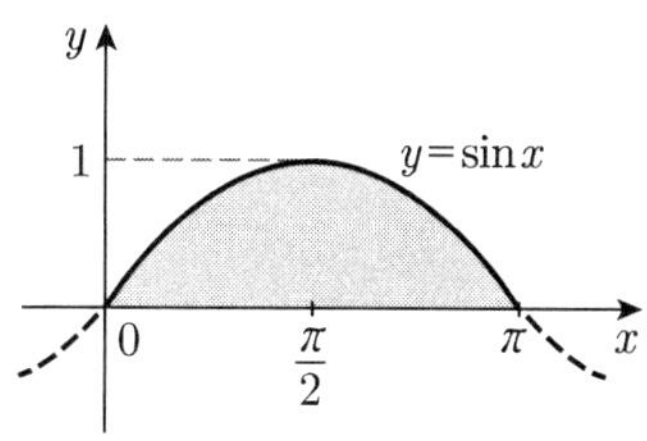


## 예제 2

$\int_0^{1} e^x \, dx$ 을 계산하시오.

**풀이** $\frac{d}{dx}e^x = e^x$ 이므로

$$\int_0^{1} e^x \, dx = e^x \Big|_0^{1} = (e-1)$$

이며, 이 값은 다음의 음영된 부분의 넓이를 의미한다.

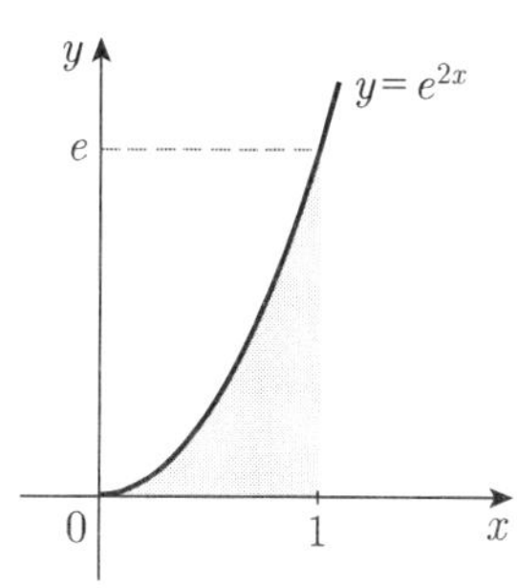

### 예제 3

$\displaystyle\int_1^2 \frac{1}{x}dx$ 을 계산하시오.

**풀이** $\dfrac{d}{dx}\ln x = \dfrac{1}{x}$ 이므로

$$\begin{aligned}\int_1^2 \frac{1}{x}dx &= \ln x \Big|_1^2 \\ &= \ln2 - \ln1 = \ln2\end{aligned}$$

으로 다음 영역의 넓이이다.

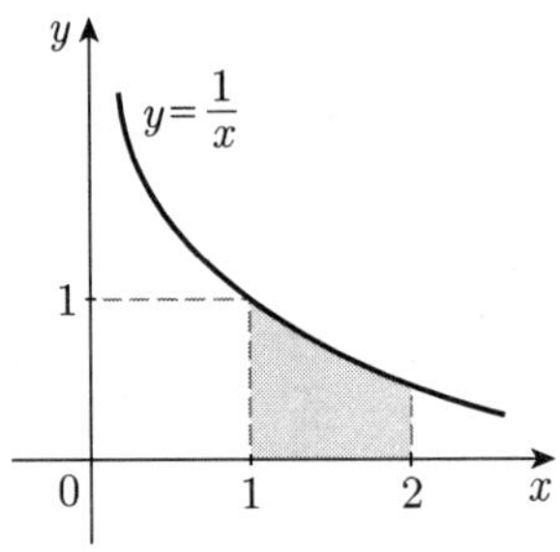


■

### 예제 4

$\displaystyle\int_0^1 \frac{1}{\sqrt{1-x^2}}dx$ 을 계산하시오.

**풀이** $\dfrac{d}{dx}\sin^{-1}x = \dfrac{1}{\sqrt{1-x^2}}$ 이므로

$$\begin{aligned}\int_0^1 \frac{1}{\sqrt{1-x^2}}dx &= \sin^{-1}x \Big|_0^1 \\ &= \sin^{-1}1 - \sin^{-1}0 \\ &= \frac{\pi}{2}\end{aligned}$$

이다. 여기서 $\theta = \sin^{-1}1$이면 $\sin\theta = 1$이므로 $\theta = \dfrac{\pi}{2}$이고, $\theta = \sin^{-1}0$이면 $\sin\theta = 0$이므로 $\theta = 0$이다. ■

## Quiz

※ 다음 괄호 안에 알맞은 것을 적으시오.

**1.** $\frac{d}{dx}F(x) = f(x)$이면 $F(x)$는 $f(x)$의 【　　　】라고 부른다.

여기서 함수 $f(x)$의 부정적분을 기호로 【　　　】라고 쓰고,

$$\int f(x)dx = 【\quad】 + C$$

에 의하여 정의한다.

여기서 $f(x)$는【　　　】라고 부르고, 임의 상수 $C$는【　　　】라고 부른다.

**2.** $\frac{d}{dx}[\frac{1}{n+1}x^{n+1}] = x^n$ 이므로 함수 $x^n$의 부정적분은

$$\int x^n dx = 【\quad】 + C \quad (n \neq -1)$$

이다.

**3.** 2번을 이용하는 것에 의하여 다음을 구하시오.

(1) $\int x^5 dx$,　　(2) $\int x^{\frac{3}{2}} dx$ ,

(3) $\int \sqrt{x}\, dx$ ,　　(4) $\int \frac{1}{x^3} dx$

**4.** $\frac{d}{dx}\cos x =$【　　　】이므로 부정적분의 정의에 의하여 $\int \sin x dx =$ 【　】 $+ C$이다.

**5.** 다음 부정적분을 구하시오.

(a) $\int \cos x\, dx$　　(b) $\int \sec^2 x\, dx$

(c) $\int e^x dx$　　(d) $\int \frac{1}{x} dx$

**6.** 피적분함수가 한 함수인 경우 적분은 전체 적분하고 안을 미분하여 나누어 주면 된다. 예를 들어,

(a) $\int e^{6x}dx = \frac{1}{[\quad]}e^{6x} + C$

(b) $\int \cos(3x)\,dx = \frac{1}{[\quad]}\sin(3x) + C$

**7.** 6번의 답이 맞는지 확인하시오.(부정적분의 정의를 기억하세요 )

**8.** 다음 부정적분을 하시오.

(1) $\int \frac{1}{3x}dx$,

(2) $\int e^{-3x}\,dx$,

(3) $\int \sin 5x\,dx$,

(4) $\int -\cos x\,dx$

## Quiz

※ 다음 【 】에 알맞은 것을 적으시오.

**1.** 구간 $[a, b]$상의 함수 $y = f(x)$의 정적분은 기호로 【 】에 의하여 나타낸다.

**2.** 구간 $[a, b]$상에서 함수 $f(x)$가 양이면 (즉, $f(x) \geq 0$), 함수 $f$의 정적분 $\int_a^b f(x)dx$ 은 구간 $[a, b]$상의 곡선 아래 부분의 【 】을 나타낸다.

**3.** 정적분은 $\frac{d}{dx}F(x) = f(x)$ (즉, $F(x)$가 $f(x)$의 역도함수)이면

$$\int_a^b f(x)dx = F(x)\Big|_a^b = 【\quad】$$

에 의하여 주어진다.

**4.** $\frac{d}{dx}e^x = e^x$이므로 $\int_0^1 e^x dx = e^x\Big|_0^1 = [\quad] - e^0 = 【\quad】$이 값은 구간 $[0, 1]$에서 $e^x \geq 0$이므로 곡선 $y = e^x$ 아래 부분의 【 】를 나타낸다. Geogebra로 곡선을 그리고 해당하는 영역에 음영을 넣어서 넓이의 의미를 확인하시오.

**5.** 정적분 $\int_0^{\pi} \sin x dx$에 있어 $F(x) =$【 】라고 하면 $\frac{d}{dx}F(x) = \sin x$이다.

$$\int_0^{\pi} \sin x dx = -\cos x\Big|_0^{\pi} = -\cos【\;】- (-\cos【\;】) = 2$$

**6.** $\frac{d}{dx}lnx = \frac{1}{x}$이므로

$$\int_1^2 \frac{1}{x}dx = 【\quad】 = \ln 2$$

이다.

**7.** 다음은 정적분의 값을 구하는 과정이다. 【 】에 알맞은 것을 구하시오.

(a) $\int_0^1 e^{6x}dx = \frac{1}{[\quad]}e^{6x}\Big|_0^1 = \frac{1}{6}e^{6\cdot1} - \frac{1}{6}e^{6\cdot0} = 【\quad】$

(b) $\int_{0}^{\frac{\pi}{2}} \cos(3x)\,dx = \frac{1}{[\quad]} \sin(3x)\Big|_{0}^{\frac{\pi}{2}}$

$$= \frac{1}{3}\sin\left(3 \cdot \frac{\pi}{2}\right) - \frac{1}{3}\sin(3 \cdot 0)$$

$=$【　　】

**8.** 다음 정적분을 구하시오.

(1) $\int_{1}^{2} \left( \frac{1}{x^2} - \frac{1}{x^3} \right) dx$

(2) $\int_{0}^{1} e^{-x} dx$

(3) $\int_{0}^{\frac{\pi}{2}} \sin(2x)\,dx$

(4) $\int_{1}^{e} \frac{3}{x}\,dx$

## 연습문제 8.1

**1.** 다음 함수들에 대한 부정적분을 구하시오.

(a). $\int \tan x dx$

(b) $\int \frac{1}{\sqrt{1-x^2}} dx$

(c) $\int \frac{-1}{\sqrt{1-x^2}} dx$

(d) $\int \frac{1}{1+x^2} dx$

(e) $\int \frac{x}{x^2+1} dx$

(f). $\int \frac{e^x}{e^x+1} dx$

(g) $\int \frac{\sec^2 x}{\tan x} dx$

(h) $\int a^x dx$ (단, $a > 0$)

(i) $\int \frac{x+1}{x^2+2x} dx$

**2.** 다음 함수들의 부정적분을 구하시오.

(a) $\int (x^5 + 3x^2 + 5 + e^x) dx$

(b) $\int x^{-2} dx$

(c) $\int (\sec^2 x - 2\sqrt{x}) dx$

(d) $\int \left(\cos x + \frac{2}{1+x^2}\right) dx$

**3.** $f''(x) = \cos x$ 이고 $f(0) = 1$, $f'(0) = 1$ 인 함수 $f(x)$을 구하시오.

**4.** 다음 정적분의 값을 구하시오.

(a) $\int_0^{\frac{\pi}{2}} \cos x\, dx$

(b) $\int_0^{\frac{\pi}{4}} \sec^2 x\, dx$

(c) $\int_0^{\frac{1}{2}} \frac{-1}{\sqrt{1-x^2}} dx$

(d) $\int_0^1 3^x\, dx$

(e) $\int_0^1 e^{2x}\, dx$

**5.** 다음의 정적분을 계산하시오.

(a) $\int_0^{\frac{\pi}{2}} (\cos x + 2\sin x)\, dx$

(b) $\int_1^3 \left(\frac{1}{x^2} - \frac{1}{x^5}\right) dx$

(c) $\int_1^2 \frac{x+1}{x^2+2x}\, dx$

(d) $\int_0^{\frac{\pi}{3}} \sec^2 x\, dx$

(e) $\int_0^1 \frac{1}{1+x^2} dx$

(f) $\int_0^{\frac{1}{2}} \frac{3}{\sqrt{1-x^2}} dx$

(g) $\int_0^{\frac{\pi}{6}} \cos(3x)\, dx$

(h) $\int_0^1 \frac{x^2}{1+x^2} dx$

**6.** 반경이 $r$ 이고 중심각이 $\theta$ 인 부채꼴의 넓이가 $\frac{1}{2} r^2 \theta$ 임을 정적분을 이용하여 증명하시오.

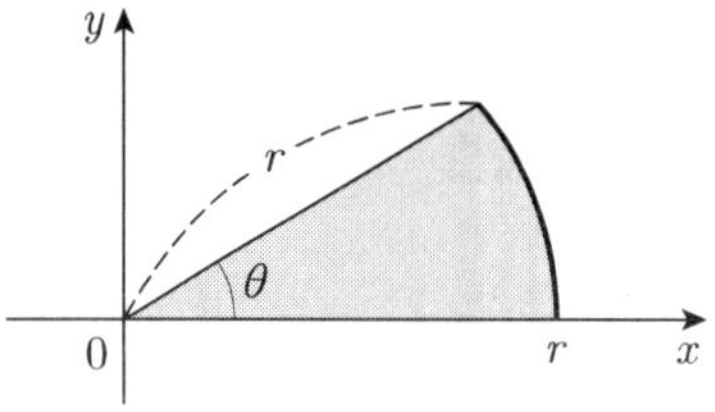

**7.** 반지름이 $r$인 원의 넓이가 $\pi r^2$임을 정적분을 이용하여 유도하시오.

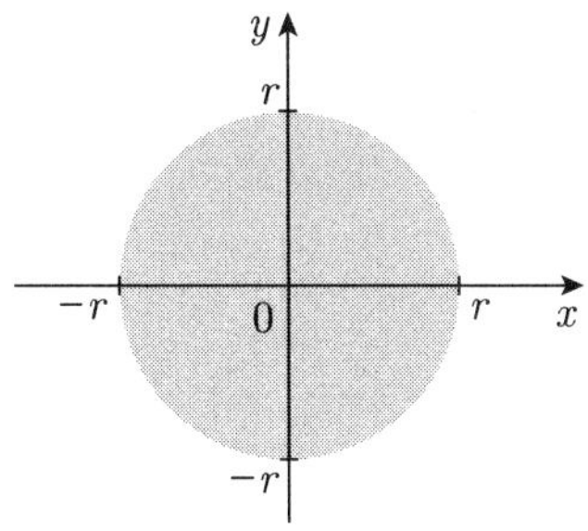


**8.** 다음 정적분의 값을 구하시오.

(a) $\displaystyle\int_{\frac{\pi}{6}}^{\frac{\pi}{2}} \frac{\cos x}{\sin x}\,dx$

(b) $\displaystyle\int_{e}^{e^2} \frac{1}{x \ln x}\,dx$

## AI, ChatGPT에게 물어보자.

» ChatGPT : 정적분이 무엇인지 설명을 해줘

» ChatGPT : 누가 처음으로 정적분을 생각해 낸 거야?

» ChatGPT : 정적분과 넓이는 어떤 관계가 있어?

» ChatGPT : 정적분을 이용해서 실생활의 어떤 문제들을 해결할 수 있는지 구체적인 예를 들어 줘

» ChatGPT : 넓이 말고 정적분을 이용하여 해결할 수 있는 문제에는 어떤 것이 있어

» ChatGPT : 적분에는 왜 $\int$ 기호를 사용하는 거야?

» ChatGPT : 부정적분과 정적분의 관계에 대하여 알려 줘

## 8.2 적분을 풀기 위한 방법 소개

부정적분과 정적분을 해결하기 위해서는 우리는 반드시 피적분함수의 역도함수를 알아야만 한다. 그러나 많은 경우 피적분함수의 역도함수를 구하는 것이 그렇게 쉬운 것만이 아니다. 그리하여 이 절에서는 적분을 계산하기 위한, 즉 역도함수를 구하기 위한 다양한 방법으로 치환적분, 부분 적분 등에 대하여 다루고자 한다.

### 치환적분법

다음 예제를 통하여 치환적분법을 이해하자.

**예제 1**

부정적분 $\int 2x(x^2+1)^2 dx$를 계산하시오.

**풀이** 두 가지 다른 방법에 의하여 유도하자.

(a) $u = x^2+1$이라 치환하면 $\dfrac{du}{dx} = 2x$, 즉 $du = 2xdx$이다. 따라서

$$\begin{aligned}\int 2x(x^2+1)^2 dx &= \int (x^2+1)^2 2xdx \\ &= \int u^2 du \\ &= \frac{1}{3}u^3 + C \\ &= \frac{1}{3}(x^2+1)^3 + C\end{aligned}$$

(b) 피적분함수 $2x(x^2+1)^2 = 2x(x^4+2x^2+1) = 2x^5+4x^3+2x$이다.

$$\begin{aligned}\int 2x(x^2+1)^2 dx &= \int [2x^5+4x^3+2x]\, dx \\ &= 2\int x^5 dx + 4\int x^3 dx + 2\int x dx \\ &= 2\cdot\frac{1}{6}x^6 + 4\cdot\frac{1}{4}x^4 + 2\cdot\frac{1}{2}x^2 + C_1 \\ &= \frac{1}{3}x^6 + x^4 + x^2 + C_1 \\ &= \frac{1}{3}x^6 + x^4 + x^2 + \frac{1}{3} + C \\ &= \frac{1}{3}(x^2+1)^3 + C\end{aligned}$$

여기서 $C = C_1 - \dfrac{1}{3}$이며, (a)와 (b)의 결과가 같음을 확인할 수 있다. ■

위의 예제에서와 같이 피적분함수에서 적당한 함수를 치환하여 적분을 해결하는 방법을 **치환적분법**(integration by substitution)이라 한다.

## 예제 2

다음을 계산하시오.

(a) $\int x(x^2-1)^3\,dx$ (b) $\int \frac{\tan^{-1}x}{1+x^2}\,dx$

**풀이** (a) $u = x^2-1$이라 놓으면 $du = 2x\,dx$ 즉, $\frac{1}{2}du = x\,dx$ 이다.

$$\begin{aligned}\int x(x^2-1)^3\,dx &= \int (x^2-1)^3\,x\,dx \\ &= \int u^3\frac{1}{2}du \\ &= \frac{1}{2}\int u^3\,du = \frac{1}{8}u^4 + C \\ &= \frac{1}{8}(x^2-1)^4 + C\end{aligned}$$

이다.

(b) $u = \tan^{-1}x$ 이라 하면 $du = \frac{1}{1+x^2}dx$ 이다. 그리하여

$$\begin{aligned}\int \tan^{-1}x\,\frac{1}{1+x^2}\,dx &= \int u\,du \\ &= \frac{1}{2}u^2 + C \\ &= \frac{1}{2}(\tan^{-1}x)^2 + C\end{aligned}$$

■

다음은 정적분에 대한 치환법칙으로 적분구간만 주의하면 된다. 다음 예제를 통하여 살펴보자.

정적분에 대한 치환법칙은 다음과 같은 방법으로 이해하며 편리하다.

### 예제 3

정적분 $\int_0^1 (x^2+1)^2\, 2x\, dx$ 를 계산하시오.

**풀이** 위의 정적분을 두 가지 다른 방법에 의하여 구해보고자 한다.

(a) $u=x^2+1$로 치환하면 $du=2x\,dx$ 이며 $x=0$일 때 $u=1$, $x=1$일 때 $u=2$이다. 그리하여

$$\begin{aligned}\int_0^1 (x^2+1)^2 2x\,dx &= \int_1^2 u^2\,du \\ &= \frac{1}{3}u^3\Big|_1^2 \\ &= \frac{1}{3}2^3-\frac{1}{3}1^3 \\ &= \frac{7}{3}\end{aligned}$$

(b) $$\begin{aligned}\int_0^1 (x^2+1)^2\, 2x\,dx &= \int_0^1 [2x^5+4x^3+2x]\,dx \\ &= \frac{1}{3}x^6+x^4+x^2\Big|_0^1 \\ &= \frac{1}{3}1^6+1^4+1^2-[\frac{1}{3}0^6+0^4+0^2] \\ &= \frac{7}{3}\end{aligned}$$

■

### 예제 4

$\int_0^\pi \cos^2 x \sin x\, dx$ 을 계산하시오.

**풀이** $u=\cos x$ 로 치환하면 $du=-\sin x\,dx$ , $-du=\sin x\,dx$ 이며 $x=0$일 때 $u=1$, $x=\pi$ 일 때 $u=-1$이므로

$$\begin{aligned}\int_0^\pi \cos^2 x\sin x\,dx &= -\int_1^{-1} u^2\,du = \int_{-1}^1 u^2\,du \\ &= \frac{1}{3}u^3\Big|_{-1}^1 = \frac{1}{3}1^3-\frac{1}{3}(-1)^3 = \frac{2}{3}\end{aligned}$$

■

적분 $\int xe^x dx$를 치환적분법에 의하여 적분을 해결해 보시오!

아마도 풀리지 않는다는 것을 금방 알 수 있을 것이다. 우리는 이 적분을 해결하기 우해서는 피적분함수의 역도함수를 구해야만 하나 치환적분법에 의해서는 위 적분이 해결되지 않는다. 그리하여 다른 방법이 제시되어야만 하고 우리는 다음의 부분적분법에 대하여 소개하고자 한다.

### 부분 적분법

미분법의 곱셈법칙을 이용하여 적분을 해결하고자 하는 것이 부분적분법이다.

두 함수 $f$ 와 $g$ 의 곱에 대한 미분은

$$\frac{d}{dx} f(x)g(x) = f'(x)g(x) + f(x)g'(x)$$

이다. 그리하여 부정적분의 정의에 의하여

$$\int [f'(x)g(x) + f(x)g'(x)]\, dx = f(x)g(x)$$

으로

$$\int f'(x)g(x)\, dx + \int f(x)g'(x)\, dx = f(x)g(x)$$

이고

$$\int f(x)g'(x)\, dx = f(x)g(x) - \int f'(x)g(x)\, dx$$

이다.

$$\int f(x)g'(x)\, dx = f(x)g(x) - \int f'(x)g(x)\, dx$$

부분 적분법은 풀리지 않는 적분 $\int f(x)g'(x)dx$ 를 풀 수 있는 적분 $\int f'(x)g(x)dx$ 으로 바꾸어 적분을 해결하고자 하는 것이다. 즉, $\int f(x)g'(x)dx$ 을 계산함에 있어 다른 형태의 적분 $\int f'(x)g(x)dx$ 을 계산함으로서 주어진 적분을 해결하고자 하는 것으로 적분 $\int f'(x)g(x)dx$ 이 해결되어야만 주어진 적분이 해결된다.

## 예제 5

부정적분 $\int xe^x dx$ 을 구하시오.

**풀이** $f(x)=x$, $g'(x)=e^x$ 라 하면, $f'(x)=1$, $g(x)=e^x$ 이다. 그리고 나면

$$\int x e^x dx = x e^x - \int 1 e^x dx$$

이다. 그러나

$$\int e^x dx = e^x$$

이므로

$$\int x e^x dx = x e^x - e^x + C$$

■

부분적분법을 외우는 쉬운 방법이 있다. 다음을 참고하면 쉽게 적분이 해결된다.

$$\begin{array}{ccc} g'(x) & \longrightarrow & g(x) \\ \vdots & \cdot^{\cdot^{\cdot}} & \vdots \\ f(x) & \longrightarrow & f'(x) \end{array}$$

$$\int f(x)g'(x)\,dx = f(x)g(x) - \int f'(x)g(x)\,dx$$

위 예제에서

$$\begin{array}{ccc} e^x & \longrightarrow & e^x \\ \vdots & \cdot^{\cdot^{\cdot}} & \vdots \\ x & \longrightarrow & 1 \end{array}$$

$$\int xe^x dx = xe^x - \int 1 \cdot e^x dx$$

이다.

## 예제 6

다음 부정적분을 계산하시오.

(a) $\int x \ln x \, dx$ (단, $x > 0$) (b) $\int \tan^{-1} x \, dx$

**풀이** (a) $f(x) = \ln x$, $g'(x) = x$ 라 하면, $g(x) = \frac{1}{2}x^2$이므로

$$\begin{aligned}\int x \ln x \, dx &= \ln x \cdot \frac{1}{2}x^2 - \int \frac{1}{x}\frac{1}{2}x^2 \, dx \\ &= \frac{1}{2}x^2 \ln x - \frac{1}{4}x^2 + C\end{aligned}$$

(b) $f(x) = \tan^{-1} x$, $g'(x) = 1$이라 하면 부분적분법에 의하여

$$\int \tan^{-1} x \, dx = x \tan^{-1} x - \int \frac{x}{1+x^2} dx$$

이다. 그러나 적분

$$\int \frac{x}{1+x^2} dx = \frac{1}{2}\int \frac{2x}{1+x^2} dx = \frac{1}{2}\ln(1+x^2)$$

이다. 따라서

$$\int \tan^{-1} x \, dx = x \tan^{-1} x - \frac{1}{2}\ln(1+x^2) + C$$

■

부분적분법을 이용하여 적분을 풀고자 할 때는 어떤 함수를 미분하고 어떤 함수를 적분할 것인가를 결정하여야 한다. 계산하는 방법은 적분하기 쉬운 함수를 $g'(x)$로 두는 것이다. 즉, 다음과 같이 함수 $f(x)$와 $g'(x)$를 결정한다.

| ← $f(x)$ | → $g'(x)$ |
|---|---|
| $\ln x$ 다항식($1, x, x^2, \cdots$ 등), | 삼각함수($\sin x$, $\cos x$ 등), 지수함수($e^x$) |

부분적분법에 대한 정적분은 다음 예제들을 통하여 살펴보자.

### 예제 7

정적분 $\int_1^2 x\ln x\,dx$ 계산하시오.

**풀이** $\int_1^2 x\ln x\,dx = \frac{1}{2}x^2\ln x\Big|_1^2 - \frac{1}{2}\int_1^2 x\,dx = 2\ln 2 - \frac{3}{4}$

■

### 예제 8

정적분 $\int_0^1 \tan^{-1}x\,dx$ 을 계산하시오.

**풀이** (1) $f(x) = \tan^{-1}x,\ g'(x) = 1$이라 놓으면 정적분에 대한 부분적분법에 의하여

$$\int_0^1 \tan^{-1}x\,dx = x\tan^{-1}x\Big|_0^1 - \int_0^1 \frac{x}{1+x^2}dx$$

이며, 여기서 $\int_0^1 \frac{x}{1+x^2}dx$ 을 계산하기 위하여 $1+x^2 = u$ 로 치환하면 $x\,dx = \frac{1}{2}du$ 이고 $x = 0$일 때 $u = 1$, $x = 1$일 때 $u = 2$이다. 그리하여

$$\int_0^1 \frac{x}{1+x^2}dx = \frac{1}{2}\int_1^2 \frac{1}{u}du$$

$$= \frac{1}{2}\ln u\Big|_1^2 = \frac{1}{2}\ln 2$$

이다. 또한 $\tan^{-1}1 = \theta$ 라 놓으면 $\tan\theta = 1$이므로 $\theta = \frac{\pi}{4}$이다. 그리하여

$$\int_0^1 \tan^{-1}x\,dx = x\tan^{-1}x\Big|_0^1 - \int_0^1 \frac{x}{1+x^2}dx$$

$$= \tan^{-1}1 - \frac{1}{2}\ln 2 = \frac{\pi}{4} - \frac{1}{2}\ln 2$$

이다.

(2) $\frac{d}{dx}\left(x\tan^{-1}x - \frac{1}{2}\ln(1+x^2)\right) = \tan^{-1}x$ 이므로

$$\int_0^1 \tan^{-1} x\, dx = \left[ x\tan^{-1} x - \frac{1}{2}\ln(1+x^2) \right]\Big|_0^1$$

$$= \tan^{-1} 1 - \frac{1}{2}\ln 2 = \frac{\pi}{4} - \frac{1}{2}\ln 2$$

을 또한 얻을 수 있다. ■

## Quiz

※ 다음 괄호【 】안에 알맞은 것을 적으시오.

**1.** 부정적분이나 정적분이나 모두 피적분함수 $f(x)$의 역도함수 $F(x)$을 알아야만 한다. 즉,

$$\int f(x)dx = 【\quad\quad】 + C, \quad \int_a^b f(x)dx = 【\quad\quad\quad\quad】$$

에 의하여 주어진다.

**2.** 다음은 부정적분 $\int (x^2+1)^2 2x\, dx$을 치환적분법에 의하여 구하는 과정이다.

(a) 치환적분법은 하나를 치환하였을 때 남아 있는 것이 그것의 미분으로 주어지는 경우 치환 적분을 적용하여 적분을 해결할 수 있다. 여기서 $x^2+1$을 $t$로 치환하자.

즉 $t = x^2+1$ 그리고 나면 $\frac{dt}{dx} = 2x$이고 이것은 $dt =【\quad】dx$이다. 그리하여

$$\int (x^2+1)^2 2x dx = \int t^2 dt = \frac{1}{3}t^3 + C = 【\quad\quad】+ C$$

이다.

(b) 주어진 적분에서 피적분함수를 전개하면 즉,

$$(x^2+1)^2 2x = (x^4+2x^2+1)2x = 2x^5+4x^3+2x$$

이고 주어진 적분은

$$\begin{aligned}\int (x^2+1)^2 2x\, dx &= \int (2x^5+4x^3+2x)dx = \frac{1}{3}x^6+x^4+x^2+C_1 \\ &= \frac{1}{3}x^6+x^4+x^2+\frac{1}{3}+C_1-\frac{1}{3} \\ &= \frac{1}{3}(x^2+1)^3+C\end{aligned}$$

그리하여 (a)와 (b)의 결과가 일치함을 확인할 수 있다.

**3.** 정적분 $\int_0^1 (x^2+1)^2 2x\,dx$은 적분 구간만 따라다니면 된다.

[풀이] $x^2+1$을 $t$로 치환하자. 즉, $t=x^2+1$. 그리고 나면 $x=0$일 때 $t=1$, $x=1$일 때 $t=$【 】이다. 그리고 $\frac{dt}{dx}=2x$로 $dt=2x\,dx$이다. 그리하여

$$\int_0^1 (x^2+1)^2 2xdx = \int_1^2 t^2 dt = \frac{1}{3}t^3\Big|_1^2 = \frac{1}{3}[2^3-1^3] = 【\quad】$$

이다.

**4.** 다음의 부분적분법이 성립한다.

$$\int f(x)g'(x)dx = 【\qquad\qquad】 - \int f'(x)g(x)dx$$

부분적분법은 다음과 같이 이해하면 편하다.

$$\begin{array}{ccc} g'(x) & \rightarrow & g(x) \\ f(x) & \rightarrow & f'(x) \end{array}$$

위는 적분할거를 아래는 미분할거를 놓는다. 여기서 부정적분(정적분)을 외우는 방법은 왼쪽의 두 함수의 곱에 대한 적분은 대각선의 곱에서 비대각선(오른쪽)의 곱의 적분을 빼주는 것으로 외우면 된다. 예를 들어,

(a) 주정적분 $\int xe^x dx$는

$$\begin{array}{ccc} e^x & \rightarrow & e^x \\ x & \rightarrow & 1 \end{array}$$

에 의하여

$$\int xe^x dx = 【\quad】 - \int e^x \times 1dx = 【\quad】 - e^x$$

(b) 정적분 $\int_0^1 xe^x dx$은 위와 같은 방법으로 적분 구간만 따라다니면 된다. 즉,

$$\int_0^1 xe^x dx = xe^x\Big|_0^1 - \int_0^1 c^x \times 1dx = 【\quad】 - e^x\Big|_0^1 = 1$$

**5.** 다음은 부정적분 $\int x\sin x dx$을 부분적분법으로 푸는 과정이다.

$$\sin x \quad \rightarrow \quad -\cos x$$

$$x \quad \rightarrow \quad 1$$

그리고 나면 오른쪽 두 함수의 적분은 대각선의 곱에서 비대각선의 곱에 대한 적분을 빼준 것과 같다. 즉,

$$\int \sin x \times x\, dx = -\cos x \times x - \int (-\cos x) \times 1\, dx$$

$$= -x\cos x + \sin x + C$$

**6.** 5번의 부정적분의 결과가 맞는지 확인하시오.

## 연습문제 8.2

**1.** 치환적분법을 사용하여 다음의 정적분을 계산하시오.

(a) $\int_0^2 (5x+1)^5\,dx$    (b) $\int_1^3 2x\sqrt{x^2+1}\,dx$

(c) $\int_0^{\frac{\pi}{4}} \sec^2 x\,\tan x\,dx$    (d) $\int_0^1 xe^{x^2+1}\,dx$

(e) $\int_0^{\frac{\pi}{4}} \tan x\,dx$    (f) $\int_0^1 e^x(e^x+1)^2\,dx$

(g) $\int_1^e \frac{\sqrt{\ln x}}{x}\,dx$    (h) $\int_0^{\frac{\pi}{2}} \frac{\sin^3 x}{1+\cos x}\,dx$

**2.** 치환적분법을 사용하여 다음의 부정적분을 계산하시오.

(a) $\int (2x-1)^{50}\,dx$    (b) $\int (x^3+x)^5(3x^2+1)\,dx$

(c) $\int \sin 4x\,dx$    (d) $\int \frac{\sin x}{\cos^2 x}\,dx$

(e) $\int xe^{x^2}\,dx$    (f) $\int \frac{\ln x}{x}\,dx$

(g) $\int e^{\tan x}\sec^2 x\,dx$    (h) $\int \cot x\,dx$

**3.** 부분적분법을 사용하여 다음의 부정적분을 계산하시오.

(a) $\int \sin^{-1} x\,dx$    (b) $\int x^2 \sin x\,dx$

(c) $\int x^3 \ln x\,dx$    (d) $\int x^3 e^{3x}\,dx$

(e) $\int \ln x\,dx$    (f) $\int x\cos x\,dx$

**4.** 부분적분법을 사용하여 다음의 정적분을 계산하시오.

(a) $\int_0^1 x\tan^{-1}x\,dx$

(b) $\int_1^2 x\ \ln x\,dx$

(c) $\int_0^{\frac{\pi}{2}} x\cos x\,dx$

(d) $\int_0^1 e^{3x}x^3\,dx$

(e) $\int_0^{\frac{1}{2}} \cos^{-1}x dx$

(f) $\int_0^1 x\sin 2x\ dx$

# 9장

# 벡터

## AI, ChatGPT에게 물어보자.

» ChatGPT : 벡터를 처음으로 만든 사람은 누구야?

» ChatGPT : 벡터를 왜 만들게 되었는지 구체적으로 설명을 해줘

» ChatGPT : 실생활에서 무엇이 벡터에 의하여 표현이 가능한지 구체적인 예를 들어봐 줘

» ChatGPT : 벡터를 이용하여 수학의 다른 문제들을 해결할 수 있는지 예를 들어 봐줘

» ChatGPT : 벡터와 AI는 어떻게 관련이 있어

» ChatGPT : 벡터의 어떤 부분이 AI에 이용되는 거야?

» ChatGPT : 벡터의 방향은 어떻게 표현해야 하는 거야?

# 9.1 벡터의 소개 및 연산

우리가 지금까지 다루어 왔던 길이, 넓이, 부피 와 온도 등은 모두 하나의 실수 값들에 의하여 나타낼 수 있는 것들이다. 그러나 비행기와 같이 방향을 동반한 어떤 움직이는 물체의 위치 등을 나타내기 위해서는 실수 하나 만에 의해서는 설명되어질 수가 없다.

예를 들어, 어떤 비행기가 북동쪽 방향으로 시속 250 km로 날아간다고 할 때 이 비행기의 위치를 어떻게 나타낼 수 있을까?

즉, 이 비행기의 위치를 나타내기 위해서는 방향(북동쪽)이라는 것과 크기(속도 250 km)라는 것이 주어져야만 한다.

### 벡터의 소개

크기와 함께 방향을 갖는 양을 **벡터**(vector)라 말하고, 벡터와 달리 길이 넓이 등 단지 크기만을 갖는 양을 **스칼라**(scalar)라고 부른다. 모든 실수는 스칼라라고 생각하면 된다. 평면이나 공간에서 벡터를 나타낼 때는 다음 그림과 같이 선분에 화살표를 그려 방향을

나타내고 선분의 길이로 그 크기를 나타낸다.

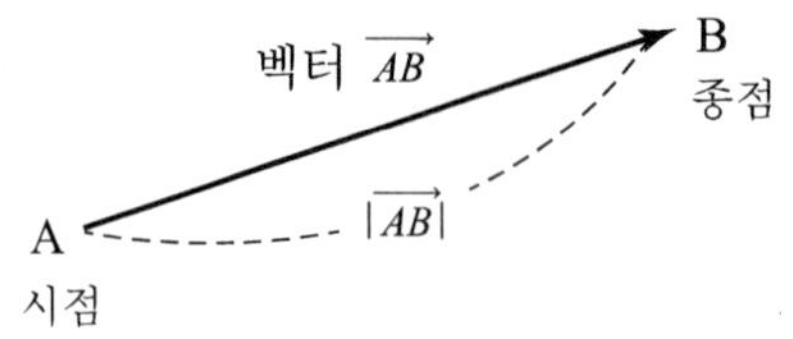


벡터

특히 그림과 같이 벡터가 점 $A$에서 점 $B$로 향하는 선분에 의하여 주어졌을 때 점 $A$를 이 벡터의 **시점**(initial point), 점 $B$를 이 벡터의 **종점**(terminal point)이라 하고 이 벡터를 기호로

$$\overrightarrow{AB}$$

와 같이 나타내거나 또는 한 굵은 문자로 다음과 같이 나타낸다.

$$\boldsymbol{a}, \quad \boldsymbol{b}, \quad \boldsymbol{c}, \cdots$$

또한 벡터의 크기는

$$|\overrightarrow{AB}|, \quad |\boldsymbol{a}|, \quad \cdots$$

와 같이 나타낸다.

**참고** 평면과 공간에서 점의 위치를 나타내는 방법에 대하여 간단히 살펴보자.
다음 그림과 같이 평면에서 점의 위치는 수직인 두 축($x$축, $y$축)에 각각 수선을 내려 만나는 점이 $a$, $b$일 때 순서쌍 $(a, b)$에 의하여 나타낸다.

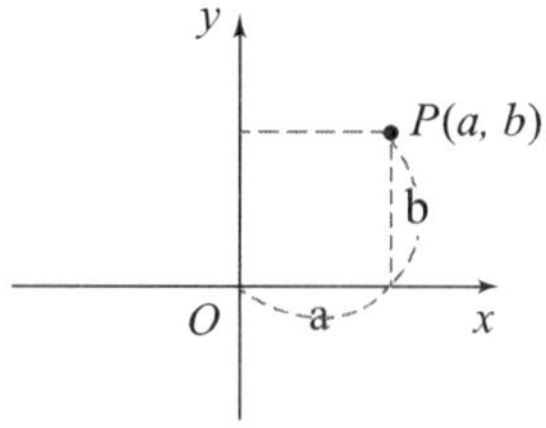


평면좌표

공간상의 한 점의 위치를 나타내기 위해서는 좌표축이 세 개가 필요하다. 구체적으로 아래 그림과 같이 공간상의 한 점 $O$에서 서로 직교하고 점 $O$를 원점으로 하는 세 수직선 $Ox$, $Oy$, $Oz$를 정한다. 여기서 수직선 $Ox$, $Oy$, $Oz$를 각각 $x$축, $y$축, $z$축이라 하고, 이 세 축을 통틀어 우리는

좌표축이라고 한다. 이렇게 주어진 좌표축을 중심으로 공간상의 점은 순서쌍 $(a, b, c)$에 의하여 나타낼 수 있다. 또한 $x$축과 $y$축으로 정해지는 평면을 $xy$평면, $y$축과 $z$축으로 정해지는 평면을 $yz$평면, $z$축과 $x$축으로 정해지는 평면을 $zx$평면이라 하고, 이 세 평면을 좌표평면이라 하며 세 좌표평면으로 이루어진 공간을 좌표공간이라고 한다.

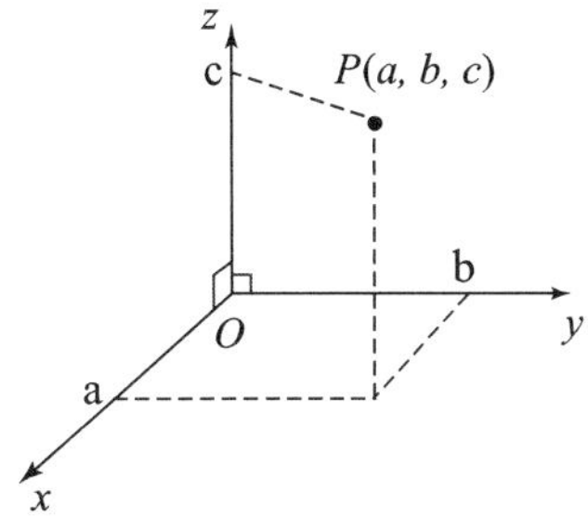


공간좌표

공간상의 한 점 $P$에서 $xy$평면에 내린 수선의 발의 좌표가 $(a, b)$이고 점 $P$에서 $z$축에 내린 수선의 발에 해당하는 점의 좌표가 $c$이면 점 $P$는 순서쌍 $(a, b, c)$에 의하여 나타낸다. 즉,

$$P(a,\ b,\ c)$$

로 나타낸다.

그리고 각 축 $x$축, $y$축, $z$축 상의 점은

$$(a,\ 0,\ 0),\qquad (0,\ b,\ 0),\qquad (0,\ 0,\ c)$$

이다. 원점 $O$의 좌표는 $(0, 0, 0)$으로 나타낸다.

## 예제 1

다음의 각점을 평면좌표 또는 공간좌표에 나타내시오.

(a) $A(1,\ 3)$ (b) $B(-2, 5)$ (c) $C(0, 1, 0)$ (d) $D(0, 0, 3)$

(e) $E(1, 1, 2)$ (f) $H(2, 3, 2)$

**풀이**

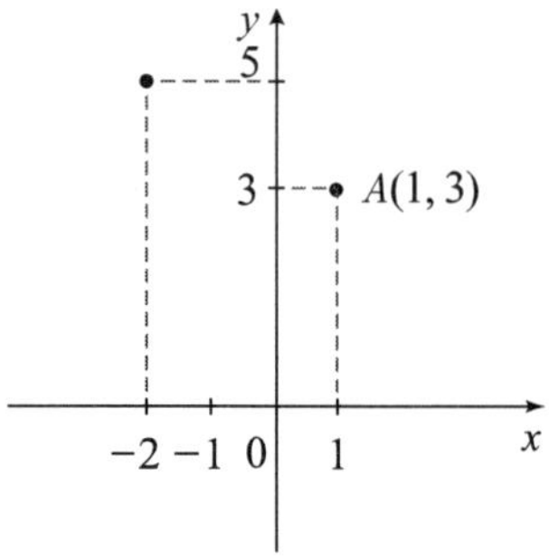


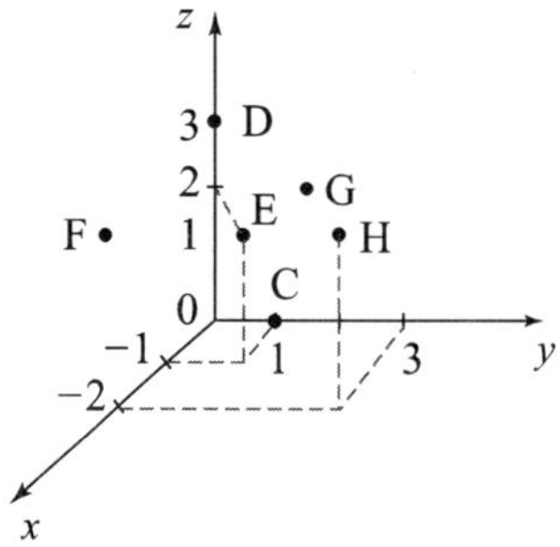


■

## 예제 2

다음 두 점 사이의 거리를 구하시오.

(a) $A(1,\ 2),\quad B(-2,\ 5)$

(b) $A(0,\ 1,\ 0),\quad B(0,\ 0,\ 1)$

(c) $A(2,\ 1,\ -1),\quad B(1,\ 2,\ 1)$

**풀이**

(a)

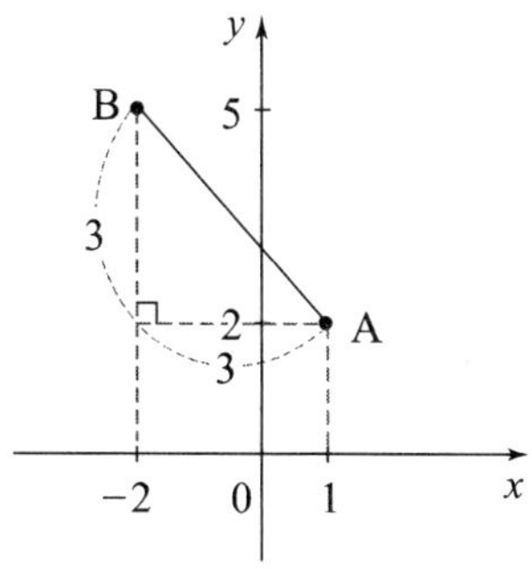


피타고라스 정리에 의하여

$$|\overline{AB}| = \sqrt{(1-(-2))^2+(2-5)^2}$$
$$= 3\sqrt{2}$$

(b) 점 $A$는 $y$축상의 점이고 점 $B$는 $z$축상의 점이다. 따라서 $yz$평면에 피타고라스의 정리를 적용하는 것에 의하여

$$|\overline{AB}| = \sqrt{(0-0)^2+(1-0)^2+(0-1)^2} = \sqrt{2}$$

(c) 피타고라스의 정리에 의하여

$$|\overline{AB}| = \sqrt{(2-1)^2+(1-2)^2+(-1-1)^2}$$
$$= \sqrt{6}$$

■

다음 유향선분들의 공통적인 특징은 무엇인가?

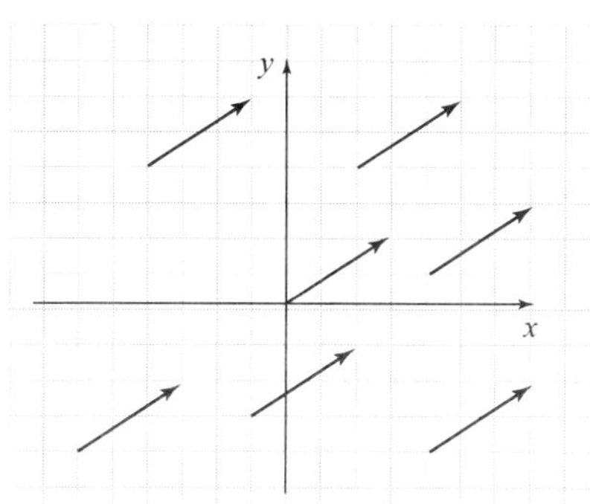


위의 그림에 주어진 모든 유향 선분은 같은 방향과 같은 길이를 갖고 있다.

길이를 크기라 정의한다면 같은 방향과 같은 크기를 갖는 유향선분은 무수히 많다. 즉, 같은 방향과 같은 크기를 갖는 벡터가 무수히 많음을 확인할 수 있다.

벡터 중에서 특히 크기가 1인 벡터를 우리는 **단위벡터**(unit vector)라고 부른다. 벡터는 평면 또는 공간 어디에서든 생각할 수 있으나 특별히 구분할 필요가 잇을 때에는 평면에서의 벡터를 **평면벡터**(plane vector)라 하고 공간에서의 벡터를 **공간벡터**(space vector)라고 한다. 3차원 이상의 공간에 대한 벡터도 생각할 수 있으나 본 교제에서는 평면벡터와 공간벡터만을 다루고자 한다. 평면벡터는 $\boldsymbol{a}=(x, y)$, 공간벡터는 $\boldsymbol{a}=(x, y, z)$와 같이 나타내므로 문장 속에서 자연스럽게 알 수 있다.

우리는 두 벡터의 방향과 크기가 같을 때 두 벡터는 같다고 정의한다. 이것은 다음과 같이 구체적으로 정의된다.

**정의 1**

두 벡터 $\boldsymbol{a}=(x_1, y_1, z_1)$, $\boldsymbol{b}=(x_2, y_2, z_2)$일 때 두 벡터가 같다는 것, 즉,

$$\boldsymbol{a}=\boldsymbol{b} \quad \Leftrightarrow \quad x_1=x_2, \quad y_1=y_2, \quad z_1=z_2$$

에 의하여 정의되고, 벡터 $\boldsymbol{a}$의 크기 $|\boldsymbol{a}|$는

$$|\boldsymbol{a}|=\sqrt{x_1^2+y_1^2+z_1^2}$$

에 의하여 정의한다.

주어진 벡터의 성분이 만약 2개의 성분으로 이루어졌다면, 즉, 평면벡터 $\boldsymbol{a}=(x_1, y_1)$이면 벡터 $\boldsymbol{a}$의 크기는 $|\boldsymbol{a}|=\sqrt{x_1^2+y_1^2}$이다.

**예제 3**

다음의 벡터와 같은 유향선분을 평면상에 적어도 3개 이상 나타내고, 각 벡터의 방향을 어떻게 정의할 수 있을지 생각해 보시오

(a) $\boldsymbol{a}=(2,3)$ (b) $\boldsymbol{b}=(-1,2)$

■

위 예제에서 살펴보았듯이 같은 벡터를 갖는 유향선분은 무수히 많음을 확인할 수 있

었다. 즉 평면상에 같은 벡터는 무수히 많다. 그 중에서 원점에서 시작하는 벡터를 특별히 우리는 **위치벡터**(position vector)라고 부른다. 또한 평면벡터 $\boldsymbol{a}=(x_1,\ y_1)$에서 벡터 $\boldsymbol{a}$의 방향은 그 벡터와 양의 $x$축이 이루는 각으로 나타내하고자 한다.

즉, $\theta$를 벡터 $\boldsymbol{a}$와 양의 $x$축이 이루는 각이라 하면 $\tan\theta=\dfrac{y_1}{x_1}$이고

$$\theta=\tan^{-1}\frac{y_1}{x_1}$$

에 의하여 주어진다.

### 예제 4

다음 두 벡터를 위치벡터로 나타내고, 크기와 방향을 구하시오.

(a) $\boldsymbol{a}=(2,3)$　　(b) $\boldsymbol{b}=(-1,2)$

**풀이**

(a) 벡터 $\boldsymbol{a}$의 크기는 $|\boldsymbol{a}|=\sqrt{2^2+3^2}=\sqrt{13}$이고 방향 $\theta=\tan^{-1}\dfrac{3}{2}$이다.

참고로 $-\boldsymbol{a}=(-2,-3)$이고 크기는

$$|(-\boldsymbol{a})|=\sqrt{(-2)^2+(-3)^2}=\sqrt{13}$$

이다.

(b) 벡터 $\boldsymbol{b}$의 크기는 $|\boldsymbol{b}|=\sqrt{(-1)^2+2^2}=\sqrt{5}$이고 방향은 $\theta=\tan^{-1}(-2)$이다.

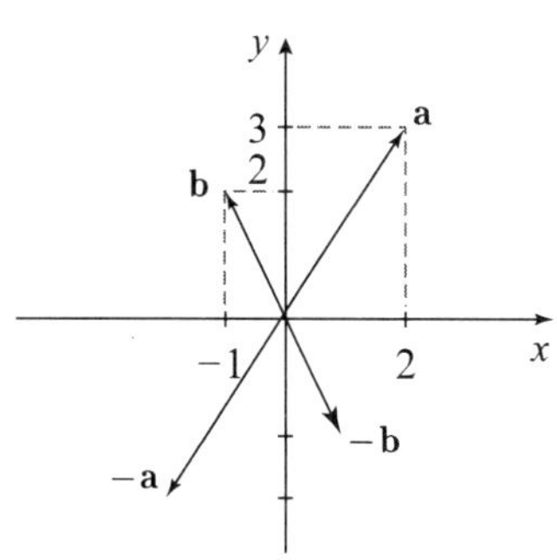


■

예제 4의 (a)와 그림에서 확인할 수 있듯이 벡터 $\boldsymbol{a}$와 크기가 같고 방향이 반대인 벡터를 벡터 $\boldsymbol{a}$의 **역벡터**라 하고, 기호

$$-\boldsymbol{a}$$

와 같이 나타낸다. 여기서 우리는 $|-\boldsymbol{a}| = |\boldsymbol{a}|$임을 확인할 수 있다. 그리고 우리는 편의상 크기가 0이고 방향을 갖지 않은 벡터를 **영벡터**라 하고 기호

$$\mathbf{0} = (0, 0, 0) \quad \text{또는} \quad \mathbf{0} = (0, 0)$$

에 의하여 정의한다.

**예제 5**

다음 그림을 보고 물음에 답하시오.

(a) 각 벡터의 성분을 알아보고 같은 벡터들은 어느 것인지를 밝히시오.

(b) 서로 역벡터인 것은 어느 것인가?

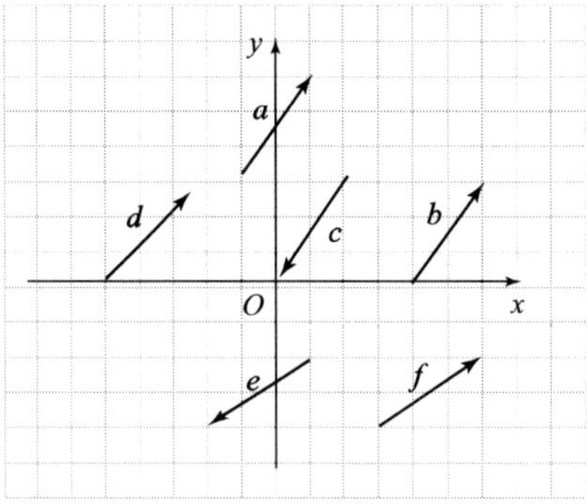


■

## 벡터의 연산

다음에는 벡터의 덧셈과 뺄셈 등의 연산에 대한 의미와 성질 등을 알아보려고 한다. 먼저 두 벡터의 덧셈에 대하여 정의하자.

**정의 2**

두 벡터 $\boldsymbol{a} = (x_1, y_1, z_1)$, $\boldsymbol{b} = (x_2, y_2, z_2)$ 및 스칼라 $\alpha$에 대하여

(a) **합벡터:** 두 벡터의 합(덧셈)은

$$\boldsymbol{a} + \boldsymbol{b} = (x_1 + x_2,\ y_1 + y_2,\ z_1 + z_2)$$

(b) **스칼라곱**(실수배): 벡터에 대한 스칼라곱은

$$\alpha\boldsymbol{a} = (\alpha x_1,\ \alpha y_1,\ \alpha z_1)$$

에 의하여 정의한다. 여기서 $\boldsymbol{a} + \boldsymbol{b}$를 두 벡터의 **합벡터**, $\alpha\boldsymbol{a}$를 **스칼라곱 벡터**라고 부른다.

두 벡터가 같다는 것은 대응하고 있는 모든 성분끼리가 같을 때에 한해서 우리는 두 벡터가 같다고 정의하였다. 그리고 위에 주어진 합벡터는 각 성분끼리 더한 것이고, 스칼라 곱 벡터는 각 성분에 스칼라를 곱한 것이다.

## 예제 6

다음의 평면벡터에 대하여 두 벡터를 좌표평면상에 나타내고, 합벡터 $a+b$를 구하고 합벡터는 어떻게 위치하는지 설명하시오.

(a) $\boldsymbol{a} = (1, 2)$, $\boldsymbol{b} = (4, 3)$

(b) $\boldsymbol{a} = (-1, -2)$, $\boldsymbol{b} = (3, 5)$

(c) $\boldsymbol{a} = (-1, 2)$, $\boldsymbol{b} = (3, -5)$

**풀이**

(a)

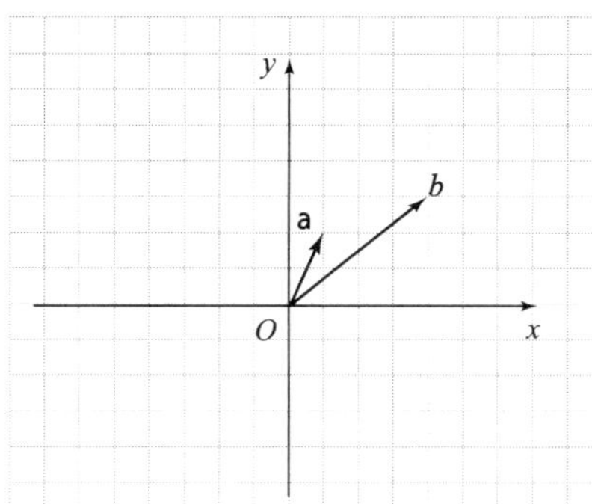


(b)와 (c)는 각자 좌표에 나타내 보시오.

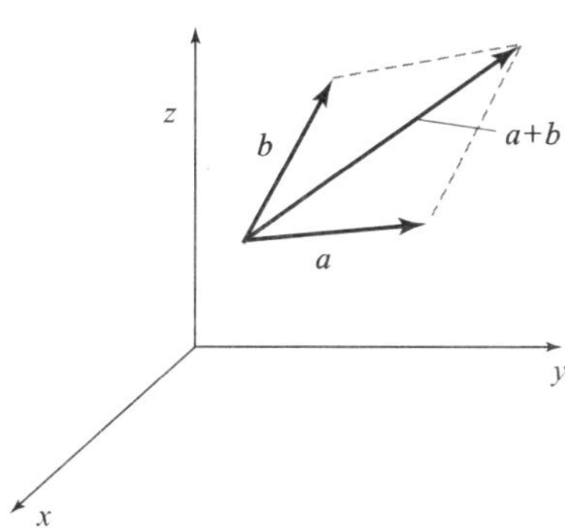


합벡터

## 예제 7

다음의 벡터들을 좌표평면상에 나타내는 것에 의하여 스칼라배 벡터 $\alpha\boldsymbol{a}$는 어떻게 위치하는지 설명하시오.

(a) $\boldsymbol{a} = (1, 2),\ \alpha = 2$

(b) $\boldsymbol{a} = (-2, -4),\ \alpha = \frac{1}{2}$

(c) $\boldsymbol{a} = (3, 5),\ \alpha = -1$

(d) $\boldsymbol{a} = (1, 2),\ \alpha = -3$

(e) $\boldsymbol{a} = (3, 5),\ \alpha = 0$

**풀이**

(a) $\alpha\boldsymbol{a} = 2(1, 2) = (2, 4)$이고 벡터 $\alpha\boldsymbol{a}$는 다음 그리고 같이 벡터 $\boldsymbol{a}$와 같은 방향이고 길이를 2배 만큼 늘린 벡터이다.

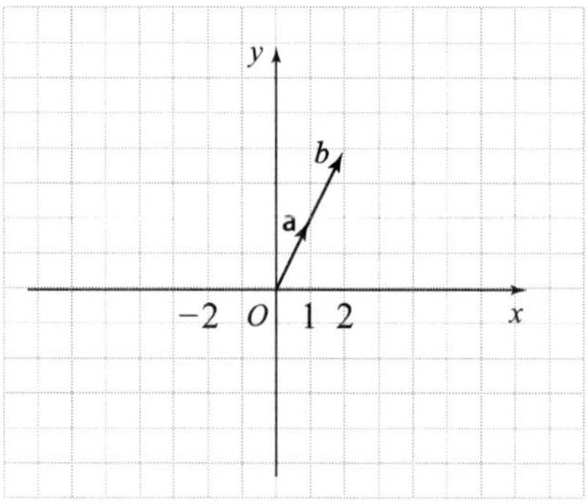


■

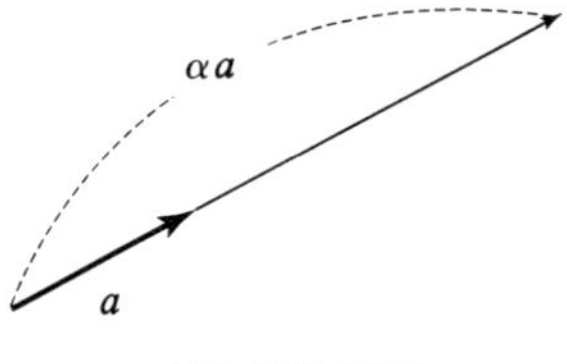


스칼라배 벡터

위의 예제 및 그림에서 확인할 수 있듯이 합벡터는 두 벡터에 의하여 만들어지는 평행사변형의 대각선이 나타내는 벡터이다. 그리고 스칼라곱 벡터는 $\alpha > 1$인 경우 $\alpha\boldsymbol{a}$는 벡터 $\boldsymbol{a}$와 같은 방향으로 $\alpha$배 만큼 확장시킨 즉, 늘어뜨린 것이며 $0 < \alpha < 1$인 경우는 줄어들게 한 것이다. 그리고 $\alpha < -1$인 경우는 반대방향으로 $|\alpha|$배 만큼 늘어뜨린 것이며 $-1 < \alpha < 0$인 경우는 반대방향으로 줄어들게 한 것이다.

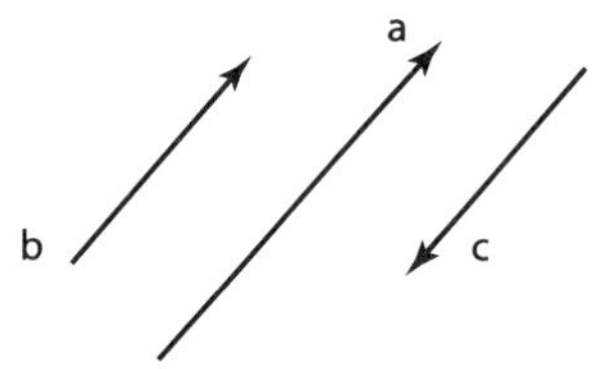


위에 주어진 세 벡터 $a$, $b$, $c$는 어떻게 위치한다고 말할 수 있을까?

아마도 세 벡터 $a$, $b$, $c$는 서로 평행하다고 말할 것이다. 이것은 맞는 예기이며 우리는 일반적으로 영벡터가 아닌 두 벡터 $a$, $b$가 같은 방향이거나 반대 방향일 때 두 벡터 $a$와 $b$는 서로 **평행**하다고 말하며 기호로

$$a \mathbin{/\!/} b$$

에 의하여 나타낸다.

벡터의 스칼라곱 정의에 의하여 두 벡터 $a$, $b$가 평행일 필요충분조건은 벡터 $b$가 임의의 실수 $\alpha$ 의하여 $b = \alpha a$의 형태로 주어지는 것이다.

## 예제 8

벡터 $a = (2, 4)$에 대하여

(a) $\alpha = -1,\ 2, -2, \frac{1}{2}, -\frac{1}{2}$일 때, 벡터 $\alpha a$를 좌표평면상에 위치벡터로 나타내시오.

(b) 벡터 $a$와 같은 방향을 갖는 단위벡터를 구하시오.

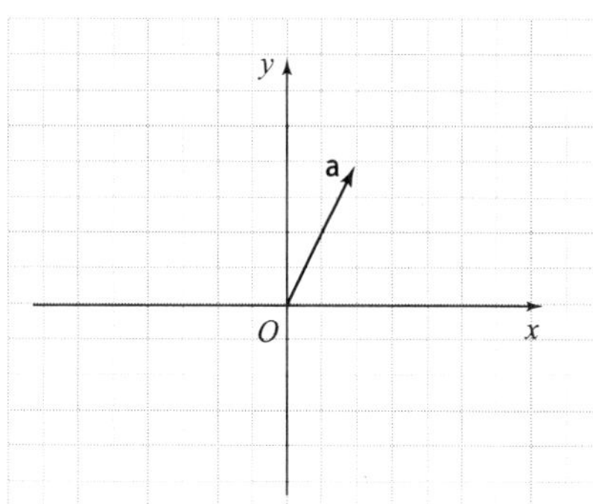


■

위의 예제에서 볼 수 있듯이 벡터 $a$와 같은 방향을 갖는 단위벡터는 항상 존재하며

$$\frac{1}{|\boldsymbol{a}|}\boldsymbol{a}$$

에 의하여 주어진다.

**예제 9**

다음의 벡터들에 대하여 같은 방향을 갖는 단위벡터를 구하시오.

(a) $\boldsymbol{a} = (3,\ 4)$　　　　(b) $\boldsymbol{b} = (1,\ -2,\ 3)$

**풀이**

(a) 벡터 $\boldsymbol{a}$ 의 크기는 $|\boldsymbol{a}| = \sqrt{3^2+4^2} = 5$ 이다. 따라서 벡터 $\boldsymbol{a}$와 같은 방향의 단위벡터는

$$\frac{1}{|\boldsymbol{a}|}\boldsymbol{a} = \frac{1}{5}(3,\ 4)$$

(b) 벡터 $\boldsymbol{b}$ 의 크기는 $|\boldsymbol{b}| = \sqrt{1^2+(-2)^2+3^2} = \sqrt{14}$ 이고 벡터 $\boldsymbol{b}$와 같은 방향의 단위벡터는

$$\frac{1}{\sqrt{14}}(1,\ -2,\ 3)$$

■

다음 정리는 벡터의 덧셈에 대하여 순서를 달리해도 그 결과 값은 같다는 것을 의미한다.

**정리 1**

임의의 세 벡터 $\boldsymbol{a}, \boldsymbol{b}, \boldsymbol{c}$ 및 스칼라 $\alpha$에 대하여 다음이 성립한다.

(a) $\boldsymbol{a}+\boldsymbol{b} = \boldsymbol{b}+\boldsymbol{a}$ (교환법칙)

(b) $(\boldsymbol{a}+\boldsymbol{b})+\boldsymbol{c} = \boldsymbol{a}+(\boldsymbol{b}+\boldsymbol{c})$ (결합법칙)

(c) $\alpha(\boldsymbol{a}+\boldsymbol{b}) = \alpha\boldsymbol{a}+\alpha\boldsymbol{b}$

두 벡터의 뺄셈 $\boldsymbol{a}-\boldsymbol{b}$는 따로 정의할 필요 없이 앞서 정의한 두 벡터의 합과 스칼라곱에 의하여 자연스럽게 계산된다. 즉, 차벡터 $\boldsymbol{a}-\boldsymbol{b} = \boldsymbol{a}+(-1)\boldsymbol{b}$에 의하여 계산하면 된다.

## 예제 10

다음의 벡터들에 대하여 $a-b$를 구하고 좌표평면상에 나타내는 것에 의하여 차벡터는 어떻게 위치하는지 설명하시오.

(a) $\boldsymbol{a}=(1,\ 2),\ \boldsymbol{b}=(4, 3)$

(b) $\boldsymbol{a}=(-1,\ -2),\ \boldsymbol{b}=(3, 5)$

(c) $\boldsymbol{a}=(-1,\ 2),\ \boldsymbol{b}=(3, -5)$

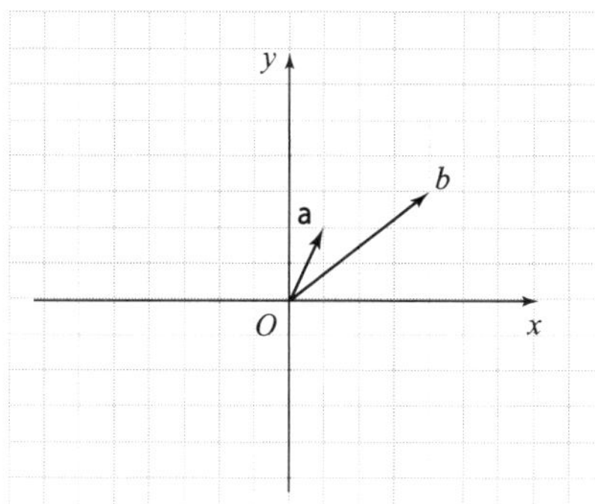


■

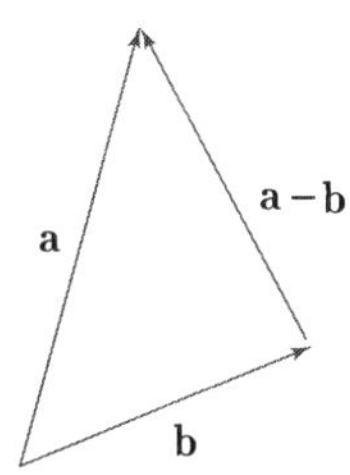


차벡터

### 정리 2

벡터 $\boldsymbol{a}$와 스칼라 $\alpha$에 대하여 다음이 성립한다.

(1) $|\alpha \boldsymbol{a}| = |\alpha||\boldsymbol{a}|$

(2) 벡터 $\boldsymbol{a}$가 영벡터일 필요충분조건은 $|\boldsymbol{a}|=0$이다.

위 내용에 대한 증명은 연습문제로 남겨둔다.

## Quiz

**1.** 크기와 함께 방향을 갖고 있는 양을 【　　】라고 하고, 크기만을 갖고 있는 것을 【　　】라고 말한다.

**2.** 벡터는 보통 유향선분 $AB$의 길이를 벡터 $\overrightarrow{AB}$의 【　　】라 하고, 기호 $|\overrightarrow{AB}|$에 의하여 나타낸다.

**3.** 2차원 평면상의 벡터는 【　　】벡터라 하고 3차원 공간상의 벡터는 【　　】벡터라 하며 일반적으로 $n$차원의 벡터는 $n$차원 벡터라 한다.

**4.** 벡터의 크기가 1인 벡터를 【　　】벡터라 하고 하나의 점, 즉 시점과 종점이 일치하는 벡터는 【　　】벡터라 하며 기호 $\vec{0}$ 또는 0에 의하여 나타낸다.

**5.** 시점이 원점에서 시작하는 벡터를 【　　】벡터라 한다.

**6.** 벡터 $a = (1, 2)$, $b = (2, 2)$에 대하여

(1) 벡터 $a$와 $b$을 평면상에 위치벡터로 나타내시오.
(2) $2a$ 을 구하고, 평면상에 위치벡터로 나타내시오.
(3) $-2a$을 구하고, 평면상에 위치벡터로 나타내시오.
(4) 두 벡터의 합 $a+b$을 구하고 평면상에 위치벡터로 나타내시오.
(5) 두 벡터의 차 $a-b$을 구하고 평면상에 위치벡터로 나타내시오.

## 연습문제 9.1

1. 다음 벡터에 대한 식을 간단히 하시오.

   (1) $-3(\boldsymbol{a}-2\boldsymbol{b})+4(\boldsymbol{a}-\boldsymbol{b})$

   (2) $\frac{1}{3}(5\boldsymbol{a}+4\boldsymbol{b})+\frac{2}{3}(-\boldsymbol{a}+\boldsymbol{b})$

   (3) $\boldsymbol{a}+2(\boldsymbol{b}-\boldsymbol{c})-3(\boldsymbol{a}-2\boldsymbol{c})$

   (4) $4(\boldsymbol{a}-2\boldsymbol{b}-\boldsymbol{c})+3(-\boldsymbol{a}+\boldsymbol{b}+\boldsymbol{c})$

2. 공간상의 두 점 $A(2,-1,3)$와 $B(4,5,3)$에서 같은 거리에 있는 $x$축 위의 점 $P$의 좌표를 구하시오.

3. 다음 벡터의 크기와 방향을 구하시오.

   (1) $\boldsymbol{a}=(2,3)$ (2) $\boldsymbol{b}=(-4,3)$ (3) $\boldsymbol{c}=(0,4)$

4. 두 평면벡터 $\boldsymbol{a}=(2-k,3)$와 $\boldsymbol{b}=(-4,l+3)$에 대하여 $\boldsymbol{a}=\boldsymbol{b}$일 때, $k$, $l$의 값을 구하시오.

5. 두 벡터 $\boldsymbol{a}$와 $\boldsymbol{b}$가 $\boldsymbol{a}=(3,-1)$, $\boldsymbol{b}=(-2,3)$일 때, 다음 벡터를 구체적으로 구하시오.

   (1) $-2\boldsymbol{a}$ (2) $3\boldsymbol{a}-\boldsymbol{b}$ (3) $\frac{1}{2}\boldsymbol{a}-\frac{1}{2}\boldsymbol{b}$ (4) $2(\boldsymbol{a}+\boldsymbol{b})-2(\boldsymbol{a}-\boldsymbol{b})$

6. $\boldsymbol{a}=(1,1)$, $\boldsymbol{b}=(-1,1)$, $\boldsymbol{c}=(5,-1)$일 때, 벡터 $\boldsymbol{c}$를 $h\boldsymbol{a}+k\boldsymbol{b}$의 꼴로 나타내시오.

7. 좌표평면상에 다음의 두점 $A$, $B$를 나타내는 것에 의하여 벡터 $\overrightarrow{AB}$를 구하고 그 벡터의 크기를 구하시오.

   (1) $A=(1,2)$, $B=(3,2)$ (2) $A=(-1,3)$, $B=(1,2)$

   (3) $A=(3,-4)$, $B=(0,3)$ (4) $A=(-3,0)$, $B=(2,4)$

8. 다음 공간상의 두 점 $A$, $B$에 대하여 벡터 $\overrightarrow{AB}$의 크기 $|\overrightarrow{AB}|$을 구하시오.

(1) $A(-2, 2, 1)$, $B(3, 1, 4)$

(2) $A(1, 2, 5)$, $B(-2, 1, 5)$

**9.** 공간벡터 $\boldsymbol{a}=(1,\ -1, 2)$, $\boldsymbol{b}=(-2, 3, 1)$에 대하여, 다음 벡터를 구체적으로 구하시오.

(1) $4\boldsymbol{a}-\boldsymbol{b}$ (2) $2(\boldsymbol{a}-3\boldsymbol{b})-3(\boldsymbol{a}+2\boldsymbol{b})$

**10.** 다음 벡터의 크기를 구하시오.

(1) $\boldsymbol{a}=(3, 4)$ (2) $\boldsymbol{b}=(-2, 5)$

(3) $\boldsymbol{c}=(3,\ -1, 1)$ (4) $\boldsymbol{d}=(2,\ -3, -4)$

(5) $\boldsymbol{e}=(-3,\ -1, 5)$ (6) $\boldsymbol{f}=(1, -2, -3)$

**11.** 좌표평면상에 두 벡터 $\boldsymbol{a}$, $\boldsymbol{b}$를 나타내고 합벡터 $\boldsymbol{a}+\boldsymbol{b}$, 차벡터 $\boldsymbol{a}-\boldsymbol{b}$를 좌표평면상에 나타내시오.

(1) $\boldsymbol{a}=(1, 0)$, $\boldsymbol{b}=(0, 6)$ (2) $\boldsymbol{a}=(2, -1)$, $\boldsymbol{b}=(1, -1)$

(3) $\boldsymbol{a}=(-3, 1)$, $\boldsymbol{b}=(0, 4)$ (4) $\boldsymbol{a}=(1, -2)$, $\boldsymbol{b}=(1, -3)$

(5) $\boldsymbol{a}=(-1, 4)$, $\boldsymbol{b}=(-2, -2)$ (6) $\boldsymbol{a}=(1, -3)$, $\boldsymbol{b}=(3, -1)$

**12.** 다음 벡터와 평행한 단위벡터를 구하시오.

(1) $\boldsymbol{a}=(3,\ -1, 1)$ (2) $\boldsymbol{b}=(2,\ -3, -4)$

(3) $\boldsymbol{c}=(-3,\ -1, 5)$ (4) $\boldsymbol{d}=(1, -2, -3)$

**13.** 점 A를 시작점으로 하고 점 B를 끝점으로 하는 벡터에 대하여 벡터 $\overrightarrow{AB}$와 같은 방향이고 주어진 길이를 갖는 벡터를 구하시오.

(1) $A(3,\ 2)$, $B(4,\ 5)$, 3

(2) $A(-4,\ 5)$, $B(6,\ 2)$, 4

(3) $A(0,\ 1,\ 4)$, $B(-5,\ 2,\ 2)$, 5

(4) $A(1,\ 2,\ 1)$, $B(-4,\ -2,\ 3)$, 9

**14.** 벡터 $\boldsymbol{a}$의 길이와 양의 $x$축과 벡터 $\boldsymbol{a}$와의 사이각이 다음과 같을 때 평면벡터 $\boldsymbol{a}$를 구하고 좌표평면상에 나타내시오.

(1) $\sqrt{5}$, $\frac{\pi}{4}$  (2) 6, $\frac{\pi}{3}$

(3) 5, $\frac{3}{4}\pi$  (4) 15, $\frac{7}{4}\pi$

**15.** 좌표평면상에서 각 좌표축 $x$축, $y$축 위에 놓여 있는 단위벡터를 구하시오.

**16.** 공간좌표에서 각 좌표축 $x$축, $y$축, $z$축 위에 놓여 있는 단위벡터를 구하시오.

**17.** 벡터 $\boldsymbol{a}$와 스칼라 $\alpha$에 대하여 다음이 성립함을 증명하시오.

(1) $|\alpha\boldsymbol{a}| = |\alpha||\boldsymbol{a}|$

(2) 벡터 $\boldsymbol{a}$가 영벡터일 필요충분조건은 $|\boldsymbol{a}| = 0$이다.

### AI, ChatGPT에게 물어보자.

- ChatGPT : 평면벡터에 대하여 설명을 해줘
- ChatGPT : 공간벡터에 대하여 설명을 해줘
- ChatGPT : 평면벡터와 공간벡터 외에 또 다른 벡터도 있나?
- ChatGPT : 혹시 4차원 벡터가 사용되어 지는 분야가 있나?
- ChatGPT : 벡터를 이용하여 표현할 수 있는 실생활에서의 예를 들어줘봐
- ChatGPT : 공간벡터의 방향은 어떻게 표현하는 거야?
- ChatGPT : 물의 흐름을 벡터에 의하여 표현할 수 있는지 대답해 줘

## 9.2 벡터의 내적

이 절에서는 두 벡터의 곱의 형태 중의 하나인 **내적**에 대하여 공부하고, 내적의 성질 및 두 벡터의 사이각을 구하는 방법과 내적과 두 벡터의 위치 사이에는 어떤 관계가 있는지 살펴보고자 한다.

**정의 1**

두 벡터 $\boldsymbol{a}=(x_1, y_1, z_1)$, $\boldsymbol{b}=(x_2, y_2, z_2)$에 대하여 벡터 $\boldsymbol{a}$와 $\boldsymbol{b}$의 **내적**(inner product)을 기호로 $\boldsymbol{a}\circ\boldsymbol{b}$라 쓰고, 다음과 같이 정의한다.

$$\boldsymbol{a}\circ\boldsymbol{b} = x_1\cdot x_2 + y_1\cdot y_2 + z_1\cdot z_2$$

위 정의로부터 내적은 두 벡터의 대응하는 성분끼리의 곱에 대한 합으로 정의되었으며, 그 결과는 스칼라, 즉 실수임을 확인할 수 있다. 만약 평면벡터 $\boldsymbol{a}=(x_1, y_1)$, $\boldsymbol{b}=(x_2, y_2)$

인 경우 내적은 $\boldsymbol{a} \circ \boldsymbol{b} = x_1 \cdot x_2 + y_1 \cdot y_2$에 의하여 정의된다.

### 예제 1

다음 두 벡터 $a$, $b$의 내적 $a \circ b$을 구하시오.

(1) $\boldsymbol{a} = (1, 3)$, $\boldsymbol{b} = (-2, 2)$

(2) $\boldsymbol{a} = (2, -1, 3)$, $\boldsymbol{b} = (-4, -3, 2)$

(3) $\boldsymbol{a} = (-2, 0, -5)$, $\boldsymbol{b} = (0, 3, -2)$

**풀이**

(1)과 (3)은 생략하고 (2)에 대하여만 내적을 구하면 벡터 $\boldsymbol{a} = (2, -1, 3)$과 벡터 $\boldsymbol{b} = (-4, -3, 2)$에 대하여 두 벡터 $\boldsymbol{a}$와 $\boldsymbol{b}$의 내적 $\boldsymbol{a} \circ \boldsymbol{b}$는

$$\begin{aligned} \boldsymbol{a} \circ \boldsymbol{b} &= 2 \times (-4) + (-1) \times (-3) + 3 \times 2 \\ &= 1 \end{aligned}$$ ■

우리는 특별히 다음과 같은 벡터를 **기본단위벡터**(base unit vector)라고 부른다.

$$\boldsymbol{i} = (1, 0, 0), \quad \boldsymbol{j} = (0, 1, 0), \quad \boldsymbol{k} = (0, 0, 1)$$

벡터 $\boldsymbol{i}$, $\boldsymbol{j}$, $\boldsymbol{k}$는 각각 $x$축, $y$축, $z$축 상에 놓여있는 단위벡터이다.

임의의 공간벡터는 벡터 $\boldsymbol{i}$, $\boldsymbol{j}$, $\boldsymbol{k}$에 의하여 표현될 수 있다. 예를 들어, 벡터 $\boldsymbol{a} = (x_1, y_1, z_1)$는

$$\begin{aligned} \boldsymbol{a} &= (x_1, y_1, z_1) \\ &= (x_1, 0, 0) + (0, y_1, 0) + (0, 0, z_1) \\ &= x_1(1, 0, 0) + y_1(0, 1, 0) + z_1(0, 0, 1) \\ &= x_1\boldsymbol{i} + y_1\boldsymbol{j} + z_1\boldsymbol{k} \end{aligned}$$

단위벡터 $\boldsymbol{i}$, $\boldsymbol{j}$, $\boldsymbol{k}$를 기본 단위벡터라고 부르는 이유가 바로 여기에 있다.

평면에서의 기본 단위 벡터는 $\boldsymbol{i} = (1, 0)$, $\boldsymbol{j} = (0, 1)$이다.

### 예제 2

다음 벡터를 기본단위벡터 $\boldsymbol{i}$, $\boldsymbol{j}$, $\boldsymbol{k}$에 의하여 표현하고 두 벡터의 내적을 구하시오.

$$\boldsymbol{a} = (1,\ 3,\ -1),\quad \boldsymbol{b} = (-1,\ -3,\ 1)$$

**풀이**

$$\begin{aligned}\boldsymbol{a} &= (1,\ 3,\ -1)\\ &= (1,\ 0,\ 0) + (0,\ 3,\ 0) + (0,\ 0,\ -1)\\ &= (1,\ 0,\ 0) + 3(0,\ 1,\ 0) - 1(0,\ 0,\ 1)\\ &= \boldsymbol{i} + 3\boldsymbol{j} - \boldsymbol{k}\end{aligned}$$

$$\begin{aligned}\boldsymbol{b} &= (-1,\ -3,\ 1)\\ &= -1(1,\ 0,\ 0) - 3(0,\ 1,\ 0) + 1(0,\ 0,\ 1)\\ &= -\boldsymbol{i} - 3\boldsymbol{j} + \boldsymbol{k}\end{aligned}$$

그리고 두 벡터의 내적은

$$\begin{aligned}\boldsymbol{a} \circ \boldsymbol{b} &= (1,\ 3,\ -1) \cdot (-1,\ -3,\ 1)\\ &= -1 - 9 - 1\\ &= -11\end{aligned}$$

이다. ■

다음 정리에서 알 수 있듯이 내적에 대해서 교환법칙 등 다양한 성질들이 성립한다. 즉 연산의 순서에 관계없이 값은 같다는 것이다.

**정리 1 내적의 성질**

벡터 $\boldsymbol{a}$, $\boldsymbol{b}$, $\boldsymbol{c}$및 스칼라 $\alpha$에 대하여 다음의 성질이 성립한다.

(1) $\boldsymbol{a} \circ \boldsymbol{b} = \boldsymbol{b} \circ \boldsymbol{a}$

(2) $(\boldsymbol{a} + \boldsymbol{b}) \circ \boldsymbol{c} = \boldsymbol{a} \circ \boldsymbol{c} + \boldsymbol{b} \circ \boldsymbol{c} = \boldsymbol{c} \circ (\boldsymbol{a} + \boldsymbol{b})$

(3) $\alpha(\boldsymbol{a} \circ \boldsymbol{b}) = (\alpha\boldsymbol{a}) \circ \boldsymbol{b} = \boldsymbol{a} \circ (\alpha\boldsymbol{b})$

(4) $\boldsymbol{a} \circ \boldsymbol{a} = |\boldsymbol{a}|^2$, 즉, $|\boldsymbol{a}| = \sqrt{\boldsymbol{a} \circ \boldsymbol{a}}$

(5) $\boldsymbol{a} \circ \boldsymbol{a} = 0 \Leftrightarrow \boldsymbol{a} = 0$

**증명** 위 정리의 증명은 (4)번에 대해서만 하고 나머지는 연습문제에서 풀어보기 바란다. 벡터 $\boldsymbol{a}=(x_1, y_1, z_1)$에 대하여

$$\begin{aligned}\boldsymbol{a}\circ\boldsymbol{a} &= (x_1, y_1, z_1)\circ(x_1, y_1, z_1)\\ &= x_1\cdot x_1+y_1\cdot y_1+z_1\cdot z_1\\ &= x_1^2+y_1^2+z_1^2\\ &= |\boldsymbol{a}|^2\end{aligned}$$

■

## 예제 3

벡터 $\boldsymbol{a}=\boldsymbol{i}+3\boldsymbol{j}-\boldsymbol{k}$에 대하여 (i) 내적 $\boldsymbol{a}\circ\boldsymbol{a}$ (ii) $|\boldsymbol{a}|^2$의 구하시오.

**풀이**

벡터 $\boldsymbol{a}=\boldsymbol{i}+3\boldsymbol{j}-\boldsymbol{k}=(1, 3, -1)$이므로

(i) $$\begin{aligned}\boldsymbol{a}\circ\boldsymbol{a} &= (1, 3, -1)\cdot(1, 3, -1)\\ &= 1\cdot 1+3\cdot 3+(-1)\cdot(-1)\\ &= 11\end{aligned}$$

(ii) $|\boldsymbol{a}|=\sqrt{1^2+3^2+(-1)^2}=\sqrt{11}$

따라서

$$|\boldsymbol{a}|^2=11$$

이다.

■

### 정리 2

벡터 $\boldsymbol{a}$, $\boldsymbol{b}$ 및 스칼라 $\alpha$, $\beta$에 대하여 다음이 성립한다.

$$|\alpha\boldsymbol{a}+\beta\boldsymbol{b}|^2=\alpha^2|\boldsymbol{a}|^2+2\alpha\beta\boldsymbol{a}\circ\boldsymbol{b}+\beta^2|\boldsymbol{b}|^2$$

**증명**

$|\boldsymbol{a}|^2=\boldsymbol{a}\circ\boldsymbol{a}$에 의하여

$$\begin{aligned}|\alpha\boldsymbol{a}+\beta\boldsymbol{b}|^2 &= (\alpha\boldsymbol{a}+\beta\boldsymbol{b})\circ(\alpha\boldsymbol{a}+\beta\boldsymbol{b})\\ &= \alpha^2\boldsymbol{a}\circ\boldsymbol{a}+\alpha\beta\boldsymbol{a}\circ\boldsymbol{b}+\beta\alpha\boldsymbol{b}\circ\boldsymbol{a}+\beta^2\boldsymbol{b}\circ\boldsymbol{b}\\ &= \alpha^2\boldsymbol{a}\circ\boldsymbol{a}+\alpha\beta\boldsymbol{a}\circ\boldsymbol{b}+\alpha\beta\boldsymbol{a}\circ\boldsymbol{b}+\beta^2\boldsymbol{b}\circ\boldsymbol{b}\end{aligned}$$

$$= \alpha^2 |\boldsymbol{a}|^2 + 2\alpha\beta \boldsymbol{a} \circ \boldsymbol{b} + \beta^2 |\boldsymbol{b}|^2$$ ■

영벡터가 아닌 두 벡터의 **사이각**은 두 벡터 사이의 작은 각을 말한다. 따라서 두 벡터의 사이각은 정의에 의하여 0과 $\pi$사이의 값만 갖는다.

### 예제 4

**벡터 $\boldsymbol{a}$와 스칼라 $\alpha$에 대하여 벡터 $\boldsymbol{a}$와 $\alpha\boldsymbol{a}$ 사이의 사이각을 구하시오.**

**풀이**

벡터에 스칼라 곱을 한 $\alpha\boldsymbol{a}$는 $\alpha$의 부호에 따라 같은 방향이거나 반대 방향이고, $|\alpha| > 1$나 $|\alpha| < 1$에 따라 늘어 뜨리거나 줄이는 역할을 한다.

(i) $\alpha > 0$인 경우

벡터 $\boldsymbol{a}$와 $\alpha\boldsymbol{a}$는 같은 방향으로 평행하다. 따라서 두 벡터의 사이각은 0이다.

(ii) $\alpha < 0$인 경우

벡터 $\boldsymbol{a}$와 $\alpha\boldsymbol{a}$는 반대 방향으로 서로 평행하다. 따라서 두 벡터의 사이각은 $\pi$이다.

■

다음 정리는 내적과 사이각 사이의 관계를 나타내는 정리이다.

**정리 3**

$\theta$를 두 벡터 $\boldsymbol{a}$, $\boldsymbol{b}$ 사이의 사이각이라 하자. 그리고 나면 다음이 성립한다.

$$\cos\theta = \frac{\boldsymbol{a} \circ \boldsymbol{b}}{|\boldsymbol{a}||\boldsymbol{b}|}$$

**증명**

피타고라스정리에 의하여

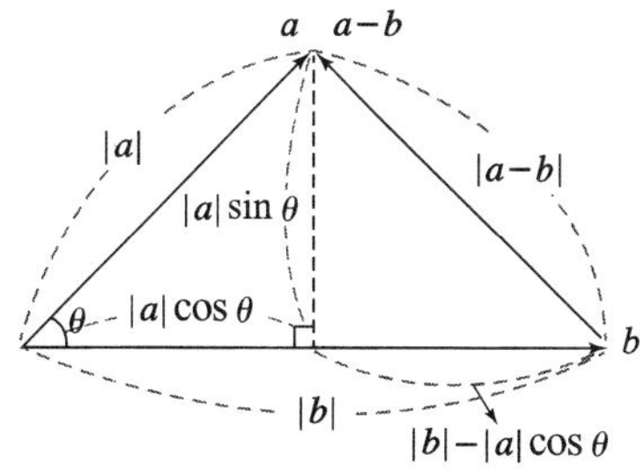


$$\begin{aligned}|a-b|^2 &= [|a|\sin\theta]^2 + [|b| - |a|\cos\theta]^2 \\ &= |a|^2\sin^2\theta + |b|^2 - 2|a||b|\cos\theta + |a|^2\cos^2\theta \\ &= |a|^2(\sin^2\theta + \cos^2\theta) + |b|^2 - 2|a||b|\cos\theta \\ &= |a|^2 + |b|^2 - 2|a||b|\cos\theta \qquad \cdots ①\end{aligned}$$

그러나 좌변은 또한 정리 1의 (4)에 의하여

$$\begin{aligned}|a-b|^2 &= (a-b)\circ(a-b) \\ &= a\circ a - a\circ b - b\circ a + b\circ b \\ &= |a|^2 - 2a\circ b + |b|^2 \qquad \cdots ②\end{aligned}$$

이다. 따라서 ① ②에 의하여

$$|a|^2 - 2a\circ b + |b|^2 = |a|^2 + |b|^2 - 2|a||b|\cos\theta$$

이고 정리하면 $a\circ b = |a||b|\cos\theta$을 얻을 수 있다. 즉,

$$\cos\theta = \frac{a\circ b}{|a||b|}$$

이다. ■

다음 정리는 두 벡터가 수직인지 아닌지를 내적에 의하여 알 수 있다는 내용이다.

**정리 4**

영 벡터가 아닌 두 벡터 $a$, $b$가 수직일 필요충분조건은 두 벡터의 내적이 0이다.

**증명**

(i) 두 벡터 $\boldsymbol{a}$, $\boldsymbol{b}$가 수직이라고 가정하자. 그리고 나면 두 벡터 사이의 각은 $\theta = \frac{\pi}{2}$이다. 앞선 정리에 의하여

$$\cos\theta = \frac{\boldsymbol{a} \circ \boldsymbol{b}}{|\boldsymbol{a}||\boldsymbol{b}|}$$

에서 $\cos\frac{\pi}{2} = 0$이므로 $\boldsymbol{a} \circ \boldsymbol{b} = 0$이다.

(ii) 두 벡터의 내적 $\boldsymbol{a} \circ \boldsymbol{b} = 0$이라고 가정하자. 그리고 나면 $\cos\theta = \frac{\boldsymbol{a} \circ \boldsymbol{b}}{|\boldsymbol{a}||\boldsymbol{b}|}$에 의하여 $\cos\theta = 0$이 된다. 따라서 사이각 $\theta$는 $0 \le \theta \le x$에서 $\theta = \frac{\pi}{2}$이고 두 벡터는 수직이다. ■

다음은 기본단위벡터들 사이의 사이각을 구하는 예제이다.

### 예제 5

다음 두 벡터의 사이각을 구하시오.

(1) $\boldsymbol{i}$, $\boldsymbol{j}$　　(2) $\boldsymbol{j}$, $\boldsymbol{k}$　　(3) $\boldsymbol{k}$, $\boldsymbol{i}$

**풀이** 위의 벡터들은 각 좌표축상에 놓여있는 벡터이므로 사이각은 $90°$이다. ■

정리 3을 이용하여 일반적인 두 벡터의 사이각을 구하는 예제를 다루어 보자.

### 예제 6

다음 두 벡터의 사이각을 구하시오.

(1) $\boldsymbol{a} = -\boldsymbol{i} - 2\boldsymbol{j} + \boldsymbol{k}$, $\boldsymbol{b} = 2\boldsymbol{i} + \boldsymbol{j} + \boldsymbol{k}$

(2) $\boldsymbol{a} = -\boldsymbol{i} + 3\boldsymbol{j} + \boldsymbol{k}$, $\boldsymbol{b} = 2\boldsymbol{j} - 4\boldsymbol{k}$

(3) $\boldsymbol{a} = 2\boldsymbol{i} + 2\boldsymbol{j} - \boldsymbol{k}$, $\boldsymbol{b} = 5\boldsymbol{i} - 4\boldsymbol{j} + 2\boldsymbol{k}$

**풀이**

(1) 두 벡터 $\boldsymbol{a}$와 $\boldsymbol{b}$는 $\boldsymbol{a} = (-1, -2, 1)$, $\boldsymbol{b} = (2, 1, 1)$이며

$$|\boldsymbol{a}| = \sqrt{(-1)^2 + (-2)^2 + 1^2} = \sqrt{6},$$

$$|\boldsymbol{b}| = \sqrt{2^2 + 1^1 + 1^2} = \sqrt{6}$$

이고 $\boldsymbol{a} \cdot \boldsymbol{b} = (-1) \cdot 2 + (-2) \cdot 1 + 1 \cdot 1 = -3$이므로

$$\cos\theta = \frac{\boldsymbol{a} \circ \boldsymbol{b}}{|\boldsymbol{a}||\boldsymbol{b}|} = \frac{-3}{\sqrt{6}\sqrt{6}} = -\frac{1}{2}$$

따라서 $0 \leq \theta \leq \pi$에서 $\cos\theta = -\frac{1}{2}$을 갖는 $\theta = \frac{2}{3}\pi$이다.

(2) $\boldsymbol{a} = -\boldsymbol{i} + 3\boldsymbol{j} + \boldsymbol{k} = (-1, 3, 1)$, $\boldsymbol{b} = 2\boldsymbol{j} - 4\boldsymbol{k} = (0, 2, -4)$

$$|\boldsymbol{a}| = \sqrt{(-1)^2 + 3^2 + 1^2} = \sqrt{11},$$

$$|\boldsymbol{b}| = \sqrt{2^2 + (-4)^2} = 2\sqrt{5},$$

$$\begin{aligned}\boldsymbol{a} \circ \boldsymbol{b} &= (-1, 3, 1) \circ (0, 2, -4) \\ &= 3 \cdot 2 + 1 \cdot (-4) \\ &= 2\end{aligned}$$

$$\cos\theta = \frac{\boldsymbol{a} \circ \boldsymbol{b}}{|\boldsymbol{a}||\boldsymbol{b}|} = \frac{2}{\sqrt{11} \times 2\sqrt{5}} = \frac{1}{\sqrt{55}}$$

이고 그리하여 두 벡터의 사이각은

$$\theta = \cos^{-1}\frac{1}{\sqrt{55}}$$

이다.

(3) $\boldsymbol{a} = 2\boldsymbol{i} + 2\boldsymbol{j} - \boldsymbol{k} = (2, 2, -1)$, $\boldsymbol{b} = 5\boldsymbol{i} - 4\boldsymbol{j} + 2\boldsymbol{k} = (5, -4, 2)$,

$\boldsymbol{a} \circ \boldsymbol{b} = 2 \cdot 5 + 2 \cdot (-4) + (-1) \cdot 2 = 0$이므로 $\cos\theta = 0$.

따라서 두 벡터는 수직이고 사이각은 $\theta = \frac{\pi}{2}$이다. ▩

## Quiz

**1.** 평면에서 $x$축 $y$축에 놓여 있는 기본단위벡터를 구하시오.

**2.** 공간상에서 $x$축에 놓여 있는 기본단위벡터를 말하시오.

**3.** 공간상에서 $y$축에 놓여 있는 기본단위벡터를 말하시오.

**4.** 공간상에서 $z$축에 놓여 있는 기본단위벡터를 말하시오.

**5.** 다음 두 벡터의 내적을 구하시오.

(1) $\boldsymbol{i} \circ \boldsymbol{j}$, (2) $\boldsymbol{j} \circ \boldsymbol{k}$ (3) $\boldsymbol{k} \circ \boldsymbol{i}$

**6.** 두 벡터 $\boldsymbol{a}=(1,2)$, $\boldsymbol{b}=(2,2)$에 대하여

(1) 두 벡터의 내적 $\boldsymbol{a} \cdot \boldsymbol{b}$을 구하시오.

(2) 두 벡터의 사이각을 $\theta$라 할 때 $\cos\theta$을 구하시오.

(3) 벡터 $\boldsymbol{a}$와 같은 방향의 단위벡터를 구하시오.

## 연습문제 9.2

**1.** 다음에 주어진 두 점 $P$와 $Q$에 대하여 벡터 $\overrightarrow{PQ}$를 기본 단위벡터 $\boldsymbol{i}$, $\boldsymbol{j}$, $\boldsymbol{k}$에 의하여 나타내시오.

(1) $P=(1, 2)$, $Q=(1, 3)$ (2) $P=(5, 2)$, $Q=(-1, 3)$

(3) $P=(-1, 4, 2)$, $Q=(5, 1, 3)$ (4) $P=(-1, -5, 2)$, $Q=(-2, -3, -3)$

**2.** 다음의 주어진 벡터와 정반대방향의 단위벡터를 구하시오.

(1) $\boldsymbol{a}=\boldsymbol{i}+\boldsymbol{j}$ (2) $\boldsymbol{a}=-3\boldsymbol{i}+4\boldsymbol{j}$

(3) $\boldsymbol{a}=-3\boldsymbol{i}+4\boldsymbol{j}+\boldsymbol{k}$ (4) $\boldsymbol{a}=-\boldsymbol{i}+2\boldsymbol{j}-3\boldsymbol{k}$

**3.** 두 점 $P=(-3,1,7)$, $Q=(8, 1, 7)$에 대하여 벡터 $\overrightarrow{PQ}$와 반대방향인 단위벡터를 구하시오.

**4.** 다음 두 벡터의 내적을 구하시오.

(1) $\boldsymbol{a}=-\boldsymbol{i}$, $\boldsymbol{b}=2\boldsymbol{j}-4\boldsymbol{k}$ (2) $\boldsymbol{a}=6\boldsymbol{i}+3\boldsymbol{k}$, $\boldsymbol{b}=-2\boldsymbol{j}-4\boldsymbol{k}$

(3) $\boldsymbol{a}=-\boldsymbol{i}+3\boldsymbol{j}+\boldsymbol{k}$, $\boldsymbol{b}=3\boldsymbol{i}-2\boldsymbol{j}-4\boldsymbol{k}$ (4) $\boldsymbol{a}=-5\boldsymbol{i}+3\boldsymbol{j}+2\boldsymbol{k}$, $\boldsymbol{b}=7\boldsymbol{i}-2\boldsymbol{j}+4\boldsymbol{k}$

**5.** 다음 두 벡터 $\boldsymbol{a}$, $\boldsymbol{b}$의 크기와 이루는 각 $\theta$가 다음과 같을 때 두 벡터의 내적 $\boldsymbol{a}\circ\boldsymbol{b}$을 구하시오.

(1) $|\boldsymbol{a}|=2$, $|\boldsymbol{b}|=3$, $\theta=\frac{2}{3}\pi$

(2) $|\boldsymbol{a}|=3$, $|\boldsymbol{b}|=4$, $\theta=\frac{1}{3}\pi$

(3) $|\boldsymbol{a}|=\sqrt{2}$, $|\boldsymbol{b}|=\sqrt{6}$, $\theta=\frac{3}{4}\pi$

**6.** 한 변의 길이가 2인 정삼각형 ABC에 대하여 $\overrightarrow{AB}\circ\overrightarrow{AC}$을 구하시오.

**7.** 다음 두 벡터가 이루는 사이각을 구하시오.

(1) $\boldsymbol{a}=(1, 0)$, $\boldsymbol{b}=(2, 3)$

(2) $\boldsymbol{a}=(1, 3)$, $\boldsymbol{b}=(-2, 4)$

(3) $\boldsymbol{a}=(2, 3, -4)$, $\boldsymbol{b}=(-3, -2, 1)$

(4) $\boldsymbol{a}=(2, -1, 0)$, $\boldsymbol{b}=(3, 3, -3)$

(5) $\boldsymbol{a}=(1, 2, 3)$, $\boldsymbol{b}=(1, 1, -2)$

(6) $\boldsymbol{a}=\boldsymbol{i}+\boldsymbol{j}+2\boldsymbol{k}$, $\boldsymbol{b}=\boldsymbol{i}-\boldsymbol{j}+2\boldsymbol{k}$

**8.** 두 벡터 $\boldsymbol{a}=(2, x, -2)$, $\boldsymbol{b}=(x, 1, 3)$이 수직일 때 $x$의 값을 구하시오.

**9.** 두 벡터 $\boldsymbol{a}$, $\boldsymbol{b}$에 대하여 $|\boldsymbol{a}|=\sqrt{3}$, $|\boldsymbol{b}|=2$이고, $\boldsymbol{a}$와 $\boldsymbol{b}$가 이루는 각의 크기가 $\frac{\pi}{6}$일 때 벡터 $3\boldsymbol{a}+\boldsymbol{b}$의 크기를 구하시오.

**10.** 평면상에서 벡터 $\boldsymbol{a}=(1, 3)$에 수직이고 크기가 $\sqrt{10}$인 벡터를 구하시오.

**11.** 다음 두 벡터에 동시에 수직인 단위벡터를 구하시오.

(1) $\boldsymbol{a}=(2, 1, 2)$, $\boldsymbol{b}=(2, -4, -3)$

(2) $\boldsymbol{a}=(3, -4, 0)$, $\boldsymbol{b}=(-6, 4, 1)$

**12.** 두 단위벡터 $\boldsymbol{a}$, $\boldsymbol{b}$에 대하여 두 벡터의 사이각이 $\frac{\pi}{3}$일 때 다음을 구하시오

(1) $|\boldsymbol{a}+\boldsymbol{b}|$ (2) $|\boldsymbol{a}-2\boldsymbol{b}|$

**13.** 한 변의 길이가 1인 정삼각형 $ABC$에 대하여 $\overrightarrow{AB}=\boldsymbol{a}$, $\overrightarrow{AC}=\boldsymbol{b}$라 할 때 $|\boldsymbol{a}-2\boldsymbol{b}|$의 값을 구하시오.

**14.** 두 벡터 $\boldsymbol{a}$, $\boldsymbol{b}$에 대하여 다음 등식이 성립함을 보이시오

(1) $(\boldsymbol{a}+\boldsymbol{b})\circ(\boldsymbol{a}-\boldsymbol{b})=|\boldsymbol{a}|^2-|\boldsymbol{b}|^2$

(2) $|\boldsymbol{a}+\boldsymbol{b}|^2+|\boldsymbol{a}-\boldsymbol{b}|^2=2(|\boldsymbol{a}|^2+|\boldsymbol{b}|^2)$

# 10장

# 행렬

10.1 행렬의 소개
10.2 행렬의 연산

## AI, ChatGPT에게 물어보자.

* ChatGPT : 행령이 뭔지 간단히 설명을 해줘
* ChatGPT : 왜 인류는 행렬을 만들게 되었는지 알려줘
* ChatGPT : 처음으로 행렬을 만든 사람은 누구야?
* ChatGPT : 행렬을 이용하여 실생활의 어떤 문제들을 해결할 수 있는 거야?
* ChatGPT : AI 인공지능에 행렬이 많이 이용된다는데 구체적인 예를 들어 줘 봐
* ChatGPT : 행렬이 연립방정식의 해를 구하는데 어떻게 사용되는 거야?
* ChatGPT : 행렬과 연립방정식은 어떻게 연관이 되어 있는 거야?

## 10.1 행렬의 소개

이 절에서는 행렬에 대하여 간단히 소개하고자 한다.

**정의 1 행렬**

**행렬**(matrix) $A$라 함은 $mn$개의 실수를 $m$개의 행과 $n$개의 열에 일정한 순서, 즉 직사각형의 모양으로 배열해 놓은 것을 말한다.

$$A = \begin{pmatrix} a_{11} & a_{12} & \cdots & a_{1n} \\ a_{21} & a_{22} & \cdots & a_{2n} \\ \vdots & \vdots & \ddots & \vdots \\ a_{m1} & a_{m2} & \cdots & a_{mn} \end{pmatrix}$$

$m \times n$ 행렬 $A$에서 $i$번째 **행**, $j$번째 **열**의 수인 $a_{ij}$를 행렬 $A$의 $(i,\ j)$**성분**(component)이라 한다. 또한 행렬 A는 간단히

$$A = (a_{ij})$$

에 의하여 표현하며, 행렬의 크기를 명시하고자 할 때는 $A = (a_{ij})_{m \times n}$으로 나타낸다.

$m \times n$ 행렬 $A$에서 만약 $m=n$이면 행렬 $A$를 **크기**(size) $n$인 **정방행렬**(square matrix of order $n$)이라 하고, $m \times n$ 행렬 $A$에서 모든 $i$, $j$에 대하여 $a_{ij}=0$이면 행렬 $A$는 $m \times n$ **영행렬**(zero matrix)이라 하며 O으로 표현한다.

## 예제 1

$(1, 1, 2)$는 $1 \times 3$ 행렬이고 $\begin{pmatrix} 0 & 0 & 0 \\ 0 & 0 & 0 \end{pmatrix}$는 $2 \times 3$ 영행렬이다. ■

행렬에서 가로로 늘어선 수들을 **행**(row)이라고 하고, 세로로 늘어선 수들을 **열**(column) 하며, $1 \le i \le m$에 대하여

$$(a_{i1}\ a_{i2} \cdots\ a_{in})$$

을 행렬 $A$의 $\boldsymbol{i}$**행**(ith row)이라 하고 $1 \le j \le n$에 대하여

$$\begin{pmatrix} a_{1j} \\ a_{2j} \\ \vdots \\ a_{mj} \end{pmatrix}$$

를 행렬 $A$의 $\boldsymbol{j}$**열**(jth column)이라고 한다. 또 각 행을 **행벡터**(row vector), 그리고 각 열을 **열벡터**(column vector)라고 부르기도 한다. 행벡터에 대하여 각 성분을 구분하기 위하여 성분사이에 콤마를 삽입하여 다음과 같이 나타내기도 한다.

$$(a_{i1},\ a_{i2},\ \cdots,\ a_{in})$$

## 예제 2

$3 \times 4$ 행렬

$$A = \begin{pmatrix} 4 & 3 & 2 & 1 \\ 8 & 7 & 6 & 5 \\ 9 & 0 & 0 & 0 \end{pmatrix}$$

에 대하여 다음을 구하시오.

(a) 행렬 $A$의 $(2, 1)$성분, $(1, 4)$성분, $(3, 1)$성분을 구하시오.

(b) 행렬 $A$의 1행벡터, 2행벡터, 3행벡터를 구하시오.

(c) 행렬 $A$의 1열벡터, 2열벡터, 3열벡터, 4열벡터를 구하시오.

**풀이**

(a) 행렬 $A$의 $(2, 1)$성분은 8이고 $(1, 4)$성분은 1이며 $(3, 1)$성분은 9이다.

(b) 행렬 $A$의 $i$행벡터를 $a^i$로 나타내면

$$\boldsymbol{a}^1 = (4\ 3\ 2\ 1)$$
$$\boldsymbol{a}^2 = (8\ 7\ 6\ 5)$$
$$\boldsymbol{a}^3 = (9\ 0\ 0\ 0)$$

(c) 행렬 $A$의 $j$열벡터를 $a^j$로 나타내면

$$\boldsymbol{a}_1 = \begin{pmatrix} 4 \\ 8 \\ 9 \end{pmatrix}$$

$$\boldsymbol{a}_2 = \begin{pmatrix} 3 \\ 7 \\ 0 \end{pmatrix}$$

$$\boldsymbol{a}_3 = \begin{pmatrix} 2 \\ 6 \\ 0 \end{pmatrix}$$

$$\boldsymbol{a}_4 = \begin{pmatrix} 1 \\ 5 \\ 0 \end{pmatrix}$$

■

실수에서 곱셈에 대한 항등원1과 같은 역할을 하는 행렬이 항등행렬이며 항등행렬은 대각선의 성분이 1이고 나머지 성분이 모두 0인 행렬이다.

**정의 2 항등행렬**

크기가 $n$인 정방행렬에서 $i \neq j$일 때 $a_{ij} = 0$이고, $i = j$일 때 $a_{ii} = 1$이면 행렬 $A$를 **항등행렬**(identity matrix)이라 부르고, 기호

$$E = \begin{pmatrix} 1 & 0 & \cdots & 0 \\ 0 & 1 & \cdots & 0 \\ \vdots & \vdots & \ddots & \vdots \\ 0 & 0 & \cdots & 1 \end{pmatrix}$$

에 의하여 나타낸다.

여기서 항등행렬 $E=\begin{pmatrix} 1 & 0 & \cdots & 0 \\ 0 & 1 & \cdots & 0 \\ \vdots & \vdots & \ddots & \vdots \\ 0 & 0 & \cdots & 1 \end{pmatrix}$는 다음과 같이도 나타낸다.

$\delta_{ij}=\begin{cases} 1 & i=j \\ 0 & i\neq j \end{cases}$와 같이 정의되는 **크로네커**(Kronecker)의 $\delta$를 이용하여

$$E=(\delta_{ij})$$

로 표현되기도 한다.

임의의 $n$차 정방행렬 $A$에 대하여 다음이 성립함을 쉽게 알 수 있다.

$$AE=EA=A$$

항등행렬은 문맥상 그 크기가 어떻게 되는지 쉽게 알 수 있다.

### 예제 3

$\begin{pmatrix} 1 & 0 \\ 0 & 1 \end{pmatrix}$은 크기가 2인 항등행렬이며 $\begin{pmatrix} 1 & 0 & 0 \\ 0 & 1 & 0 \\ 0 & 0 & 1 \end{pmatrix}$은 크기가 3인 항등행렬이다. ■

### 정의 3

두 행렬 $A=(a_{ij})$와 $B=(b_{ij})$가 같다는 것은 두 행렬 $A$와 $B$의 크기가 같고 모든 $i$, $j$에 대하여 대응하는 성분이 같을 때, 즉 $a_{ij}=b_{ij}$일 때를 말하며, 기호

$$A=B$$

에 의하여 나타낸다.

### 예제 4

두 행렬 $A=\begin{pmatrix} 1 & 2 & 3 \\ -3 & 3 & 2 \\ 4 & 1 & -1 \end{pmatrix}$와 $B=\begin{pmatrix} 1 & x & 3 \\ y & 3 & 2 \\ 4 & 1 & -1 \end{pmatrix}$가 같기 위하여 $x$, $y$는 어떤 값을 가져야 하는가?

**풀이** 두 행렬이 같다는 것은 크기가 같고 대응하는 성분이 같은 것을 의미한다. 그러나 두 행렬 $A$와 $B$는 $3\times3$로 크기가 같으므로 모든 성분이 같아야 한다. 그리하여 두 행렬의 성분들을 비교하여 $x=2$, $y=-3$을 얻는다. ■

## Quiz

**1.** $\begin{pmatrix} 10 & 8 & 5 \\ 6 & 9 & 7 \end{pmatrix}$와 같이 몇 개의 수나 문자를 괄호 안에 직사각형의 꼴로 배열한 것을 【　　】이라 한다.

**2.** 행렬을 이루고 있는 각각의 수나 문자를 이 행렬의【　　】이라 한다. 또한 행렬에서 성분의 가로의 배열을【　　】이라 하고 위에서부터 차례로 제1행, 제2행 ⋯ 이라 한다. 그리고 성분의 세로의 배열을【　　】이라 하고 왼쪽에서부터 차례로 제1열, 제2열, ⋯ 이라고 한다.

**3.** $m$개의 행과 $n$개의 열로 이루어진 행렬을【　　】이라고 한다. 만약 행의 수와 열의 수가 같다면 이 행렬을【　　】이라 부른다.
여기서 $m \times n$을 행렬의【　　】라 말한다. 그리고 행렬에서 제 $i$행과 제$j$열이 만나는 위치에 있는 성분을 그 행렬의【　　】성분이라 말한다.

**4.** $E = \begin{pmatrix} 1 & 0 & 0 \\ 0 & 1 & 0 \\ 0 & 0 & 1 \end{pmatrix}$와 같이 정방행렬에서 대각선의 성분만 $1$이고 비대각선의 성분 모두가 $0$인 행렬을【　　】행렬이라 부른다.

**5.** 행렬 $A = \begin{pmatrix} 10 & 8 & 5 \\ 6 & 9 & 7 \end{pmatrix}$에 대하여

(1) 이 행렬은 몇 행, 몇 열인가?

(2) 행렬 $A$의 크기는?

(3) 제2행과 제 3열을 각각 구하시오.

(4) 행렬 $A$의 $(1, 3)$성분은?

**6.** 행렬 $A = \begin{pmatrix} 10 & 8 & 5 \\ 6 & 9 & 7 \end{pmatrix}$와 $B = \begin{pmatrix} 10 & x & 5 \\ 6 & 9 & y \end{pmatrix}$에 대하여 $A = B$일 때 $x, y$의 값을 구하시오.

## 연습문제 10.1

**1.** 행렬 $A=\begin{pmatrix} 3 & 2 & 4 & 9 \\ -1 & 5 & -3 & 12 \\ 0 & -2 & 15 & -7 \end{pmatrix}$에 대하여 다음 물음에 답하시오

(a) 행렬 $A$의 크기를 말하시오.

(b) 행렬 $A$의 $(3,2)$성분과 $(2,4)$성분을 구하시오.

(c) 행렬 $A$의 2행을 구하시오.

(d) 행렬 $A$의 3열을 구하시오.

**2.** 2차 항등행렬 및 3차 항등행렬을 쓰시오.

**3.** 행렬 $A=\begin{pmatrix} a+2b & 2a-b \\ 2c+d & c-2d \end{pmatrix}$, $B=\begin{pmatrix} 4 & -2 \\ 4 & -3 \end{pmatrix}$에 대하여, $A=B$일 때 $a$, $b$, $c$, $d$의 값을 구하시오.

## AI, ChatGPT에게 물어보자.

* ChatGPT : 행렬은 어디에 쓰이는지 구체적인 예를 들어줘봐
* ChatGPT : 항등행렬, 정방행렬에 대하여 설명을 해줘
* ChatGPT : 행렬의 덧셈과 뺄셈에 대하여 어떻게 하는지 설명을 해줘
* ChatGPT : 행렬의 크기는 얼마 까지 생각할 수 있는지 말해줘
* ChatGPT : 실생활에서 이용된 행렬 중 가장 큰 행렬은 얼마 큼 큰 행렬인지 알 수 있나?
* ChatGPT : 행렬과 벡터는 연관이 있는지 연관이 있으면 어떻게 있는지 설명을 해줘
* ChatGPT : 행렬과 벡터는 어떻게 연관이 되었는지 예기를 해줘

## 10.2 행렬의 연산

이 절에서는 두 행렬의 합과 곱에 대하여 다루고자 한다.

**정의 1 두 행렬의 합**

$m \times n$ 행렬 $A = (a_{ij})$와 $B = (b_{ij})$에 대하여 $A$와 $B$의 합은 대응하고 있는 성분끼리의 합에 의하여 정의한다. 즉,

$$
\begin{aligned}
A + B &= (a_{ij} + b_{ij}) \\
&= \begin{pmatrix} a_{11}+b_{11} & a_{12}+b_{12} & \cdots & a_{1n}+b_{1n} \\ a_{21}+b_{21} & a_{22}+b_{22} & \cdots & a_{2n}+b_{2n} \\ \vdots & \vdots & \ddots & \vdots \\ a_{m1}+b_{m1} & a_{m2}+b_{m2} & \cdots & a_{mn}+b_{mn} \end{pmatrix}
\end{aligned}
$$

여기서 합 행렬 $A+B$의 크기 또한 $m \times n$ 임을 알 수 있다.

다음은 행렬에 실수를 곱한 스칼라곱에 대하여 다룬다.

**정의 2 행렬의 스칼라 곱**

행렬 $A = (a_{ij})$에 대하여 실수 $\alpha$에 의한 **스칼라 곱**(scalar multiple) $\alpha A$는 행렬 $A$의 각 성분에 $\alpha$를 곱한 것을 말한다. 즉,

$$\alpha A = (\alpha a_{ij}) = \begin{pmatrix} \alpha a_{11} & \alpha a_{12} & \cdots & \alpha a_{1n} \\ \alpha a_{21} & \alpha a_{22} & \cdots & \alpha a_{2n} \\ \vdots & \vdots & \ddots & \vdots \\ \alpha a_{m1} & \alpha a_{m2} & \cdots & \alpha a_{mn} \end{pmatrix}$$

두 행렬 $A$와 $B$의 차 $A-B$는 앞서 정의한 두 행렬의 합과 스칼라 곱에 의하여 자연스럽게 계산된다. 즉

$$A - B = A + (-1)B$$

에 의하여 계산하면 된다. 다음 예제를 통하여 살펴보자.

**예제 1**

$A = \begin{pmatrix} 3 & 5 & 0 & 4 \\ -2 & 0 & 1 & 4 \\ 3 & 7 & -5 & 1 \end{pmatrix}$, $B = \begin{pmatrix} -1 & 0 & 3 & -5 \\ 4 & -2 & 5 & 7 \\ -7 & 1 & 2 & 3 \end{pmatrix}$에 대하여 두 행렬의 합 $A+B$와 차 $A-B$을 구하시오.

**풀이** 행렬의 합은 대응하는 성분끼리의 합이므로

$$A + B = \begin{pmatrix} 3 & 5 & 0 & 4 \\ -2 & 0 & 1 & 4 \\ 3 & 7 & -5 & 1 \end{pmatrix} + \begin{pmatrix} -1 & 0 & 3 & -5 \\ 4 & -2 & 5 & 7 \\ -7 & 1 & 2 & 3 \end{pmatrix} = \begin{pmatrix} 2 & 5 & 3 & -1 \\ 2 & -2 & 6 & 11 \\ -4 & 8 & -3 & 4 \end{pmatrix}$$

이다. 그리고

$$-B = (-1)B = \begin{pmatrix} 1 & 0 & -3 & 5 \\ -4 & 2 & -5 & -7 \\ 7 & -1 & -2 & -3 \end{pmatrix}$$

이므로, 그리하여

$$A-B=A+(-1)B=\begin{pmatrix} 3 & 5 & 0 & 4 \\ -2 & 0 & 1 & 4 \\ 3 & 7 & -5 & 1 \end{pmatrix}+\begin{pmatrix} 1 & 0 & -3 & 5 \\ -4 & 2 & -5 & -7 \\ 7 & -1 & -2 & -3 \end{pmatrix}$$

$$=\begin{pmatrix} 4 & 5 & -3 & 9 \\ -6 & 2 & -4 & -3 \\ 10 & 6 & -7 & -2 \end{pmatrix}$$

■

행렬에 대하여 다음의 정리가 성립한다.

**정리 1**

$m\times n$ 행렬 $A$에 대하여 다음의 성질이 성립한다.

(1) $A+\mathrm{O}=A=\mathrm{O}+A$

(2) $0A=\mathrm{O}$ (영행렬)

(3) $1A=A$

위 정리의 증명은 쉽게 확인할 수 있으며 $O$은 영행렬이고 0은 스칼라, 즉 실수 0 이다.

## 예제 2

행렬 $A=\begin{pmatrix} 1 & 2 & -1 \\ -3 & 3 & 4 \end{pmatrix}$에 대하여 (1) $A+\mathrm{O}$ (2) $0A$ (3) $1A$을 구하시오.

**풀이**

(1) $A+\mathrm{O}=\begin{pmatrix} 1 & 2 & -1 \\ -3 & 3 & 4 \end{pmatrix}+\begin{pmatrix} 0 & 0 & 0 \\ 0 & 0 & 0 \end{pmatrix}=\begin{pmatrix} 1 & 2 & -1 \\ -3 & 3 & 4 \end{pmatrix}=A$

(2) $0A=0\begin{pmatrix} 1 & 2 & -1 \\ -3 & 3 & 4 \end{pmatrix}=\begin{pmatrix} 0 & 0 & 0 \\ 0 & 0 & 0 \end{pmatrix}=\mathrm{O}$

(3) $1A=1\begin{pmatrix} 1 & 2 & -1 \\ -3 & 3 & 4 \end{pmatrix}=\begin{pmatrix} 1 & 2 & -1 \\ -3 & 3 & 4 \end{pmatrix}=A$

■

두 행렬의 곱은 어떻게 정의하는 것이 좋을까?

두 행렬의 합과 같이 대응하는 성분끼리의 곱으로 두 행렬의 곱은 정의하지 않는다. 다음 정의에서 살펴보자.

**정의 3 두 행렬의 곱**

$m\times p$ 인 행렬 $A=(a_{ij})$와 $p\times n$인 행렬 $B=(b_{ij})$의 곱을 $C=AB$로 나타내면 행렬 $C$의 $(i,\ j)$성분 $c_{ij}$는

$$c_{ij}=a_{i1}b_{1j}+a_{i2}b_{2j}+\cdots+a_{ip}b_{pj}$$

에 의하여 주어진 행렬을 말하며, 행렬 $C$의 크기는 $m\times n$임을 알 수 있다.

두 행렬 $A$와 $B$의 곱이 정의되기 위해서는 앞선 행렬 $A$의 열의 수와 뒤 행렬 $B$의 행의 수가 같아야 함을 주의하여라.

위 정의에서 두 행렬 $A$와 $B$의 곱이 $(i,\ j)$성분은 행렬 $A$의 $i$행의 원소들과 행렬 $B$의 $j$열의 대응하는 원소들의 곱에 의하여 정의됨을 주의하라.

항등행렬 $E$와 행렬 $A$에 대하여

$$AE=EA=A$$

임을 다음 예제에서 구체적으로 보여 보도록 하자.

**예제 3**

$n$차 정방행렬 $A$와 항등행렬 $E$에 대하여

$$AE=EA=A$$

임을 보이시오.

**풀이**

$n$차 정방행렬 $A$와 항등행렬 $E$는

$$A=\begin{pmatrix} a_{11} & a_{12} & \cdots & a_{1n} \\ a_{21} & a_{22} & \cdots & a_{2n} \\ \vdots & \vdots & \ddots & \vdots \\ a_{n1} & a_{n2} & \cdots & a_{nn} \end{pmatrix},\quad E=\begin{pmatrix} 1 & 0 & \cdots & 0 \\ 0 & 1 & \cdots & 0 \\ \vdots & \vdots & \ddots & \vdots \\ 0 & 0 & \cdots & 1 \end{pmatrix}$$

와 같다고 하자. 그리고 나면 $AE$의 $(i,\ j)$성분은

(i) $i=j$인 경우

항등행렬 $E$는 주 대각성분만 1이고 나머지는 0 이므로 대각 성분의 $a_{ij}$만 남고 나머지는 0이 된다.

(ii) $i \neq j$인 경우

예를 들어 $AE$의 (1, 2)성분은 $(a_{11}\ a_{12}\ \cdots\ a_{1n})$와 $\begin{pmatrix} 0 \\ 1 \\ \vdots \\ 0 \end{pmatrix}$의 대응하는 성분끼리의 곱이므로 $a_{12}$가 된다. 즉 행렬 $AE$의 $(i,\ j)$성분은 $a_{ij}$가 됨을 확인 할 수 있다.

따라서 (i)과 (ii)를 종합하면

$$AE=A$$

임을 알 수 있으며 비슷한 방법에 의하여

$$EA=A$$

임을 확인할 수 있다. 그리하여 $AE=EA=A$이다.

■

## 예제 4

두 행렬

$$A=\begin{pmatrix} 2 & 1 & 3 \\ -1 & 4 & 5 \end{pmatrix}, \quad B=\begin{pmatrix} 1 & 0 \\ 0 & 1 \\ 0 & 0 \end{pmatrix}$$

에 대하여 곱이 정의되면 곱 $AB$을 계산하시오.

**풀이** 행렬 $A$는 $2\times3$이고 B는 $3\times2$이므로 두 행렬 $A$와 $B$의 곱 $AB$는 첫 번째 행렬 $A$의 열의 개수와 두 번째 행렬 $B$의 행의 개수가 같으므로 정의되고 행렬 $AB$의 크기는 $2\times2$행렬이다. 구체적으로

$$\begin{aligned} AB&=\begin{pmatrix} 2 & 1 & 3 \\ -1 & 4 & 5 \end{pmatrix}\begin{pmatrix} 1 & 0 \\ 0 & 1 \\ 0 & 0 \end{pmatrix} \\ &=\begin{pmatrix} 2\cdot1+1\cdot0+3\cdot0 & 2\cdot0+1\cdot1+3\cdot0 \\ -1\cdot1+4\cdot0+5\cdot0 & -1\cdot0+4\cdot1+5\cdot0 \end{pmatrix} \\ &=\begin{pmatrix} 2 & 1 \\ -1 & 4 \end{pmatrix} \end{aligned}$$

이다.

■

### 예제 5

다음의 세 행렬

$$A=\begin{pmatrix}1 & 2 & 3\\0 & 1 & -1\end{pmatrix},\quad B=\begin{pmatrix}1 & 1\\2 & 0\\3 & -1\end{pmatrix},\quad C=\begin{pmatrix}1 & -1\\0 & 1\end{pmatrix}$$

에 대하여 (a) $A(BC)$ (b) $(AB)C$ 을 각각 구하시오.

**풀이**

(a) $BC=\begin{pmatrix}1 & 1\\2 & 0\\3 & -1\end{pmatrix}\begin{pmatrix}1 & -1\\0 & 1\end{pmatrix}$

$$=\begin{pmatrix}1\times1+1\times0 & 1\times(-1)+1\times1\\2\times1+0\times0 & 2\times(-1)+0\times1\\3\times1+(-1)\times0 & 3\times(-1)+(-1)\times1\end{pmatrix}$$

$$=\begin{pmatrix}1 & 0\\2 & -2\\3 & -4\end{pmatrix}$$

$$A(BC)=\begin{pmatrix}1 & 2 & 3\\0 & 1 & -1\end{pmatrix}\begin{pmatrix}1 & 0\\2 & -2\\3 & -4\end{pmatrix}$$

$$=\begin{pmatrix}14 & -16\\-1 & 2\end{pmatrix}$$

(b) $AB=\begin{pmatrix}1\times1+2\times2+3\times3 & 1\times1+2\times0+3\times(-1)\\0\times1+1\times2+(-1)\times3 & 0\times1+1\times0+(-1)\times(-1)\end{pmatrix}$

$$=\begin{pmatrix}14 & -2\\-1 & 1\end{pmatrix}$$

$$(AB)C=\begin{pmatrix}14 & -2\\-1 & 1\end{pmatrix}\begin{pmatrix}1 & -1\\0 & 1\end{pmatrix}=\begin{pmatrix}14 & -16\\-1 & 2\end{pmatrix}$$

■

위 예제로부터 우리는 정리 2의 (3)의 결과가 성립함을 구체적인 예를 가지고 보여주었다. 즉, $A(BC)=(AB)C$ 임을 확인할 수 있었다.

## Quiz

**1.** 행렬 $A=\begin{pmatrix}10 & 8 & 5\\ 6 & 9 & 7\end{pmatrix}$와 $B=\begin{pmatrix}3 & 2 & 1\\ 4 & -1 & 3\end{pmatrix}$에 대하여

(1) $3B$ 을 구하시오.

(2) $A+B$을 구하시오.

(3) $A-B$을 구하시오.

**2.** $A=\begin{pmatrix}3 & 2 & 1\\ 4 & -1 & 3\end{pmatrix}$, $B=\begin{pmatrix}2 & 3\\ -1 & 4\\ 1 & 2\end{pmatrix}$에 대하여 두 행렬의 곱 $AB$을 구하시오.

**3.** 항등행렬 $E=\begin{pmatrix}1 & 0 & 0\\ 0 & 1 & 0\\ 0 & 0 & 1\end{pmatrix}$와 $A=\begin{pmatrix}1 & -2 & 1\\ 3 & 1 & 0\\ -1 & 0 & -1\end{pmatrix}$에 대하여 $AE$와 $EA$를 구하시오.

## 연습문제 10.3

**1.** 두 행렬 $A$, $B$에 대하여 다음을 계산하시오.

$$A=\begin{pmatrix} 3 & -2 & 1 \\ 4 & 0 & -6 \\ 5 & 1 & 3 \end{pmatrix}, \quad B=\begin{pmatrix} 2 & -3 & 5 \\ 1 & 0 & 6 \\ 2 & 3 & 1 \end{pmatrix}$$

(a) $A+B$ (b) $A-B$ (c) $3A-2B$

**2.** 다음 두 행렬의 곱 계산이 가능하면 곱을 계산하시오.

(a) $A=\begin{pmatrix} 1 & 2 & 3 \\ 4 & 5 & 6 \end{pmatrix}, \quad B=\begin{pmatrix} -1 & 2 \\ 0 & 1 \\ 1 & 0 \end{pmatrix}$

(b) $A=(1,\ 4,\ 0,\ 2), \quad B=\begin{pmatrix} 3 & -6 \\ 2 & 4 \\ 1 & 0 \\ -2 & 3 \end{pmatrix}$

(c) $A=\begin{pmatrix} a+2b & 2a-b & 4 \\ 2c+d & c-2d & 3 \\ -1 & 5 & 2 \end{pmatrix}, \quad B=\begin{pmatrix} 4 & -2 & 4 \\ 4 & -3 & 3 \\ -1 & 5 & 2 \end{pmatrix}$

**3.** 항등 행렬 $E=\begin{pmatrix} 1 & 0 & 0 \\ 0 & 1 & 0 \\ 0 & 0 & 1 \end{pmatrix}$에 대하여 $E^n$($n$은 양의 정수)을 구하시오. 여기서 $E^n$은 행렬 $E$를 $n$번 곱한 것을 말한다.

**4.** 다음을 증명하여라.

(a) $A+(B+C)=(A+B)+C$

(b) $A(B+C)=AB+AC$

(c) $(A+B)C=AC+BC$

(d) $\alpha(A+B)=\alpha A+\alpha B$

(e) $\alpha(AB)=(\alpha A)B=A(\alpha B)$

5. 두 행렬 $A=\begin{pmatrix} 1 & 3 & 0 \\ -2 & 4 & 0 \\ 0 & 0 & 0 \end{pmatrix}$이고 $B=\begin{pmatrix} 3 & -2 & 0 \\ 1 & 1 & 0 \\ 0 & 0 & 1 \end{pmatrix}$일 때 두 행렬의 곱 $AB$와 $BA$를 계산하시오. 계산 결과로부터 무엇을 알 수 있는가?

6. 다음 관계를 만족시키는 $x$, $y$, $z$의 값을 구하시오.

$$\begin{pmatrix} 2x+y+z \\ x+2y+z \\ x+y+2z \end{pmatrix} = \begin{pmatrix} 16 \\ 9 \\ 3 \end{pmatrix}$$

7. 두 행렬

$$A=\begin{pmatrix} 2 & 0 & -3 \\ 4 & 1 & 5 \end{pmatrix}, \quad B=\begin{pmatrix} 7 & -1 & 4 & 7 \\ 2 & 5 & 0 & -4 \\ -3 & 1 & 2 & 3 \end{pmatrix}$$

에 대하여 두 행렬의 곱 $AB$를 구하시오.

# 연습문제 해답

## 1장 실수와 방정식

### 연습문제 1.1

**1.** $\{x \mid x$는 6의 약수$\}$

**2.** $A \cap B = \{1, 3, 5\}$ $A \cup B = \{1, 3, 5, 7, 9, 15$

**3.** $a = 2$

**4.** 5개

**5.** $a = 1,\ b = -1$

**6.** $A \cup B = \{x \mid x < -2$ 또는 $x \geqq -1\}$

**7.** 1

**8.** (a) (b)

**9.** $k = 8$

**10.** $a = 9,\ b = -1$

### 연습문제 1.2

**1.** (a) 6 (b) $2\sqrt{2}$ (c) $\sqrt{3} - 1$ (d) 2

(e) $7\sqrt{3} - 4\sqrt{6}$ (f) $-7$ (g) $\dfrac{\sqrt{5}}{5} - \dfrac{27}{2}$

**2.** (a) $\dfrac{21}{50}$ (b) $\dfrac{8}{33}$

**3.** $Q$ (유리수의 집합)

**4.** $-1 < x < 5$

**5.** $x = 2,\ y = 3$

**6.** $x = 2,\ y = 1,\ x + y = 3$

**7.** 3

**8.** $a = 0,\ b = 1$

**9.** 생략

**10.** 1

**11.** 1

**12.** 4

**13.** $\sqrt{5}$

**14.** 생략

**15.** $[a, b] = \{x \mid a \leq x \leq b, x \in R\}$

**16.** 생략

### 연습문제 1.3

**1.** (1) $x = -4,\ y = 3$ (2) $x = -\frac{7}{10},\ y = -\frac{14}{5}$

**2.** 3

**3.** 3

**4.** 75

**5.** −30

**6.** 13

**7.** $a = \frac{12}{5},\ b = \frac{4}{15}$

**8.** 14, 36

**9.** (a) −1, 5 (b) $x = \frac{5 \pm \sqrt{37}}{4}$ (c) $-\frac{1}{2},\ 3$

**10.** $a = -6,\ b = 20$

**11.** $a = 2,\ b = -8$

**12.** $a = 24$, 또 다른 근=4

**13.** −5

**14.** 6(cm)

## 2장 함수

### 연습문제 2.2

**1.** (a) $X = [0, 2]$ (b) $Y = [-4, 6]$

(c) $f(X) = [-2, 4]$ (d) $-\frac{1}{2}$

**2.** (a) 생략 (b) $f(3) = \frac{1}{6},\ \ g(3) = \sqrt{7}$

(c) $f$의 정의역 = $\{x \mid x \neq 0,\ x \neq 1,\ x \in \mathbf{R}\}$

$g$의 정의역 = $\{x \mid x \leq -\sqrt{2} \text{ or } x \geq \sqrt{2}\}$

**3.** $a = b = 2$

**4.** 7

**5.** 정의역= $\{x \mid 0 \leq x < 2\}$, 치역= $\{y \mid 0 \leq y < 4\}$

**6.** 정의역= $\{x \mid -1 \leq x \leq 1\}$, 치역= $\{y \mid 0 \leq y \leq 1\}$

**7.** a=1, b=−2

**8.** 5+6 =11

**9.** (a) 단사함수 (b) 전사함수 (c) 전단사함수

**10.** −3

## 연습문제 2.3

1. ②
2. 3
3. $a < 0$, $b < 0$
4. −16
5. ④
6. $-\frac{1}{2}$
7. $(\frac{5}{2}, 0)$
8. $y = -2x + 8$
9. (a) (0, 3)  (b) (1, 4)  (c) (−1, 0)
10. $y = 2(x-1)^2 - 3$
11. 2+3 =5
12. 5
13. 1, 3
14. (−1, 0), ( 2, 0)
15. 3
16. $a < 0$, $p < 0$, $q > 0$
17. 4
18. $a = -1$, $b = -4$, $c = -3$

## 연습문제 2.4

1. (1) (2)
2. 12
3. −3
4. 생략
5. $k = 5$, $p = 4$, $q = -1$
6. 2
7. 20

## 연습문제 2.5

1. (a) $f^{-1}(x) = \frac{1}{2}(x-3)$  (b) $f(1) = 5$, $f^{-1}(5) = 1$  (c) 생략
2. (a) $f^{-1}(x) = x - 1$  (b) $g^{-1}(x) = \frac{1}{7}(x+3)$
3. 생략
4. $f^{-1}(x) = -x^2 - 1$

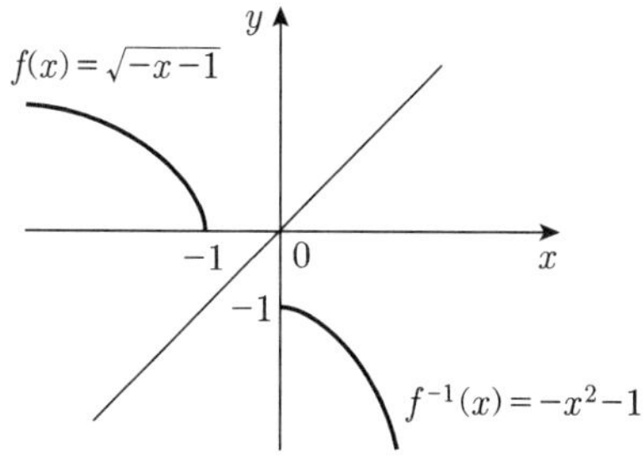

**5.** $a=9,\ b=-5$

**6.** $-2$

**7.** $a=-1,\ b=-\dfrac{5}{3}$

**8.** $8$

**9.**

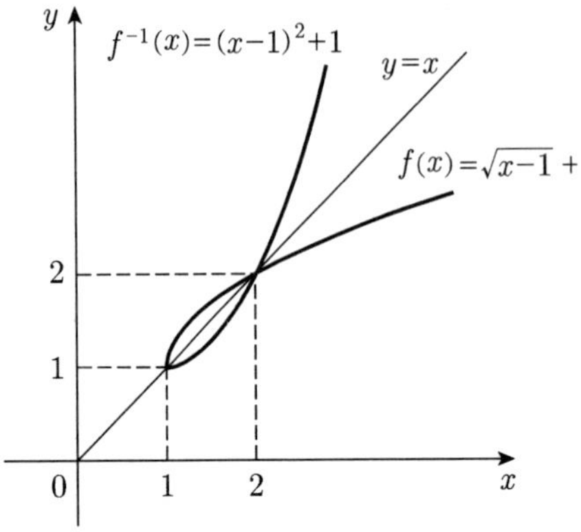


## 3장 미분의 소개

### 연습문제 3.1

**1.** (a) $3$ (b) $6$ (c) $0$ (d) $3$

**2.** (a) $6$ (b) 연속

**3.** $a=2,\ b=-2$

**4.** $0$

**5.** $\dfrac{1}{6}$

**6.** $1$

**7.** $a=-2,\ b=0$

**8.** $c=\dfrac{1}{2}$

**9.** $-2$

**10.** $\dfrac{1}{2}$

**11.** $7$

**12.** $7$

**13.** $a=-10,\ b=4$

**14.** ③

**15.** (a) $0,\ 8$ (b) $1$

### 연습문제 3.2

**1.** 평균변화율 $=2,\ f'(1)=0$

**2.** $-\dfrac{1}{4}$

**3.** (a) $f(x)=x^2,\ a=2$ (b) $f(x)=\sqrt{x},\ a=2$

**4.** 0

**5.** (a) $7x^6$ (b) $99x^{98}$ (c) $\frac{1}{3}x^{-\frac{2}{3}}$ (d) $\frac{3}{5}x^{-\frac{2}{5}}$ (e) $-7x^{-8}$ (f) $-9x^{-10}$

**6.** $a=-3,\ b=3$

**7.** 4

**8.** 1

**9.** $f(x)=x^3-2x^2+2x+2$

**10.** $\frac{5}{2}$

**11.** $a=2,\ b=-1$

**12.** $a=4,\ b=3$

**13.** $\frac{9}{2}$

## 연습문제 3.3

**1.** (a) 8 (b) $2x+\sqrt{2}$ (c) $5x^4-21x^2$

**2.** (a) $-6x^2+2x+3$ (b) $5x^4+3x^2$ (c) $x\left(\frac{5}{2}\sqrt{x}+2\right)$

**3.** (a) $-\frac{1}{x^2}$ (b) $\frac{2}{(x+1)^2}$ (c) $\frac{x(x+4)}{(x+2)^2}$

**4.** 28

**5.** (a) 8 (b) $-16$ (c) $-\frac{20}{9}$

**6.** 2

**7.** 0

**8.** $n!$

**9.** $3x^2-8x+5$

**10.** 생략

**11.** $-4$

**12.** 12

**13.** 10

**14.** (a) $-5$(m/초) (b) $-10$(m/초)

## 연습문제 3.4

**1.** $a=4,\ b=-3$

**2.** 28

**3.** $a=1,\ b=6$

**4.** $y=12x+18$

**5.** $k=-2$

**6.** 14

**7.** $a=-1$

**8.** $\frac{32}{9}\sqrt{3}$

**9.** 32

**10.** 20(m)

**11.** 3(초), $-9$

**12.** $3\sqrt{3}$

**13.** $V(100) = \lim_{x \to 100} \frac{V(x) - V(100)}{x - 100} = 2$ 따라서 200(만원)이다.

**14.** $0 \leqq a < 20\sqrt{10}$

**15.16.** 생략

# 4장 적분의 소개

## 연습문제 4.1

**1.** $F'(x) = f(x)$임을 보이면 된다.

**2.** (a) $\frac{1}{6}x^6 + x^3 + 5x + C$ (b) $-\frac{1}{t} + C$

**3.** $f(x) = 2x^3 - 6x^2 + x + 5$

**4.** 11

**5.** $f(x) = x^2 + 3x + 2$

**6.** 7

**7.** $f(x) = \frac{3}{2}x^2 - 2x + 5$

**8.** $f(x) = 8x^3 - 9x^2 + 1$

**9.** (a) $\frac{1}{2}x^2 - \frac{1}{3}x^3 + C$ (b) $\frac{4}{3}x^3 + 2x^2 + x + C$

(c) $\frac{1}{4}t^4 - \frac{1}{3}t^3 + C$ (d) $\frac{1}{4}y^4 - y + C$

**10.** $\frac{16}{3}$

**11.** 3

**12.** $F(t) = 3t + 0.1t^2 + 500$ (만명) $F(10) = 540$ (만명)

**13.** 65(m)

**14.** 850(L)

## 연습문제 4.2

**1.** (1) 3 (2) 21 (3) $2\sqrt{2}$

(4) $\frac{3}{2}$ (5) $\frac{4}{3}$ (6) $\frac{1}{2}$

(7) 7 (8) 15 (9) $\frac{32}{3}$

**2.** 4

**3.** (a) 4 (b) 4

**4.** $\frac{2}{3}$

**5.** $\frac{44}{3}$

**6.** (a) 20 (b) 6 (c) $\frac{34}{7}$

**7.** $-4$

**8.** 9

**9.** $a = \frac{1}{2}$

**10.** $-12$

**11.** 2

**12.** 두 곡선 $y = x$와 $y = x^2$이 만나는 점에서는 같은 $y$좌표값을 가지므로

$$x = x^2, \text{ 즉 } x^2 - x = 0$$

로 놓은 것에 의하여 $x = 0$과 $x = 1$을 얻을 수 있다. 그리고 구간 $[0, 1]$에서 $x \geq x^2$이므로 두 곡선에 의하여 둘러싸인 영역의 넓이

$$\begin{aligned} S &= \int_0^1 (x - x^2)\,dx \\ &= \left[\frac{1}{2}x^2 - \frac{1}{3}x^3\right]_0^1 \\ &= \frac{1}{6} \end{aligned}$$

에 의하여 주어진다.

**13.**

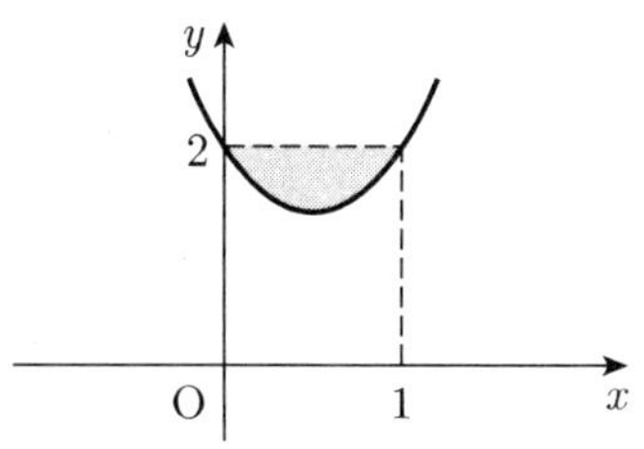


곡선 $y = x^2 - x + 2$와 직선 $y = 2$가 만나는 점의 $x$좌표를 구하자.

$x^2 - x + 2 = 2$에서 $x^2 - x = x(x-1) = 0$이므로 곡선과 직선의 교점의 $x$좌표는 0과 1이다.

우리가 구하고자 하는 부분은 위 그림에 잘 나타나 있다. 이 때 구간 $[0, 1]$에서 직선 $y = 2$가 곡선 $y = x^2 - x + 2$보다 위에 있으므로 구하고자 하는 도형의 넓이는

$$\begin{aligned} \int_0^1 [2 - (x^2 - x + 2)]\,dx &= \int_0^1 (-x^2 + x)\,dx \\ &= \left[-\frac{1}{3}x^3 + \frac{1}{2}x^2\right]_0^1 \\ &= -\frac{1}{3} + \frac{1}{2} = \frac{1}{6} \end{aligned}$$

**14.** 16

**15.** 15(km)

**16.** 275(m)

**17.** 63m

**18.** 62

## 5장 삼각함수 및 역삼각함수의 소개

### 연습문제 5.1

**1.** (a) 제3사분면, $-\frac{3}{4}\pi$ (b) 제3사분면, $\frac{7}{6}\pi$ (c) 제1사분면, $\frac{\pi}{12}$

**2.** (a) 제1사분면, $-315°$ (b) 제2사분면, $108°$ (c) 제1사분면, $30° + 360° \times n$

**3.** 부채꼴의 호의 길이 $= r\theta$

**4.** 부채꼴의 넓이 $= \frac{1}{2}r^2\theta$

**5.** $8\pi$(cm)

**6.** 3

**7.** $\frac{20}{3}\sqrt{3}$

**8.** $4\sqrt{3}$

**9.** $3+\sqrt{3}$

**10.** $50\sqrt{3}$

**11.** $6\sqrt{2}$

**12.** $x = 2\sqrt{3}$, $y = 6$

### 연습문제 5.2

**1.**

| $\theta$ | 0 | $\frac{\pi}{6}$ | $\frac{\pi}{4}$ | $\frac{\pi}{3}$ | $\frac{\pi}{2}$ |
|---|---|---|---|---|---|
| cosec$\theta$ | × | 2 | $\sqrt{2}$ | $\frac{2}{3}\sqrt{3}$ | 1 |
| sec$\theta$ | 1 | $\frac{2}{3}\sqrt{3}$ | $\sqrt{2}$ | 2 | × |
| cot$\theta$ | × | $\sqrt{3}$ | 1 | $\frac{1}{\sqrt{3}}$ | 0 |

**2.** 생략

**3.** 생략

**4.** 3

**5.** $\frac{\pi}{3}$

**6.** 1

**7.** $\frac{1}{3}$

**8.** $\frac{1}{2}$

**9.** $-\frac{8}{15}$

### 연습문제 5.3

**1.** 생략

**2.** $x = 0, 2\pi, \frac{2}{3}\pi, \frac{4}{3}\pi$

**3.** (a) $\frac{\sqrt{2}}{2}$ (b) $\frac{\sqrt{2}}{4}(1+\sqrt{3})$ (c) $2+\sqrt{3}$

**4.** $\frac{36}{85}$

**5.** 생략

**6.** $\sin 2\theta = \frac{3}{5}$, $\cos 2\theta = -\frac{4}{5}$, $\tan 2\theta = -\frac{3}{4}$

**7.** $\frac{7}{6}$

## 연습문제 5.4

**1.** (a) $-\frac{\pi}{2}$ (b) $\frac{\pi}{3}$ (c) $\frac{\pi}{4}$ (d) $0$ (e) $\frac{3}{4}\pi$ (f) $-\frac{\pi}{6}$

**2.** (a) $\frac{\pi}{4}$ (b) $\frac{1}{2}$ (c) $\sqrt{3}$ (d) $\frac{4}{5}$ (e) $\frac{3}{5}$ (f) $\sqrt{5}$

**3.** (a) $\frac{\pi}{3}$ (b) $\frac{\pi}{6}$ (c) $\frac{\pi}{4}$ (d) $\frac{1}{2}$ (e) $1$

**4.** $\sin\alpha = \frac{5}{13}$, $\cos\alpha = \frac{12}{13}$, $\tan\alpha = \frac{5}{12}$

**5.** 생략

**6.** $\frac{\sqrt{2}}{2}$

**7.** 생략

# 6장 지수, 로그 및 쌍곡선삼각함수

## 연습문제 6.1

**1.** (a) $1$ (b) $4$ (c) $4$

**2.** (a) $3^{\frac{5}{6}}$ (b) $\sqrt{2}$ (c) $3-\frac{1}{6}$

**3.** (a) $a$ (b) $a^{\frac{4}{3}}$

**4.** (a) $\sqrt{2}$ (b) $3$ (c) $36$ (d) $2$ (e) $16$

**5.** $3$

**6.** $2^{2a+2}$

**7.** $\frac{10}{3}$

**8.** 12

**7.** $k = 17$

## 연습문제 6.2

**1.** (a) 3 (b) 1 (c) 1

**2.** $\dfrac{2}{9}$

**3.** 8

**4.** 27

**5.** 2

**6.** 30

**7.** 90

**8.** 72

**9.** 14

**10.** 3

**11.** 12

**12.** 32

**13.** 100

**14.** 6

## 연습문제 6.3

**1. 2.** 생략

**3.** (a) 2 (b) 0 또는 1

**4.** $-5$

**5.** (a) $x^2$ (b) $2x^3$

**6.** (a) $x = \dfrac{1}{4}$, 64 (b) $x = \dfrac{1}{e}$ (c) $x = 1$

**7.** (a) 1, $e$, $e^2$ (b) 0, 1, 2 (c) 생략
(d) 대칭이다. (e) 역함수

## 연습문제 6.4

생략

# 7장 함수의 미분

## 연습문제 7.1

**1.** (a) $y' = \sqrt{2}\, x^{\sqrt{2}-1}$ (b) $y' = \pi x^{\pi - 1}$

**2.** (a) $f'(x) = 3(x^2 + 5x + 5)^2(2x + 5)$

(b) $y' = \dfrac{x}{\sqrt{x^2 + 1}}$

(c) $f'(x) = \frac{1}{2}\frac{3x^2+8x}{\sqrt{x^3+4x^2+5}}$

(d) $f'(x) = 2(x^2+2x+5)^4(2x+3)^6(17x^2+39x+50)$

**3.** (a) $\frac{dy}{dx} = -\frac{x}{y}$ (b) $\frac{dy}{dx} = \frac{1}{2y}$ (c) $\frac{dy}{dx} = -\frac{y}{x}$

(d) $\frac{dy}{dx} = \frac{x+y}{3y-x}$ (e) $\frac{dy}{dx} = -\frac{y}{x}\frac{y^2+3x^2}{x^2+3y^2}$ (f) $\frac{dy}{dx} = -\frac{9}{4}\frac{x}{y}$

**4.** $-6$

**5.** $y = \frac{7}{6}x - \frac{13}{3}$

**6.** $\frac{1}{2}$

**7.** $\frac{d^2y}{dx^2} = -\frac{4}{3}$

**8.** $y = -\frac{6}{7}x + \frac{19}{7}$

**9.** 생략

**10.** $-\frac{2}{3}$

## 연습문제 7.2

**1.** 생략

**2.** (a) $y' = 2(1+3x)\cos x - 3x^2\sin x$ (b) $y' = \frac{x\sec^2 x - \tan x}{x^2}$

(c) $y' = -\operatorname{cosec} x\,[\cot^2 x + \operatorname{cosec}^2 x]$ (d) $y' = 2x - \sec x\tan x$

**3.** $x = (2n+1)\pi,\ n = \cdots, -2, -1, 0, 1, 2, \cdots$

**4.** $-2$

**5.** (a) $\sin x$ (b) $\cos x$

**6.** (a) $y' = -10\sin x\cos x(1+\cos^2 x)^4$ (b) $y' = -3\sin x\cos^2 x$

(c) $y' = -3x^2\sin(x^3)$ (d) $y' = -2[\cos x\cos(\sin x)\sin(\sin x)$

**7.** $\frac{2}{3}$

**8.** (a) $f'(x) = \frac{1}{\sqrt{a^2-x^2}}$ (b) $g'(x) = \frac{-1}{\sqrt{a^2-x^2}}$ (c) $h'(x) = \frac{a}{a^2+x^2}$

**9.** (a) $y' = 2x\sin^{-1}x + \frac{x^2}{\sqrt{1-x^2}}$

(b) $y' = -\dfrac{x - \sqrt{1-x^2}\,cos^{-1}x}{x^2\sqrt{1-x^2}}$

(c) $y' = (2x+3)\tan^{-1}x + \dfrac{x^2+3x+5}{1+x^2}$

## 연습문제 7.3

**1.** (a) $y' = 2^x \ln 2$ (b) $y' = \dfrac{1}{\ln 5} \cdot \dfrac{1}{x}$

**2.** $y^{(3)} = e^x(x^2+6x+6)$

**3.** $y = x+1$

**4.** (a) $y' = e^{3x}\left[\dfrac{1}{2\sqrt{x}} + 3\sqrt{x}\right]$ (b) $y' = (2x+\cos x)e^{x^2+\sin x}$

(c) $y' = xe^{\cos x}[2 - x\sin x]$ (d) $y' = 3e^{3x}$

(e) $y' = \dfrac{1}{1+x^2}e^{\tan^{-1}x}$ (f) $y' = \sec^2 x 3^{\tan x}\ln 3$

**5.** (a) $y' = \dfrac{3}{x\ln a}$ (b) $y' = \dfrac{1}{\ln a}\dfrac{2x}{x^2+3}$

(c) $y' = \cot x$ (d) $y' = \left[\dfrac{1}{x} + 3x^2\right]e^{\ln x + x^3}$

(e) $y' = 4(\ln x)^3 \dfrac{1}{x}$ (f) $y' = \dfrac{1}{x}\dfrac{1}{\ln x}$

(g) $y' = \dfrac{1}{x}\cos(\ln x)$ (h) $y' = \dfrac{1}{\sqrt{1-(\ln x)^2}}\dfrac{1}{x}$

**6.** (a) $y' = x^{\sqrt{x}}\left(\dfrac{\ln x + 2}{2\sqrt{x}}\right)$ (b) $y' = \left[\ln(\ln x) + \dfrac{1}{\ln x}\right](\ln x)^x$

(c) $y' = \dfrac{2\ln x}{x}x^{\ln x}$ (d) $y' = \left[\dfrac{\cos x}{x} - \ln x \cdot \sin x\right]x^{\cos x}$

**7.** $\dfrac{1}{e^2}$

**8.** 생략

**9.** $-\dfrac{1}{5}$

**10.** $y = -e(x-1)$

# 8장 함수의 적분

## 연습문제 8.1

**1.** (a). $-\ln|\cos x| + C$ (b) $\sin^{-1}x + C$

(c) $\cos^{-1}x + C$ (d) $\tan^{-1}x + C$

(e) $\frac{1}{2}\ln(x^2+1) + C$ (f) $\ln(e^x+1) + C$

(g) $\ln|\tan x| + C$ (h) $\frac{a^x}{\ln a} + C$

(i) $\frac{1}{2}\ln|x^2+2x| + C$

**2.** (a) $\frac{1}{6}x^6 + x^3 + 5x + e^x + C$ (b) $-\frac{1}{x} + C$

(c) $\tan x - \frac{4}{3}x^{\frac{3}{2}} + C$ (d) $\sin x + 2\tan^{-1}x + C$

**3.** $f(x) = -\cos x + x + 2$

**4.** (a) 1 (b) 1 (c) $-\frac{\pi}{6}$ (d) $\frac{2}{\ln 3}$ (e) $\frac{1}{2}(e^2-1)$

**5.** (a) 3 (b) $\frac{34}{81}$ (c) $\frac{1}{2}\ln\frac{8}{3}$ (d) $\sqrt{3}$

(e) $\frac{\pi}{4}$ (f) $\frac{\pi}{2}$ (g) $\frac{1}{3}$ (h) $1-\frac{\pi}{4}$ (i)

**6.** 생략

**7.** 생략 **8.** (a) ln2 (b) ln2

## 연습문제 8.2

**1.** (a) $\frac{1}{30}(11^6-1)$ (b) $\frac{4}{3}(5\sqrt{10}-\sqrt{2})$ (c) $\frac{1}{2}$

(d) $\frac{1}{2}e(e-1)$ (e) $\frac{1}{2}\ln 2$

(f) $\frac{1}{3}\{e^3+3e^2+3e-7\}$ (g) $\frac{2}{3}$ (h) $\frac{1}{2}$

**2.** (a) $\frac{1}{102}(2x-1)^{51} + C$ (b) $\frac{1}{6}(x^3+x)^6 + C$ (c) $-\frac{1}{4}\cos 4x + C$

(d) $\frac{1}{\cos x} + C$ (e) $\frac{1}{2}e^{x^2} + C$ (f) $\frac{1}{2}(\ln x)^2 + C$

(g) $e^{\tan x} + C$ (h) $\ln|\sin x| + C$

**3.** (a) $x\sin^{-1}x + \sqrt{1-x^2} + C$ (b) $-x^2\cos x + 2x\sin x + 2\cos x + C$

(c) $\frac{1}{4}x^4\ln x - \frac{1}{16}x^4 + C$　　(d) $\frac{1}{27}e^{3x}[9x^3 - 9x^2 + 6x - 2] + C$

(e) $\frac{1}{2}[e^x(x-1) - e^{-x}(x+1)] + C$　　(f) $x\sin x + \cos x + C$

**4.** (a) $\frac{\pi}{4} - \frac{1}{2}$　　(b) $4\ln 2 - \frac{15}{16}$　　(c) $\frac{\pi}{2} - 1$

(d) $\frac{2}{27}(2e^3 + 1)$　　(e) $\frac{\pi}{6} + 1 - \frac{\sqrt{3}}{2}$　　(f) $-\frac{1}{2}\cos 2 + \frac{1}{4}\sin 2$

# 9장 벡터

## 연습문제 9.1

**1.** 생략　　**2.** $P(9, 0, 0)$

**3.** (1) $\sqrt{13}$, $\tan^{-1}\frac{3}{2}$　　(3) 4, $\frac{\pi}{2}$

**4.** $k=6$, $l=0$

**5.** 생략

**6.** $\boldsymbol{c} = 2\boldsymbol{a} - 3\boldsymbol{b}$

**7.** (1) $(2, 0)$, 2　　(3) $(-3, 7)$, $\sqrt{58}$

**8.** (1) $\sqrt{35}$　　(2) $\sqrt{10}$

**9.** (1) $(6, -7, 7)$　　(2) $(23, -35, -14)$

**10** (3) $\sqrt{11}$　　(5) $\sqrt{35}$

**11.** 생략

**12.** (1) $\frac{1}{\sqrt{11}}\boldsymbol{a}$, $-\frac{1}{\sqrt{11}}\boldsymbol{a}$　　(2) $\pm\frac{1}{\sqrt{29}}\boldsymbol{b}$　　(3) $\frac{1}{\sqrt{35}}\boldsymbol{c}$, $-\frac{1}{\sqrt{35}}\boldsymbol{c}$

**13.** 생략

**14.** 생략

**15.** (1, 0), (0, 1)

**16.** (1, 0, 0), (0, 1, 0), (0, 0, 1)

**17.** 생략

## 연습문제 9.2

**1.~5.** 생략　　**6.** 2

**7.** (6) $\cos^{-1}\frac{2}{3}$　　**8.** 생략

**9.** 생략　　**10.** $(3, -1)$ or $(-3, 1)$

**11.** (1) $\left(\frac{1}{3}, \frac{2}{3}, -\frac{2}{3}\right)$ 또는 $\left(-\frac{1}{3}, -\frac{2}{3}, \frac{2}{3}\right)$　　(2) $\pm\frac{1}{13}(4, 3, 9)$

**12. 13. 14.** 생략

# 10장 행렬

## 연습문제 10.1

**1.** (a) $3\times 4$　　(b) $-2,\ 12$

(c) $(-1, 5, -3, 12)$ (d) $\begin{pmatrix} 4 \\ -3 \\ 15 \end{pmatrix}$

**2.** $\begin{pmatrix} 1 & 0 \\ 0 & 1 \end{pmatrix}$, $\begin{pmatrix} 1 & 0 & 0 \\ 0 & 1 & 0 \\ 0 & 0 & 1 \end{pmatrix}$

**3.** $a=0$, $b=2$, $c=1$, $d=2$

## 연습문제 10.2

**1.** (a) $\begin{pmatrix} 5 & -5 & 6 \\ 5 & 0 & 0 \\ 7 & 4 & 4 \end{pmatrix}$　(b) $\begin{pmatrix} 1 & 1 & -4 \\ 3 & 0 & -12 \\ 3 & -2 & 2 \end{pmatrix}$　(c) $\begin{pmatrix} 5 & 0 & -7 \\ 10 & 0 & -30 \\ 11 & -3 & 7 \end{pmatrix}$

**2.** (a) $\begin{pmatrix} 2 & 4 \\ 2 & 13 \end{pmatrix}$ (b) $(7, 16)$ (c) $\begin{pmatrix} a_1 & 0 & 0 \\ 0 & b_2 & 0 \\ 0 & 0 & c_3 \end{pmatrix}$

**3.** $\begin{pmatrix} 1 & 0 & 0 \\ 0 & 1 & 0 \\ 0 & 0 & 1 \end{pmatrix}$

**4.** 생략

**7.** $AB=\begin{pmatrix} 6 & 1 & 0 \\ -2 & 8 & 0 \\ 0 & 0 & 0 \end{pmatrix}$, $BA=\begin{pmatrix} 7 & 1 & 0 \\ -1 & 7 & 0 \\ 0 & 0 & 0 \end{pmatrix}$으로 일반적으로 $AB \neq BA$이다.

**6.** 생략

**7.** $AB=\begin{pmatrix} 23 & -5 & 2 & 5 \\ 15 & 6 & 26 & 39 \end{pmatrix}$

# 찾아보기

ㅈ



ㅊ



ㅋ



ㅍ

### 기타

## AI(인공지능)와 함께하는 대학기초수학

인쇄 | 2025년 3월 01일
발행 | 2025년 3월 05일

지은이 | 최 두 일
펴낸이 | 조 승 식
펴낸곳 | (주)도서출판 **북스힐**

등 록 | 1998년 7월 28일 제22-457호
주 소 | 서울시 강북구 한천로 153길 17
전 화 | (02) 994-0071
팩 스 | (02) 994-0073

홈페이지 | www.bookshill.com
이메일 | bookshill@bookshill.com

정가 20,000원

ISBN 979-11-5971-569-3